服装高等教育"十二五"部委级规划教材

羊毛衫设计与工艺

王利平　主　编
易洪雷　马春艳　副主编

中国纺织出版社

内 容 提 要

本书是在编者历年教学和科研实践的基础上编写而成的。书中全面、系统地解析了羊毛衫的产品设计与羊毛衫的生产工艺，并纳入了近年来羊毛衫行业的新技术、新工艺、新品种和新知识，提高了该书的可读性。

本书内容注重教学的针对性和实践性，主要包括羊毛衫的分类、原料种类、色彩设计、组织设计、外观设计、工艺设计、针织横机、针织圆机、电脑横机制板工艺、成衣染整工艺、羊毛衫功能整理以及成品检验等内容。

本书既可作为普通高等院校、职业教育院校相关专业的教材或教学参考书，也可供毛针织企业的专业技术人员、产品开发人员、营销人员和管理人员参考使用。

图书在版编目（CIP）数据

羊毛衫设计与工艺／王利平主编. ––北京：中国纺织出版社，2018.3

服装高等教育"十二五"部委级规划教材

ISBN 978-7-5180-4389-7

Ⅰ.①羊… Ⅱ.①王… Ⅲ.①羊毛制品—毛衣—设计—高等学校—教材②羊毛制品—毛衣—生产工艺—高等学校—教材 Ⅳ.①TS184

中国版本图书馆CIP数据核字（2017）第295590号

责任编辑：宗 静 特约编辑：曹昌虹 责任校对：王花妮
责任设计：何 建 责任印制：何 建

中国纺织出版社出版发行
地址：北京市朝阳区百子湾东里A407号楼 邮政编码：100124
销售电话：010—67004422 传真：010—87155801
http://www.c-textilep.com
E-mail: faxing@c-textilep.com
中国纺织出版社天猫旗舰店
官方微博 http://weibo.com/2119887771
三河市延风印装有限公司印刷 各地新华书店经销
2018年3月第1版第1次印刷
开本：787×1092 1/16 印张：17.5
字数：318千字 定价：49.80元

出版者的话

《国家中长期教育改革和发展规划纲要》中提出"全面提高高等教育质量""提高人才培养质量"。教育部教高[2007]1号文件"关于实施高等学校本科教学质量与教学改革工程的意见"中,明确了"继续推进国家精品课程建设","积极推进网络教育资源开发和共享平台建设,建设面向全国高校的精品课程和立体化教材的数字化资源中心",对高等教育教材的质量和立体化模式都提出了更高、更具体的要求。

"着力培养信念执着、品德优良、知识丰富、本领过硬的高素质专业人才和拔尖创新人才",已成为当今本科教育的主题。教材建设作为教学的重要组成部分,如何适应新形势下我国教学改革要求,配合教育部"卓越工程师教育培养计划"的实施,满足应用型人才培养的需要,在人才培养中发挥作用,成为院校和出版人共同努力的目标。中国纺织服装教育学会协同中国纺织出版社,认真组织制订"十二五"部委级教材规划,组织专家对各院校上报的"十二五"规划教材选题进行认真评选,力求使教材出版与教学改革和课程建设发展相适应,充分体现教材的适用性、科学性、系统性和新颖性,使教材内容具有以下三个特点:

(1)围绕一个核心——育人目标。根据教育规律和课程设置特点,从提高学生分析问题、解决问题的能力入手,教材附有课程设置指导,并于章首介绍本章知识点、重点、难点及专业技能,增加相关学科的最新研究理论、研究热点或历史背景,章后附形式多样的思考题等,提高教材的可读性,增加学生学习兴趣和自学能力,提升学生科技素养和人文素养。

(2)突出一个环节——实践环节。教材出版突出应用性学科的特点,注重理论与生产实践的结合,有针对性地设置教材内容,增加实践、实验内容,并通过多媒体等形式,直观反映生产实践的最新成果。

(3)实现一个立体——开发立体化教材体系。充分利用现代教育技术手段,构建数字教育资源平台,开发教学课件、音像制品、素材库、试题库等多种立体化的配套教材,以直观的形式和丰富的表达充分展现教学内容。

教材出版是教育发展中的重要组成部分,为出版高质量的教材,出版社严格甄选作者,组织专家评审,并对出版全过程进行跟踪,及时了解教材编写进度、编写质量，力求做到作者权威、编辑专业、审读严格、精品出版。我们愿与院校一起，共同探讨、完善教材出版，不断推出精品教材，以适应我国高等教育的发展要求。

中国纺织出版社

教材出版中心

前言

随着人们消费观念的转变及生活水平的提高，在衣着上更加需求轻薄柔软、延伸性好、悬垂性好、透气性好、富有弹性、款式新颖、色泽鲜艳的服装，而这些需求正是羊毛衫服装所具备的。羊毛衫服装在整个服装领域中占有越来越重要的地位，并成为时尚界不可或缺的服装种类和时装设计师的新宠。目前，羊毛衫服装正向外衣化、时装化、艺术化、系列化、高档化、品牌化方向发展，我国的羊毛衫产业以前所未有的速度发展，有着广阔的消费市场，设计水平的提高还有着极大的空间，所以羊毛衫市场仍是一块尚未充分挖掘、方兴未艾的市场。羊毛衫的消费需求从保暖向装饰化外衣转型，使得羊毛衫的设计及工艺的研究尤为重要。羊毛衫设计既有别于机织服装设计，也不同于棉针织服装设计，它有着自身的设计特点与规律，体现了艺术、工艺及技术的完美结合。

目前，我国的羊毛衫产品设计与开发相对滞后，熟悉羊毛衫设计与工艺的人才紧缺。适合羊毛衫设计与工艺教学方面的教材较少，适合职业教育的相关教材更是缺乏。高等职业教育担负着为地方经济培养生产、建设、管理和服务的技能型高级人才的重任，是以市场需求为导向的就业教育。现有的教材已不能很好地满足羊毛衫生产企业以及现代教学的需要，积极开发高质量的新教材已成为迫在眉睫的任务。为了满足新形势下高等职业教育的教学模式、教学方法的改革及羊毛衫行业发展的需要，以强化技术、设备的运用为指导，以培养职业岗位的综合能力为目标，着手编写了本教材。

本教材将知识点的选定与创新实践能力的培养相融合，有较强的针对性，内容的编写以羊毛衫设计的基本理论、基本知识、基本工艺为基础，纳入近年来羊毛衫行业的新技术、新工艺、新品种和新知识，分析了羊毛衫工业的现状与发展，注重新型原料、新型纱线在羊毛衫设计中的应用，增加了电脑横机制板工艺及羊毛衫的色彩、款式和图案设计，以设计实例为基础分析了羊毛衫设计的步骤、方法与工艺。参加教材编写的人员具有丰富的教学经验，同时具有工程实践的能力，许多内容来源于企业的生产实践，编写内容与编写方法上，突出高等职业教育的特点，注重理论知识的应用和实践能力的培养，与已出版的相关教材相比更具实用性、系统性和新颖性，内容体系更加合理。

本教材由内蒙古工业大学王利平任主编，编写第一章并负责全书的审稿；嘉兴学院易洪雷、东北农业大学马春艳任副主编，负责全书的统稿；嘉兴学院王花娥编写第二章；嘉兴学院裘玉英编写第三章第一、二、四节；易洪雷编写第三章第三节；东北农业大学马春艳编写第四章；王利平与马春艳合编第五章；南通纺织职业技术学院王继曼编写第六章；内蒙古工业大学石大为编写第七章；内蒙古工业大学吴薇编写第八章。

在本教材的编写过程中，得到了内蒙古鄂尔多斯羊绒集团、内蒙古鹿王羊绒集团的大力支持，并对本教材提出了宝贵的建设性意见，在此谨表感谢。由于编者时间与编写所限，不妥之处，敬请相关专家及读者批评指正。

编著者

2017年5月

教学内容及课时安排

章/课时	课程性质/课时	节	课程内容
第一章 （4课时）	基础理论 （4课时）		·概论
		一	羊毛衫的概念与分类
		二	羊毛衫常用原料
		三	毛纱品号与色号
		四	羊毛衫品牌与发展战略
第二章 （6课时）	专业知识与实践 （60课时）		·针织横机
		一	横机的分类与特点
		二	横机的基本结构
		三	横机的成圈过程
		四	横机的基本操作与注意事项
		五	横机新技术
第三章 （6课时）			·针织圆机
		一	圆机的分类与特点
		二	圆机的组成与主要机构
		三	圆机的编织原理
		四	圆机新技术
第四章 （10课时）			·羊毛衫设计
		一	羊毛衫设计流程
		二	羊毛衫外观设计
		三	羊毛衫规格设计
第五章 （6课时）			·羊毛衫工艺设计
		一	横机羊毛衫工艺设计原则与内容
		二	横机羊毛衫工艺设计
		三	羊毛衫工艺设计实例
第六章 （16课时）			·电脑横机制板工艺
		一	制板基本知识
		二	成形设计
第七章 （6课时）			·羊毛衫的染色与后整理
		一	羊毛衫的染色与印花

章/课时	课程性质/课时	节	课程内容
第七章 （6课时）	专业知识与实践 （60课时）	二	羊毛衫的后整理
		三	羊毛衫的功能整理
第八章 （10课时）			·羊毛衫的检验
		一	原料检验与评等
		二	半成品检验
		三	成品检验与评等
		四	进出口羊毛衫的检验程序
		五	羊毛衫的保养

注 各院校可根据自身的教学特点和教学计划对课程时数进行调整。

目录

基础理论——

概论

课程名称：概论

课程内容：1.羊毛衫的概念与分类

2.羊毛衫常用原料

3.毛纱品号与色号

4.羊毛衫品牌与发展战略

课程时间：4课时

教学目的：通过对本章内容的学习使学生基本掌握羊毛衫分类、羊毛衫常用原料及特性为后续内容的学习打下基础。

教学方式：采用课堂讲授与课堂讨论相结合的方式进行。

教学要求：1.掌握羊毛衫的分类。

2.了解羊毛衫常用原料及特性。

3.掌握毛纱品号与色号。

4.了解羊毛衫的品牌及发展趋势。

课前（后）准备：课前查阅相关资料了解羊毛衫用纱的种类、特性及品牌，课后完成两种不同混纺原料配比的羊毛衫原料设计，并分析其产品风格特征，了解羊毛衫现状及发展趋势。

第一章　概论

在公元前1000年左右，西亚幼发拉底河和底格里斯河流域便出现了手编毛针织服装。机器毛针织服装则出现于近代，1862年美国人R. I. W. 拉姆发明了双反面横机，并在双反面横机上生产成形衣片，然后缝合成服装，这标志着机器编织毛针织服装的开始。我国最早开始使用机械技术是清光绪二十二年（1896年），当时在上海开设了第一家内衣厂——腈纶衬衫厂，专门生产棉毛衫和汗衫。之后，针织工业的发展一直很缓慢，到新中国成立以后直至20世纪80年代之前，所生产的品种仅限于汗衫、棉毛衫裤、绒布衫裤、丝袜、围巾、羊毛衫等，在行业结构上也主要是棉针织内衣行业。80年代后，从针织机械的制造到各类针织产品的生产，从传统的内衣扩大到外衣和时装。羊毛衫服装的设计、生产工艺、技术与设备有了显著的进步，羊毛衫的品牌也得到了很大的发展，如鄂尔多斯、春竹、恒源祥等品牌。

针织羊毛衫由于原料性能及组织结构的变化，使其具有很好的延展性、弹性、保暖性和透气性等特点，产品手感柔软、表面丰满、穿着贴体、经久耐穿。针织羊毛衫的款式新颖、色泽鲜艳、花色品种多，既可内穿也可作为外衣穿着，且男女老少皆宜，穿着美观大方深受消费者的青睐。

随着针织工艺设备和染整后处理技术的不断发展及原料应用的多样化，现代针织服装更加丰富多彩，进入了多功能及高档化的发展阶段。跨入21世纪以来，我国的羊毛衫设计正逐步与国际接轨，呈现出多元化的方向发展。

第一节　羊毛衫的概念与分类

一、概念

羊毛衫，通称毛衫，又称毛针织服装，是用毛纱或毛型化纤纱编织而成的针织服装。羊毛衫现已成为一类产品的代名词，即用来泛指针织毛衫（或毛针织品）。毛针织品主要是指用羊毛、羊绒、兔毛等动物毛纤维为主要原料纺成纱线后织成的织物，如兔毛衫、雪兰毛衫、羊仔毛衫、腈纶衫等都属于羊毛衫大家族。

二、分类

羊毛衫使用原料较广，如羊毛、羊绒、羊仔毛、兔毛、驼毛、马海毛、牦牛毛和化学纤维以及各种混纺纱等。羊毛衫采用的组织结构变化较多，因此具有很好的延展性、弹性、保暖性和透气性。羊毛衫的花色品种繁多，类别非常广泛，很难以单一的形式进行分类，因此，一般可根据原料成分、纺纱工艺、织物结构、产品款式、编织机械、整理工艺等进行分类。

（一）按原料分类

1. 羊毛衫

羊毛衫以绵羊毛为原料，是最大众化的针织毛衫，其针路清晰、衫面光洁、色泽明亮、手感丰满富有弹性，价格适中。

2. 羊绒衫

羊绒衫以山羊绒为原料，也称开司米（Cashmere）衫，是毛衫中的极品。其轻盈保暖、娇艳华丽、手感细腻滑润、穿着舒适柔软。由于羊绒纤维细短、易起球，耐穿性不如普通羊毛衫，同时因羊绒资源稀少，故羊绒衫价格昂贵。

3. 羊仔毛衫

羊仔毛衫以未成年的羊羔毛为原料，故也称羔毛衫，是粗纺羊毛衫的大陆产品。由于羊羔毛细而软，因此羊仔毛衫细腻柔软，价格适中。

4. 雪兰毛衫

雪兰毛衫原以英国雪特兰岛的雪特兰毛为原料，因混有粗硬的腔毛，微有刺感。雪兰毛衫丰厚蓬松，自然粗犷，起球少，不易缩绒，价格低。现将具有这一风格的毛衫通称为雪兰毛衫，因此雪兰毛已成为粗犷风格的代名词。

5. 兔毛衫

兔毛衫一般采用一定比例的兔毛与羊毛混纺织制而成。其特色在于纤维细，手感滑糯、表面绒毛飘拂、色泽柔和、蓬松性好，穿着舒适潇洒，保暖性胜过羊毛服装。

6. 牦牛绒衫

牦牛绒衫采用西藏高原牦牛绒为原料，其风格稍逊于羊绒衫，柔滑细腻，不易起球，而价格比羊绒衫低。但牦牛绒衫色彩单调，适宜制作男装。

7. 马海毛衫

马海毛衫以原产于安格拉的山羊毛为原料，手感滑爽、柔软有弹性、轻盈蓬松、透气不起球，穿着舒适，保暖耐用，价格较高。

8. 羊驼毛衫

羊驼毛衫以原产于智利的羊驼毛为原料，手感滑腻有弹性、蓬松粗放、不起球、保暖耐用，价格高于普通羊毛衫。

9. 化纤类毛衫

腈纶毛衫一般用腈纶膨体纱织制，其毛型感强、色泽鲜艳、质地轻软蓬松，保暖性不及纯羊毛衫，价格便宜，易起球，适宜儿童服装。近年来，国际市场上出现了以腈纶、锦纶仿兔毛衫，变性腈纶仿马海毛衫，弹力锦纶衫，弹力丙纶衫，弹力涤纶衫等多种产品。

10. 动物毛与化学纤维混纺的毛衫

动物毛与化学纤维混纺的毛衫具有各种动物毛和化学纤维的互补特性，其外观有毛感，其成本较低，是物美价廉的产品。

（二）按原料组成分类

1. 纯毛类

纯毛毛衫分为羊毛衫、羊绒衫、驼毛衫、羊仔毛（短毛）衫、兔/羊毛混纺衫、驼/羊毛混纺衫、牦牛毛/羊毛混纺衫等。

2. 混纺类

混纺毛衫分为羊毛/腈纶、兔毛/腈纶、马海毛/腈纶、驼毛/腈纶、羊绒/锦纶、羊绒/蚕丝、羊毛/棉、羊毛/棉/黏胶、羊绒/羊毛/蚕丝、羊绒/羊毛/莫代尔、羊绒/羊毛/大豆蛋白纤维、混纺衫等。

（三）按纺纱工艺分类

1. 精梳类

采用精梳工艺纺制的、细绒线、粗绒线织制各种羊毛衫、羊绒衫等。

2. 粗梳类

采用粗梳工艺纺制的针织纱线织制各种羊毛衫、羊绒衫等。

3. 花色纱类

采用花色针织绒线（如圈圈纱、结子纱、自由纱、拉毛纱等）织制花色毛衫。毛衫外观奇特、风格别致、艺术感强。

（四）按织物组织结构分类

羊毛衫所用的织物组织结构主要有：平针、罗纹（一隔一抽针罗纹）、四平针（满针罗纹）、四平空转（罗纹空气层）、双罗纹、双反面、提花、横条、纵条、抽条、夹条、绞花、扳花（波纹）、挑花（纱罗）、添纱、毛圈、长毛绒、集圈（胖花、单鱼鳞、双鱼鳞）以及各类复合组织等。

（五）按产品款式分类

羊毛衫款式主要有：男、女、童式开衫、套衫、背心，女童式裙装（帽、衫）及各类外衣等。

（六）按花型装饰形式分类

羊毛衫的装饰形式可分为印花、绣花、拉毛、浮雕、缩绒、镶皮、贴花、扎花、珠花、盘花等多种。

1. 印花

在羊毛衫上采用印花工艺印制花纹，以达到提高美化效果的目的，是羊毛衫中的新品种。印花部位有满身印花、前身印花、局部印花等，外观优美、艺术感强、装饰性好。

2. 绣花

在羊毛衫上通过手工或机械方式刺绣各种花型图案。花型细腻纤巧、绚丽多彩，以女衫和童装为多。绣花形式多样，有本色绣、素色绣、彩绣、绒绣、丝绣、金银丝线绣羊毛衫等。

3. 拉毛

将已织成的羊毛衫衣片经拉毛工艺处理，使织品的表面拉出一层均匀稠密的绒毛。拉毛羊毛衫手感蓬松柔软，穿着轻盈保暖。

4. 浮雕

浮雕羊毛衫是艺术性较强的新品种，是将水溶性防缩绒树脂在羊毛衫上印出图案，再将羊毛衫整体进行缩绒处理，而印有防缩剂的花纹处不产生缩绒现象，使织品表面呈现出缩绒与不缩绒的浮雕般的凹凸花型，再以印花点缀浮雕，使花型具有强烈的立体感。

第二节　羊毛衫常用原料

一、羊毛纤维

（一）组成

羊毛纤维是羊的皮肤的变形物，保暖性极佳，多用于秋冬季节的服装，但极易虫蛀。纺织用毛纤维最主要是绵羊毛，通常称为羊毛，或称为毛纤维，或简称毛。羊毛是由包覆在外部的鳞片层、组成羊毛实体的皮质层和毛干中心不透明的髓质层三部分组成，髓质层只存在于粗羊毛中，细羊毛中没有。羊毛是天然蛋白质纤维，主要成分由角朊蛋白质构成，角朊含量占97%，无机物占1%～3%，羊毛角朊的主要元素是C、O、N、H、S。

（二）性能

1. 长度与细度

细绵羊毛的毛丛长度一般为6～12cm，半细毛绵羊毛的毛丛长度为7～18cm，长毛种绵羊毛的毛丛长度为15～30cm；绵羊毛纤维的截面近似圆形，一般用直径表示它的粗细，称为细度，单位为微米（μm）。绵羊毛平均直径为11～70μm，细度是确定毛纤维品质和使用价值的重要指标。

2. 耐酸性

弱酸或低浓度强酸对羊毛没有大的影响，但高温、高浓度的强酸对羊毛有破坏作用。当pH＜4时已开始有明显破坏，主要破坏羊毛的盐式键或与氨基结合，减弱分子间的作用力。

3. 耐碱性

碱对羊毛具有较大破坏作用，在3%～5%的苛性钠溶液中煮沸几分钟，即可将羊毛完全溶解，在较低浓度及较低温度时，亦有破坏作用。当pH＞8时，已开始有明显破坏；pH＞11时，破坏非常剧烈，除破坏其盐式键外，还对胱氨酸起分解作用，造成羊毛纤维颜色发黄、发脆、变硬、光泽暗淡、手感粗糙。

4. 吸湿性

羊毛的吸湿性好，标准状态下回潮率为16%，是天然纤维中最好的。

5. 强伸性与弹性

羊毛纤维的断裂比强度为0.9～1.5cN/dtex，是天然纤维中最低的，断裂伸长率为25%～30%。羊毛纤维的弹性好，当伸长2%时，弹性恢复率为99%。

6. 缩绒性

羊毛纤维在湿热条件下，经机械外力的反复作用，纤维集合体逐渐收缩，并相互穿插、交缠毡化，这一性能称为毛纤维的缩绒性。利用羊毛的这一特性来处理羊毛衫的加工工艺称为羊毛衫缩绒。缩绒是羊毛衫后整理工艺中的一项主要工艺，为了加快缩绒速度，通常在缩绒时要加入化学试剂。目前，缩绒工艺主要应用于羊绒、驼毛、兔毛、羊仔毛、雪特兰毛等粗纺类羊毛衫的加工中；精纺类羊毛衫通常以常温、短时间进行净洗湿整理或轻缩绒整理以改善外观。

7. 其他性能

羊毛纤维的刚性差，导电性差，电阻大，加工时要加和毛油。

二、羊绒纤维

（一）组成

山羊绒属于稀有的特种动物纤维，是一种珍贵的纺织原料，被称为"纤维的钻石""软黄金"。由于亚洲克什米尔地区在历史上曾是山羊绒向欧洲输出的集散地，所以国际上习惯称山羊绒为"克什米尔（Cashmere）"，中国采用其谐音为"开司米"。山羊绒是从山羊身上梳取下来的绒毛，其中以山羊所产的绒毛质量为最好。每年春季是山羊脱毛之际，采用特制的铁梳从山羊躯体上抓取的绒毛，称为原绒。洗净的原绒经分梳，去除原绒中的粗毛、死毛和皮屑后得到山羊绒，称为无毛绒。山羊绒纤维由鳞片层、皮质层组成，无毛髓。其鳞片多呈环状覆盖，密度为60~70个/mm，绒毛横截面近似圆形，正、偏皮质细胞不明显，卷曲度比细羊毛少。

羊绒由一根根细而弯曲的纤维组成，其中含有很多空气，并形成空气层，可防御外来的冷空气，以保持体温。羊绒比羊毛细很多，外层鳞片也比羊毛细密、光滑，因此重量轻、柔软、韧性好。特别适合制作内衣。贴身穿着时，轻、软、柔、滑，非常舒适，是任何纤维都无法相比的。

山羊绒有白、青、紫三种颜色，其中以白绒为最珍贵。

（二）性能

1. 长度与细度

羊绒纤维的长度为35~45mm；中国、蒙古羊绒的细度为14.5~16μm（约110支），伊朗、阿富汗羊绒的细度为17~19μm。

2. 吸湿性

羊绒纤维的吸湿性好，标准状态下回潮率为15%。

3. 化学性能

羊绒对酸、碱、热反应较敏感，纤维易受损伤。

三、马海毛纤维

（一）组成

马海毛又称安哥拉山羊毛，英文Mohair，"马海"一词源于阿拉伯文，意为"似蚕丝的山羊毛"。马海毛主要产于美国、土耳其、南非等地，属于异质毛，有一定数量的髓毛、死毛，毛色分白、褐两种。

（二）性能

1. 细度与长度

马海毛的细度随羊的年龄而异，第一、第二次剪的羔羊，平均细度为20~21μm；第三、第四次剪的成年羊毛，平均细度为30~45μm。马海毛的长度随着羊的年龄、年剪次数及产地而异，在100~250mm之间。

2. 物理性能与化学性能

马海毛的纤维柔滑、弹性足、强度高、耐磨、不易毡缩，对化学药品的反应比较敏感，有明亮丝光，易洗涤。

四、蚕丝纤维

（一）组成

蚕分为家蚕（桑蚕）和野蚕（柞蚕、天蚕等）两大类。蚕丝纤维主要是由丝素和丝胶两种蛋白质组成，丝胶占20%~25%，丝素占70%~80%，含有少量脂蜡、碳水化合物、色素和灰分等。

（二）性能

1. 细度

蚕丝纤维的细度用纤度又称旦尼尔（Denier）表示。

2. 色泽

蚕丝常见的颜色有白色、黄色，近年来又培养出了天然的黄色及绿色蚕丝。

3. 吸湿性

蚕丝的吸湿性好，标准状态下的回潮率为8%~11%。

4. 物理性能

蚕丝的光泽好，三角形截面的棱镜效应使其有闪光效果，内部多层丝胶使入射光多层反射互相干涉，表面产生柔光。

5. 化学性能

蚕丝耐酸不耐碱，耐酸不如毛，但比棉好；耐碱比毛好，却不如棉。柞蚕丝比桑蚕丝耐酸、碱性能好。

6. 其他性能

蚕丝的耐热性好，耐日光性差，导电性差。

五、棉纤维

（一）组成

棉纤维的横断面由很多同心层组成，主要有初生层、次生层、中腔三个部分。主要成分是纤维素，是天然高分子化合物；纤维的长度主要取决于棉花的品种、生长条件和初加工，通常细绒棉的手扯长度平均为23~33mm，长绒棉为33~45mm。棉纤维的长度与纺纱工艺及纱线的质量有密切的关系，一般长度越长、长度整齐度越高、短绒越少，可纺的纱越细、条干越均匀、强度越高，且表面光洁、毛羽少。纤维的成熟度是指纤维细胞壁的加厚程度，即棉纤维生长成熟的程度，与纤维的各项物理性能密切相关。正常成熟的棉纤维、截面粗、强度高、转曲多、弹性好、有丝光、纤维间抱合力大、成纱强力高。因此，成熟度是棉纤维内在质量的综合性指标。

（二）性能

1. 吸湿性

棉纤维是多孔性物质，且其纤维素大分子上存在许多亲水性基团（—OH），其吸湿性较好，标准状态下棉纤维的回潮率为8.5%左右。

2. 化学性能

棉纤维耐无机酸能力弱，对碱的抵抗力较大，但会引起横向膨化。可利用稀碱溶液对棉织物进行"丝光"处理。

3. 耐光性、耐热性

棉纤维耐光性、耐热性一般。在阳光与大气中棉织物会缓慢被氧化，强力下降。长期高温作用会使棉织物遭受破坏，可耐受125～150℃的短暂高温。

六、麻纤维

（一）组成

麻纤维是从各种麻类植物中取得的纤维，由取得位置可分为：韧皮纤维、叶纤维。

1. 韧皮纤维

韧皮纤维是从一年生或多年生草本双子叶植物的韧皮层中获得的纤维总称。其质地柔软，适宜纺织加工，亦称软质纤维。韧皮纤维具有强度高、伸长小、吸湿、放湿快等特征。

其中一些麻类纤维单纤维很短，不能用单纤维纺纱，称工艺纤维，如亚麻、黄麻、洋麻等。

2. 叶纤维

叶纤维是从叶植物的叶或叶鞘上获得的，如剑麻、蕉麻纤维等。其质地粗硬，商业上称为硬质纤维。叶纤维长度较长、强度高、伸长小、耐海水浸蚀，不易霉变，适宜作绳缆、刷子、包装材料等。

（二）性能

1. 吸湿性

麻纤维吸湿性好，标准状态下回潮率为12%～14%。

2. 力学性能

麻纤维的强度是天然纤维中最高的，苎麻纤维平均断裂比强度为6.73cN/dtex（且湿强大于干强），断裂伸长率最低，苎麻为2%～3%，亚麻为3%，黄麻为0.8%。

3. 弹性

麻纤维刚性大，弹性差，伸长2%时，弹性恢复率为48%。

4. 化学性能

麻纤维耐酸不耐碱，耐酸性比棉好一点，耐碱性比棉差。

5. 抗菌性

麻纤维具有抗菌功能。

6. 其他性能

麻纤维的导电性好，导热性好，耐热性差。

七、竹纤维

（一）组成

竹纤维是以天然竹子为原料制取的纤维，分为原生竹纤维和再生竹纤维两种。主要成分是纤维素、半纤维素和木质素，总量占纤维干重量的90%以上，其次是蛋白质、脂肪、色素等。

（二）性能

1. 长度与细度

竹纤维单纤维长1.33~3.04mm，直径为10.8~22.1μm。

2. 力学性能

竹纤维的断裂比强度为3.49cN/dtex，断裂伸长率为5.1%。

3. 吸湿性

竹纤维的多孔、多缝隙和中空结构，具有良好的吸湿、放湿性，标准状态下回潮率为11.6%~12%。

4. 抗菌性

竹纤维本身具有独特的抗菌性能。

八、黏胶纤维

（一）组成

黏胶纤维属再生纤维素纤维。它是以天然纤维素为原料，经碱化、老化、黄化等工序制成可溶性纤维素黄原酸酯，再溶于稀碱液制成黏胶，经湿法纺丝而成。采用不同的原料和纺丝工艺，可制成普通黏胶纤维、高湿模量黏胶纤维和高强力黏胶纤维等。

（二）性能

1. 力学性能

普通黏胶纤维的断裂强度比棉小，为1.6~2.7cN/dtex；断裂伸长率大于棉，为16%~

22%；湿强约为干强的50%，湿态伸长增加约50%。

在小负荷下容易变形，且弹性回复性能差，织物易伸长，尺寸稳定性差。

2. 吸湿性

黏胶纤维的吸湿性好，标准状态下回潮率为14%；透气性好。

3. 化学性能

黏胶纤维的化学组成与棉纤维相似，所以较耐碱、不耐酸，耐碱、耐酸性均比棉差。

4. 染色性

黏胶纤维的染色性与棉纤维相似，染色色谱全，染色性能良好。

九、大豆蛋白复合纤维

（一）组成

大豆蛋白复合纤维是一种再生植物蛋白纤维，是从豆渣中提取球蛋白，辅之以特殊添加剂，将蛋白质的溶液与其他高聚物材料共混纺丝或将蛋白质与其他高聚物进行接枝共聚而成。其横截面呈扁平状哑铃形或腰圆形，纵向表面呈凹凸沟槽。

大豆蛋白质成分占23%～55%，聚乙烯醇和其他成分占77%～45%。

（二）性能

1. 物理性能

大豆蛋白复合纤维的标准回潮率为4%左右，放湿速率较棉和羊毛快。大豆蛋白复合纤维热阻较大，保暖性优于棉和黏胶纤维。

大豆蛋白复合纤维的导电性与蚕丝相近，不易加工，易起球。

2. 染色性

纤维本身为淡黄色，可用酸性染料、活性染料染色，同时耐日晒，汗渍色牢度较好。

3. 其他性能

具有保健功能，与人体皮肤的亲和性好，且含有多种人体必需的氨基酸，在纺丝过程中加入一定量的杀菌消炎作用的中草药与蛋白质侧链以化学键相结合，药效显著且持久。

十、酪素复合纤维（牛奶蛋白复合纤维）

（一）组成

牛奶蛋白复合纤维是以牛奶为原料，经分离、提纯出来的蛋白质与聚乙烯醇缩甲醛聚合接枝而成的新型化学纤维，属再生蛋白质纤维，兼具天然纤维与合成纤维的特性。

（二）性能

1. 吸湿与透气性

牛奶蛋白与聚乙烯醇缩甲醛聚合接枝后，失去了蛋白质原有的可溶性，在高湿环境中，因为固化后的蛋白质分子结构紧密，水中软化点高而不溶于水，同时由于蛋白质结构多肽链与多肽链之间以氢键结合，呈空间结构，大量的亲水基团易与水相结合，使纤维具有良好的吸湿性与透气性。

2. 物理性能

纤维的初始模量较高，断裂比强度较高，具有一定的卷曲、摩擦力及抱合力。

3. 染色性

牛奶蛋白复合纤维与染料的亲和性使颜色格外亮丽，染色均匀，色牢度好。

4. 抗菌性

纤维具有天然抗菌功能。

十一、再生甲壳质纤维与壳聚糖纤维

（一）组成

甲壳质是由虾、蟹、昆虫类的外壳及从菌类、藻类细胞壁中提炼出来的天然高聚物，壳聚糖是甲壳质经浓碱处理后脱去乙酰基后的化学产物。

甲壳质是一种带正电荷的天然多糖高聚物，简称为聚乙酰胺基葡萄糖。壳聚糖称聚氨基葡萄糖。

（二）性能

1. 吸湿性与保温性

甲壳质纤维的吸湿性和保温性均好，由于甲壳质纤维在其大分子链上存在大量的羟基（—OH）和氨基（—NH_2）等亲水性基团，纤维有很好的亲水性和很高的吸湿性。甲壳质纤维的平衡回潮率在12% ~ 16%之间。

2. 保健性

甲壳质和壳聚糖纤维具有消炎、止血、抑菌和促进伤口愈合的作用。

3. 染色性

纤维的染色性能优良，可用直接染料、活性染料及硫化染料等进行染色，且色泽鲜艳。

4. 可纺性

纤维的可纺性较差，与棉纤维相比，甲壳质纤维线密度偏大，强度偏低，在一定程度上影响了甲壳质纤维的成纱强度。在一般条件下用甲壳质纤维进行纯纺有一定困难，通常采用甲壳质纤维与棉纤维或其他纤维混纺来改善其可纺性。随着甲壳素原料及纺丝工艺的不断改进，纤维线密度和强度会得到提高，可开发出各种甲壳素纯纺或混纺产品。

十二、醋酯纤维

（一）组成

醋酯纤维（简称醋纤）是用含纤维素的天然材料经过一定的化学加工制得的，其主要成分是纤维素醋酸酯，由于它是以纤维素为骨架，具备纤维素纤维的基本特征，但性质上与纤维素纤维相差较大，与合成纤维有些相似。

（二）性能

1. 吸湿性与染色性

在标准大气条件下二醋酯纤维的回潮率为6.5%，三醋酯纤维的回潮率为2.5%~3.5%。醋酯纤维的染色性较差，使用分散染料效果较好，三醋酯纤维易产生静电。

2. 力学性能

醋酯纤维的强度较低，二醋酯纤维干强度1.1~1.2cN/dtex，三醋酯纤维为1.0~1.1cN/dtex，湿强度约为干强的67%~77%，初始模量小，易变形，易回复，不易起皱，手感柔软，具有蚕丝的风格。三醋酯纤维的弹性大于二醋酯纤维和纤维素纤维，耐磨性、耐用性较差，三醋酯纤维织物较二醋酯纤维织物结实耐用。

3. 热塑性

醋酯纤维具有良好的热塑性能，在200~300℃时软化，260℃时熔融，三醋酯纤维的耐热性比二醋酯纤维高。

4. 化学性能

醋酯纤维耐弱化学试剂，耐酸碱性不如纤维素纤维。其在稀溶液中较稳定，在浓碱作用下，会逐渐皂化而成为再生纤维素，在浓酸溶液中会因皂化和水解而溶解。

十三、聚乳酸纤维

（一）组成

聚乳酸（PLA）纤维是葡萄糖发酵转变而成的乳酸单体，经聚合成为高聚物聚乳酸（PLA），再经成纤而得。

（二）性能

1. 吸湿性

聚乳酸纤维的吸湿性差，其回潮率与聚酯纤维接近。

2. 物理性能

聚乳酸纤维有极好的卷曲保持性，热黏合温度可控制，可控制收缩性，形态稳定性及抗皱性好。

3. 染色性

聚乳酸纤维的染色性能比一般的纺织纤维差，通常采用分散染料染色，但温度不需要高温高压。

4. 其他性能

聚乳酸纤维类似于蚕丝、棉花、羊毛、大麻及黄麻等，属于天然纤维，可以生物降解。特殊条件如较高的温度和湿度，尤其是混合肥料环境下，其产品完全可解为二氧化碳和水。

十四、涤纶纤维

（一）组成

涤纶是聚对苯二甲酸乙二酯纤维的中国商品名，英国商品名为Terylene，美国商品名为Dacron，日本商品名为Tetron。涤纶是合成纤维的一大类，其产量居所有化学纤维之首。

（二）性能

1. 力学性能

涤纶的刚性大，织物挺括保型性好，强度高，强伸性好，断裂比强度为3.5～5.3cN/dtex，湿强近似等于干强。其弹性好，不易变形，当伸长为3%时，弹性恢复率为90%～95%。

2. 耐磨性

其耐磨性好，仅次于锦纶，但湿态下变化不大，而锦纶下降至原干态的45%～50%。

3. 热稳定性

其耐热性及热稳定性为六大纶中最佳，在150℃、1000h后仍可保持原强度的50%，205℃软化，熔点为260℃，适合温度为70～170℃。

4. 耐日光性

涤纶的耐日光性好，仅次于腈纶，日晒6000h，强力下降为原强力的66%。

5. 化学性能

涤纶对一般化学试剂较稳定，耐酸性好，但不耐浓碱长时间高温处理。涤纶经碱液处理后，表面容易被腐蚀，纤维变细、重量减轻、手感变好、光泽优雅，具有真丝的风格特征，这种加工方法称为涤纶的碱减量处理，是涤纶仿丝绸的主要方法之一。

6. 耐污性

涤纶由于吸湿性低，表面具有较高的电阻率，易产生静电，纺纱时须加油水，耐污性差，易脏。

7. 吸湿性

涤纶的吸湿性差，标准状态下回潮率为0.4%，高密涤纶织物不透气、闷热。

8. 染色性

涤纶的结晶度高，染料不易进入，染色性差，需用高温高压染色。

涤纶的最大缺点之一是织物表面易起毛、起球。

十五、锦纶纤维

（一）组成

聚酰胺纤维是指其分子主链由酰胺键（—CO—NH—）连接的一类合成纤维，各国的商品名称不同，我国聚酰胺纤维的商品名称为锦纶，锦纶6和锦纶66是应用最广泛的两种。

（二）性能

1. 耐磨性

锦纶的耐磨性居纺织纤维之首，由85%羊毛与15%锦纶混纺织成的羊毛衫，其耐磨性比纯羊毛衫高3.5倍。

2. 力学性能

锦纶的强伸性好，断裂比强度为4～5.3cN/dtex，断裂伸长率比较高。弹性好，当伸长为3%～6%时，弹性恢复率为100%，耐多次变形；当伸长为15%时，弹性恢复率为82.6%，是普通纤维中回弹性最高的。

3. 初始模量

锦纶的刚性差，初始模量比大多数纤维低，受力易变形，不挺括。

4. 吸湿性与染色性

吸湿性好，在合成纤维中仅次于维纶，标准状态下回潮率为4.5%；染色性也好，酸性染料、分散染料均可染色。

5. 耐热性

锦纶的耐热性差，150℃下，5h后颜色发黄，强力下降69%，不能再使用。锦纶6的熔点为220℃，锦纶66的熔点为260℃，锦纶6的热稳定性优于锦纶66。

6. 化学性能

锦纶耐碱不耐酸，95℃下在10% NaOH中浸渍，对强力无明显影响；而55℃下在80%甲酸中浸渍则发生溶解。

十六、腈纶纤维

（一）组成

腈纶是聚丙烯腈纤维的中国商品名，产量仅次于涤纶和锦纶。美国杜邦公司于20世纪40年代研制成功纯聚丙烯腈纤维（商品名为奥纶），因染色困难，易原纤化，一直未投入工业化生产。之后在改善聚合物的可行性和纤维的染色性能的基础上，才得以工业化生产。因其蓬松卷曲、回弹性好及保暖性好，近似羊毛，称为"合成羊毛"。

（二）性能

1. 耐日光性

腈纶的耐日光性好，在所有的天然纤维及化学纤维中居首位，主要是纤维分子中含有氰基（—CN—）。

2. 耐热性

腈纶的耐热性好，仅次于涤纶，纤维软化温度为190～230℃，熔点不明显，不易产生熔孔现象。

3. 力学性能

腈纶的断裂比强度为2.5～4 cN/dtex，在伸长为2%时，弹性回复率与羊毛相差不大。腈纶的刚性好，次于涤纶，优于锦纶，保型性好。

4. 吸湿性与染色性

腈纶的吸湿性较差，标准状态下回潮率为2%；染色较困难，多用阳离子染料、酸性染料染色。

5. 化学性能

腈纶耐酸、氧化剂等醇类、有机酸、碳氢化合物、油、酮、酯及其他物质；耐碱性差，易变黄，遇浓碱破坏。

6. 其他性能

腈纶具有特殊的热弹性，利用此性质可生产膨体纱。

十七、维纶纤维

（一）组成

维纶又称维尼纶（Vinalon），是聚乙烯醇纤维的中国商品名。未经处理的聚乙烯醇纤维溶于水，用甲醛或硫酸钛处理后可提高其耐热水性。狭义的维纶专指用甲醛处理后的聚乙烯醇缩甲醛纤维。

（二）性能

1．吸湿性

维纶的吸湿性好，标准状态下回潮率为4.5%～5.0%，其导热性差，具有良好的保暖性。

2．耐磨性

维纶的耐磨性较好，比棉高2～5倍，棉/维纶（50/50）的混纺织物，其强度比纯棉织物高60%，耐磨性提高50%～100%。

3．力学性能

维纶的弹性较差，织物不够挺括，易折、易皱，刚性差。

4．水溶性

维纶的耐热水性差，聚乙烯醇纤维是水溶性的，经热处理后仍有30%～40%的自由羟基，水中软化点为110℃，不耐沸水，故进行缩甲醛处理，生成疏水的醚键，但缩醛反应只发生在纤维的无定形区及晶区表面，在湿态下温度超过110～115℃就会发生明显的收缩和变形（115℃，收缩率5%）。利用其这一特性，常用维纶与羊绒或羊毛伴纺纺高支纱，生产轻薄织物。

5．化学性能

维纶的耐碱性好，50% NaOH溶液100℃煮沸无影响，耐酸性差，55℃下在80%甲酸中产生溶解。

6．染色性

维纶的染色性差，皮层染色浅，芯层吸色深，存在上染速度慢及色泽不够鲜艳等问题。

十八、丙纶纤维

（一）组成

丙纶是聚丙烯纤维的中国商品名。丙纶的品种较多，有长丝、短纤维、膜裂纤维、膨体长丝等。

（二）性能

1．相对密度

丙纶在所有化学纤维中是最轻的。

2．力学性能

丙纶的强伸性较好，强度高，断裂比强度为2.6～5.7cN/dtex，断裂伸长率及弹性回复率较高。丙纶刚性较大，外观挺括，尺寸稳定性好。

3．耐磨性

丙纶的耐磨性好，次于锦纶、涤纶，耐平磨性可接近于锦纶，耐曲磨性则稍差。

4. 保暖性

丙纶的保暖性好，导热性低，绝热性高，干燥速度快。

5. 吸湿性

丙纶的吸湿性差，标准状态下回潮率为0～0.1%，几乎不吸湿。将丙纶制成超细纤维，具有较强的芯吸作用，可以通过纤维中的毛细管道排除水汽，达到导湿的目的，制成的内衣穿着无冷感，其舒适性较好。

6. 化学性能

丙纶的耐酸耐碱性居纤维首位，除浓硝酸等氧化性酸、高浓苛性钠等发生破坏外，对其他酸碱无影响，高温时溶于个别溶剂。

7. 染色性

丙纶的染色性差，染色困难，可通过原液着色、纤维改性等方法解决。

8. 耐日光性

丙纶的耐日光性差，易老化，对紫外线敏感，日晒150h，强力下降50%，失去光泽，加工时需加抗老化剂、光稳定剂。

9. 耐热性

丙纶的耐热性差，高温时易氧化，不能熨烫。

第三节　毛纱品号与色号

一、毛纱品号

编结绒线和针织绒线分为精纺和粗纺两类，由阿拉伯数字表示。在绒线和商标上标明的第一位阿拉伯数字表示：

0——精纺绒线（有时常省略不写）；

1——粗纺绒线；

2——精纺针织绒线（有时不写）；

3——粗纺针织绒线。

第二位阿拉伯数字，表示绒线的品号即所选用原料的种类，共10类，其代号为：

0——山羊绒或山羊绒与其他纤维混纺；

1——异质毛（也称国毛，包括大部分国产羊毛）；

2——同质毛（也称外毛，包括进口羊毛和少数国产羊毛，其毛纤维的粗细与长短差异较小）；

3——同质毛与黏胶纤维混纺；

4——同质毛与异质毛混纺；

5——异质毛与黏胶纤维混纺；

6——同质毛与合成纤维混纺；

7——异质毛与合成纤维混纺；

8——纯化纤及其相互间的混纺；

9——其他原料。

上面所列代号6、7、8中的合成纤维，目前一般是指腈纶和锦纶。

当第1位数字为3时，其第2位数字所表示的原料种类为：

0——山羊绒或山羊绒与其他纤维（锦纶除外）混纺；

1——白山羊绒；

2——青山羊绒；

3——紫山羊绒；

4——山羊绒与锦纶混纺；

5——短毛；

6——兔毛（羊仔毛）；

7——驼绒；

8——牦牛绒；

9——其他。

目前品号中的线密度代号仍用公制支数表示，在公制支数之后换算成特克斯数以供参考。

品号的第3位、第4位数字合起来表示该产品的单股毛纱的公制支数，一根绒线是由多股毛纱并捻而成，目前生产的绒线大多数是4股毛纱并捻而成的，单股粗绒线一般在6~8.5公支（167~118tex），单股细绒线在16~19公支（63~53tex）。针织绒大多是两股毛纱合捻而成，精纺针织绒线单股细度在20公支以上（50tex以下），粗纺针织绒线单股细度在12~21公支（83~48tex）之间，也有36公支（低于28tex）的。

单纱支数是两位整数的细绒线或针织绒线，支数代号就表示其支数，如18公支/4（56tex×4）细绒线的支数代号就是18。单纱支数由一位整数和一位小数表示的粗绒线，其支数代号将略去小数点，如8.0公支/4（125tex×4）和7.5公支/4（133tex×4）的粗绒线，其支数代号分别为80和75。根据上述对绒线的针织绒品号的组成及其含义的说明，举例如下：

216——同质毛的全毛精纺细绒线，单股毛纱为16公支（63tex），单根毛纱为4公支（250tex）；

880——纯化纤精纺生产的腈纶粗绒线，单股毛纱为8公支（125tex），单根毛纱为2公支（500tex）；

1365——同质毛与黏胶纤维混纺的粗纺毛/黏粗绒线，单股毛纱为6.5公支（154tex），单根毛纱为1.6公支（625tex）；

2826——精纺针织绒线，纯化纤纱（目前多为腈纶膨体纱），单股毛纱为26公支

（38.5tex），单根毛纱为13公支（77tex）；

2248——精纺同质毛针织绒线，单股毛纱为48公支（21tex），单根毛纱为24公支（42tex）；

3028——粗纺针织绒线，由山羊绒或山羊绒与其他纤维（锦纶除外）混纺而成，单股毛纱为28公支（36tex），单根毛纱为14公支（72tex）；

3718——粗纺驼绒针织绒线，单股毛纱为18公支（56tex），单根毛纱为9公支（112tex）；

3816——粗纺牦牛绒针织绒线，单股毛纱为16公支（63tex），单根毛纱为8公支（126tex）。

在试制新品种时，应在规定的品号前再加"4"，以示区别老品种，正式投产后不再附加。例如："4122.5"代表新品种，异质毛针织绒，单股毛纱为22.5公支（44.4tex）。

对于毛纱生产厂家，由于其原料来自不同的地区，在某些试制品中，虽然所用原料、纺纱方法与纺纱单股特数相同，但由于原料本身品质的差异或等级配比不同，为了有所区别，在货号前面不加"4"，而在其后缀以"01""02""03"等顺序号以示不同。例如，"62602"代表毛/腈混纺而成的精纺针织绒，单股毛纱细度为26公支（38.5 tex），是626品种的第二次品种。

二、毛纱色号

羊毛衫厂目前使用的毛纱大多数为有色纱，对于白纱成衫染色，需有规定的色彩代号来表示其颜色，同时在同一色谱中，有很多不同的颜色，如红色谱里有大红、血红、暗红、紫红、枣红、玫瑰红、桃红、浅红、粉红、浅粉红等，有的多达十几种。由于纤维的特性不同，就是同一种颜色也有差异，需一个统一的代号加以区别，目前采用统一的对色板（简称色板或色卡）来统一对照比色，称为"中国毛针织品色卡"，被用于全国各羊毛衫厂和毛纺厂统一使用的对色板以对照比色，对色色号是由一位拉丁字母和三位阿拉伯数字组成。

色号的第1位为拉丁字母，表示毛纱所用的原料，字母代号为：

N——羊毛品种（代旧色板W和H）；

WB——腈纶/羊毛（50/50）、腈纶/羊毛（60/40）、腈纶/羊毛（70/30）；

KW——腈纶/羊毛（90/10）；

K——腈纶［包括腈纶/锦纶（90/10）、腈纶/锦纶（70/30）］；

L——羊仔毛（短毛）；

R——羊绒；

M——牦牛绒；

C——驼绒；

A——兔毛；

AL——50%长兔毛成衫染色。

色号的第2位数字用阿拉数字，其表示毛纱的色谱类别：

0——白色谱（漂白和白色）；

1——黄色和橙色谱；

2——红色和青莲色谱；

3——蓝色和藏青色谱；

4——绿色谱；

5——棕色和驼色谱；

6——灰色和黑色谱；

7～9——夹花色类。

色号的第3、第4位数字表示色谱中具体颜色的深浅编号，用阿拉伯数字表示。原则上数字越小，表示所染颜色越浅；数字越大，表示所染颜色越深。一般从01至12为从最浅色到中等深色，12以上为较深颜色。

例1：01表示色谱中最浅的一种。

N为羊毛纯纺毛，0代表白色谱，N001在工厂中习惯称为"特白全毛开司米"。

例2：12表示色谱中中等深色的一种。

K为腈纶针织绒（腈纶膨体纱），2代表红色和青莲色。

例3：15表示色谱中较深色的一种。

C为驼绒毛纱，5代表棕色和驼色谱。

在某些地区或对某些国家出口的产品中，现尚沿用旧色号，其由四位阿拉伯数字组成，第1位数字取代拉丁字母，表示毛纱所用原料的代号，取品号中的原料代号来表示，第2位数字也为色谱类别，第3、第4位数字表示色谱中具体颜色的深浅。

第四节　羊毛衫品牌与发展战略

一、羊毛衫品牌

随着经济全球化进程的加快，品牌已成为推动国家、企业发展的重要战略资源和提升国际影响力的核心要素。实施品牌战略，关系到我国在世界经济体系中的地位和整体竞争力，对于转变经济发展方式、提升经济运行质量、满足居民消费升级需求都具有重要意义。我国的羊毛衫品牌有恒源祥、鄂尔多斯、春竹、兆君、鹿王、珍贝等多个著名品牌。

（一）恒源祥

恒源祥创立于1927年的中国上海，是中国乃至全球羊毛年使用量最大的企业之一，年羊毛使用量达10000吨以上，产品包括绒线、针织、服饰、家纺等大类。绒线、羊毛衫综合销量常年保持同行业第一。1999年获得"中国驰名商标"称号。2002年和2003年连续两年获得"中国十大公众喜爱商标"称号。2006年，在中国最有价值的100个老字号中，恒源祥位居第二。2007年，由世界品牌实验室发布的中国500最具价值品牌排行榜中，恒源祥位列64位，品牌价值94.58亿元。2008年，恒源祥进入"亚洲品牌500强"，其标识如图1-1所示。

图1-1　恒源祥标识

（二）鄂尔多斯

鄂尔多斯自1979年创立以来，经过三十余年的高速发展和21世纪初的大规模产业扩张，现已形成"六大事业板块有序推进、十大主导产业协同发展"的战略格局。集团进入中国企业500强之列。"鄂尔多斯"作为中国纺织服装行业第一品牌，以303.26亿元的品牌价值连续十几年位居中国最有价值品牌的前列，其标识如图1-2所示。

图1-2　鄂尔多斯标识

羊绒产业是鄂尔多斯集团的事业基础和品牌支柱，羊绒制品的产销能力达到1000万件以上，占中国的40%，占世界的30%。一直以来，鄂尔多斯致力于对羊绒材质本质的挖掘，树立了兼具羊绒尊贵气质与时代创新精神的品牌理念。集团建有国家认定的企业技术中心、产学研合作体系及国内一流水平的中试基地，不断进行羊绒深加工的技术创新和提升产品的自主设计能力，致力于将鄂尔多斯和"1436"打造成为国际著名服装品牌和国际羊绒奢侈品牌。

依托强势的品牌资源，鄂尔多斯已成功完成了向高端羊绒服装和羊毛衫、男装、女装、内衣、羽绒、家纺等非绒类大服装领域的全面拓展。"1436"已成为中国羊绒服装顶级品牌和中华国宾礼品，"奥群"羊毛衫成为集团旗下的又一个中国名牌，男装、女装和内衣正在向行业前三强迈进，被誉为世界绒都的鄂尔多斯大服装产业优势已经形成，鄂尔多斯正在实现向世界名牌的跨越。

（三）春竹

OCA春竹集团已实现由生产主导型向品牌运作型的重大战略调整。拥有三大品牌、七大系列；春竹羊毛衫、春竹羊绒衫、梦特娇羊绒衫、梦特娇女装针织衫、GOOD LUCK羊绒衫、GOOD LUCK男装和GOOD LUCK女装，集团的多品牌多系列格局在全国市场上已形成具有竞争力的战略优势。其标识如图1-3所示。

SPRING 春竹

图1-3　春竹标识

OCA春竹集团是集设计、生产、营销一体化的专业服装集团。经过在中国毛针织业界五十年的经营历史，已形成具有竞争力的产业链和市场格局。OCA春竹集团先后获得ISO9001、ISO2000质量体系认证，荣获上海市高新技术企业、上海市最佳工业企业、上海市守合同重信用企业、上海市著名商标、上海市名牌十连冠、羊绒衫国家免检产品、全国用户满意产品、中国服装百强企业、中国驰名商标。

（四）兆君

兆君羊绒集团公司始创于1985年，三十年来，集团以市场需求为导向，以内蒙古山羊绒为资源优势，以弘扬民族文化为目标，以纯真、诚信为基础，倾力打造"百年兆君品牌"。兆君羊绒集团以"兆君"品牌为载体，以山羊绒产业为经营支柱，已形成了集原料、绒毛分梳、纺纱、针织、机织、国内品牌经营、国际贸易等项目为一体的"一条龙"集团企业。其标识如图1-4所示。

图1-4　兆君标识

（五）鹿王

鹿王公司成立于1985年，是中国第一批国家工商总局授予的"中国驰名商标""中国名牌产品"企业，是首批国家级龙头企业、高新技术企业。企业已通过ISO9001质量、ISO14001环保及国际清洁生产认证，年加工羊绒针织、机织服装500万件、纤维毛条1000吨、纱线2000吨、机织面料100万米，总产量的85%出口美国、欧盟、日本和韩国等国际主流市场，在马达加斯加、柬埔寨等国建立起年产200万件的生产基地。

鹿王公司以羊绒及羊绒深加工为主导产业，产品涉及针织、机织、服装三大类，近100个品种，1000多个款式。"鹿王"羊绒织品是国家"重点支持和发展的名牌出口商品""采用国际标准产品"、国家质检总局"产品质量免检产品"。其产品先后获得"中国国际名牌产品博览会金奖""西班牙优质服务和优良品质马德里金奖""第六届国际山羊大会金奖"等百余项国际、国家级大奖。以时尚、经典的都市成熟男性、女性为对象，优雅高贵的生活态度，赋予更多经典尊贵生活的流行元素。其标识如图1-5所示。

图1-5　鹿王标识

（六）珍贝

珍贝产品自1987年向国家商标总局注册"珍贝"牌商标以来，经过二十多年的发展，已派生出羊绒、羊毛、真丝、大麻等高品位、多品种的服装系列产品。其标识如图1-6所示。珍贝牌羊毛衫2003年被国家质量监督检验检疫总局和中国名牌推荐委员会授予"中国名牌产品"。具代表性的产品为：抗静电羊毛衫、可机洗羊毛衫、防虫蛀羊毛衫、超细美丽诺羊毛衫、羊毛内衣、羊毛裤等。

图1-6　珍贝标识

此外，珍贝还开发出了其他系列产品：以休闲、时尚、高档为主的珍贝高级品牌"淦珂"牌防辐射、负离子羊绒衫、纯棉运动衫等。

二、发展战略

随着人们消费能力的提高，对产品的时尚、功能性日益关注，许多服饰类品牌已经进入毛针织品类的设计开发，其在款式、设计、色彩、搭配性等方面均优于羊毛衫品牌的产品。从现有企业间的竞争分析来看，羊毛衫行业内竞争主要体现在渠道资源、消费群体资源以及品牌资源的层面上。

受宏观经济的影响，羊毛衫企业外贸转内销的趋势逐渐形成，国内市场竞争越来越激烈，同时由于产品同质化严重，企业间的竞争也处于白热化的状态，制约了企业自身的发展。目前，羊毛衫企业的经营模式包括自主品牌和复合型品牌。自主品牌在产品设计方面具有优势，对每季的产品有系统的规划。因为拥有自己的生产线，对于产品质量与成本更容易掌控，拥有属于自己的销售渠道，致力于走品牌之路，资金投入大，风险性高。一是设计研发的投入力度大；二是销售渠道需要长远的规划；三是需要打造品牌知名度。复合型品牌为自主品牌与贴牌生产两方面。

从企业长远的发展来看，必须清晰地认识到自身的价值所在和存在的问题，了解目标市场的动态和目标消费群需求的变化，从产品的设计开发上满足消费者的需求，提高消费者对企业产品的满意度，从而吸引消费者，以达到稳固市场、提升销售的目的。中小型羊毛衫企业首先要进行市场细分，根据企业自身的条件和资源优势选择合适的市场定位。

从审美性的角度出发，了解行业的流行趋势，了解目标消费群的审美需求，在突出羊毛衫产品设计风格的同时，符合目标消费群的形象特征，以此满足消费者多样化的需求。

从实用性的角度出发，产品质量是企业的生命，是市场的通行证。完善羊毛衫产品的实用功能，需从原料开发上下工夫，既保温、柔软、滑润、细腻，同时具有一定的延伸性和回弹性，原料主要采用棉、麻、丝、毛等天然纤维，还有多种化学纤维。天然纤维织物风格自然、质朴、舒适，是羊毛衫的首选原料，但它的延伸性和回弹性不够，且毛、麻织物与皮肤接触时会有一定的刺痒感，化学纤维虽有较好的延伸性和回弹性，但其舒适性、抗静电性差，且易起毛起球。为此，通过对纤维、纱线、织物的后整理和"仿真"设计的研究，使天然纤维的织物风格"合成"化，合成纤维的织物风格"天然"化，使各类羊毛衫的风格互相取长补短，丰富了羊毛衫的表现力。采用国际先进的、环保型后整理技术，全面提升产品档次，提高产品的出口附加值和竞争力，是羊毛衫产品未来的发展趋势。

本章小结

1. 针织羊毛衫的花色品种繁多，类别非常广泛，很难以单一的形式进行分类。因此，一般可根据羊毛衫的原料成分、纺纱工艺、织物结构、产品款式、用途、编织机械、装饰花型、整理工艺等方面进行分类。

2. 羊毛衫可用的原料较为广泛，有羊毛、羊绒、羊仔毛、兔毛、驼绒、牦牛绒和化学纤维以及各种混纺纱等。

3. 不同原料的混纺可达到互相取长补短、降低生产成本的目的。原料及混纺比决定羊毛衫的风格特征。

4. 编结绒线和针织绒线分为精纺和粗纺两类，由阿拉伯数字表示。在绒线和商标上说明的第一位阿拉伯数字0表示精纺绒线，1表示粗纺绒线，2表示精纺针织绒线，3表示粗纺针织绒线。第二位阿拉伯数字，代表绒线的品号，即所选用原料的种类，共10类。

5. 毛纱色号采用统一的"中国毛针织品色卡"对色板（简称色板或色卡）来对照比色，其对色色号由一位拉丁字母和三位阿拉伯数字组成。

6. 羊毛衫集时装与日常服于一体，穿着日趋广泛，已构成针织服装中一个重要的独立分支，在现代服装中占据越来越重要的地位。开发时装型、功能型精品，采用国际先进的、环保型后整理技术，全面提升产品档次，提高出口附加值和竞争力，是羊毛衫发展的趋势。

思考题

1. 羊毛衫常用原料及主要特点。
2. 分析论述现代羊毛衫与传统羊毛衫的不同点。
3. 羊毛衫的分类方法一般有哪几种？
4. 毛纱的品号与色号如何表示？
5. 以一个羊毛衫品牌为例分析现状及发展趋势。

专业知识与实践——

针织横机

> **课程名称：** 针织横机
>
> **课程内容：** 1. 横机的分类与特点
>
> 2. 横机的基本结构
>
> 3. 横机的成圈过程
>
> 4. 横机的基本操作与注意事项
>
> 5. 横机新技术
>
> **课程时间：** 6课时
>
> **教学目的：** 通过对本章的学习，使学生了解羊毛衫的主要加工设备——横机的工作原理和结构，对针织工艺和设备有一个综合的、全面的认识，对针织产品的开发与设计有一定的理解，为进一步学习羊毛衫工艺与产品设计打下基础。
>
> **教学方式：** 理论教学、课堂讨论和实践性教学相结合。
>
> **教学要求：** 1. 了解横机的分类与特点，熟悉横机的组成与主要结构，掌握横机的编织原理。
>
> 2. 了解横机的操作方法。
>
> 3. 了解目前国内外的横机新技术。
>
> **课前（后）准备：** 4~6人组成一个团队，以羊毛衫加工设备——横机为主题，通过文献查阅、网上收集、现场考察等方式完成一份调研报告。

第二章　针织横机

第一节　横机的分类与特点

近年来，由于羊毛衫内衣外穿化、时尚化、个性化的发展，人们对羊毛衫产品花色品种的要求越来越高。由于横机具有小批量、多品种生产的优点，当前在国内外的羊毛衫生产中，横机是主要的生产设备。

一、横机的分类

横机的种类很多，根据机器的结构形式、编织的成圈机构、针床机号及针床数目的不同，可作如下分类。

（一）按横机形式分

按横机的形式分，有手摇横机（一级手摇横机、二级手摇横机、三级手摇横机、手摇花式横机）、半自动机械横机、全自动机械横机、半自动电脑横机和全自动电脑横机等。

（二）按横机针床机号分

机号是横机针床上规定单位长度内所具有的针数（或针槽数），又称级数。机号E与针距T的关系如下：

$$E=\frac{L}{T} \tag{2-1}$$

式中：E——机号，针/2.54cm；

　　　L——针床上规定的单位长度，一般为2.54cm（1英寸）；

　　　T——针距，mm。

机号越高，针床上的针越密，针也越细，所织的织物越细密。按照机号的大小，横机有粗机号和细机号之分。通常情况下，把8针/2.54cm以上的称为细机号，把8针/2.54cm以下的称为粗机号。

（三）按成圈系统分

按横机的成圈系统分，有单系统、双系统、多系统。国外进口的电脑横机的成圈系统数一般为2~6个系统。

（四）按针床数目分

按横机的针床数目分，有单针床横机、双针床横机、三针床横机和四针床横机等。纯嵌花横机为单针床横机，其余大多为双针床横机，三针床及四针床主要用在电脑横机上，是在原有双针床横机的基础上增加1~2个辅助移圈的针床而成。

（五）按针床的有效长度分

按横机针床的有效长度分，有小横机、大横机和宽幅横机。小横机的针床有效长度为305~610mm（12~24英寸）；大横机的针床有效长度在610mm以上，且以针床长度为813~915mm（32~36英寸）的横机为主；宽幅横机的针床有效长度为1016mm（40英寸）及以上，目前国际上以2280mm（90英寸）的横机为多。

另外，还可以根据织物组织结构、导纱器数量、横机传动形式等进行分类。

二、横机的特点

（一）节省原料

在横机的编织过程中，可以随时在机上消除疵点，或根据织物的脱散性，将织物的疵点部分拆掉，重新编织而得到质量完好的衣片；横机采用全成形编织工艺，其衣片基本不需裁剪。因此，横机编织原料损耗较少，适合生产价格较高的羊毛衫。

（二）全成形编织

横机可以运用收针、放针等全成形工艺生产各种款式新颖别致的羊毛衫。如各种羊毛衫、裤、裙、帽、手套、围巾、披肩、包等。

（三）原料适应性广

横机适应于各种原料，编织不同结构、不同组织、色彩鲜艳的花色织物。

（四）织物宽度变化的适应性强

横机编织时，通过改变工作针数，可以灵活地改变织物的幅宽，不仅能编织成形衣片，还能编织各种管状织物、坯布及其他要求的织物。

（五）结构简单，操作方便

横机的结构简单、适用，编织技术容易掌握，保养维修和品种翻新方便。

近年来，随着机械电子工业的发展、编织技术的进步，横机逐步走向自动化、现代化，已由手摇横机、半自动机械横机、全自动机械横机、半自动机械电脑横机发展到了全自动电脑横机。全自动电脑横机能够自动翻针、放针、收针和拷针，自动换梭、自动调节密度，自动编织各种不同组织结构、自动调幅等；进线路数达到8个系统，机号达到18针/25.4mm，最大机速为1.6m/s，嵌花导纱器可达40把，针床工作幅宽达到213cm；应用了多针床技术、变针距技术、沉降片技术、压脚技术、嵌花技术、起底板技术、智能型数控圈长系统、能动张力控制装置等，拓宽了横机的编织范围，提升了产品质量，丰富了产品花色，提高了生产效率。

第二节　横机的基本结构

虽然横机的种类和型号繁多，但无论是普通横机还是花式横机，其基本结构都大致相同。一般横机由机架、编织机构、选针机构、针床横移机构、喂纱机构、牵拉机构和传动机构等组成（图2-1）。

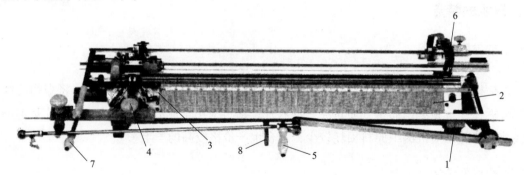

图2-1　普通横机
1—机架　2—针床　3—机头　4—机头推织手柄　5—机头摇织手柄
6—导纱器　7—后针床左右移位手柄　8—前针床升降手柄

一、机架

机架是横机的支撑部分，由机座和导轨组成（图2-2）。

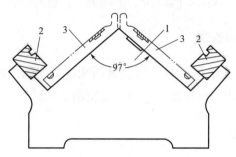

图2-2　机架部分
1—机座　2—机头导轨　3—针床

二、编织机构

编织机构是横机各机构中的主要部分，编织机构中各部件的状态及配合直接影响横机是否能够正常编织和产品的质量。同时，产品花色的变换也是通过这部分机件的变换与配合来完成的。编织机构主要包括针床、织针、机头、三角装置等。

（一）针床

针床也称针板，是横机上的重要部件之一。横机一般有两个针床，靠近操作者一侧的称为前针床，另一个称为后针床，前、后针床分为4个号位。从前针床右侧开始，按逆时针顺序，依次将前针床右侧、后针床右侧、后针床左侧、前针床左侧命名为1号位、2号位、3号位和4号位。针床上铣有针槽，舌针置于针槽中。当机头沿着导轨作往复运动时，舌针在机头三角的作用下沿着针槽作有规律的上下运动，进而完成编织的成圈过程。

针床机构如图2-3所示，针槽1用于存放舌针9；栅状齿2主要是支持线圈沉降弧，起沉降片的部分作用；针床压铁槽孔3为放置针床压铁，针床压铁把针床固定于机座上；上塞铁槽4中插入上塞铁6，作用是稳定舌针在针槽中的上下运动，使舌针不上抬，不会因为自身重量而下滑；下塞铁槽5中插入下塞铁7，作用是固定针脚8，针脚的作用是在编织起口时防止舌针下滑。

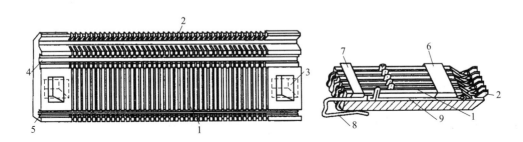

图2-3　针床机构
1—针槽　2—栅状齿　3—针床压铁槽孔　4—上塞铁槽　5—下塞铁槽
6—上塞铁　7—下塞铁　8—固定针脚　9—舌针

（二）织针

织针是针织机的主要成圈机件之一。织针的种类很多，一般可分为钩针、舌针、管针和槽针四种（图2-4）。

横机中除柯登机采用钩针编织外，其余一般都采用舌针编织，管针和槽针仅在少数新型横机上应用。

横机上使用的舌针，一般采用60号钢丝或钢片压制而成（图2-5）。

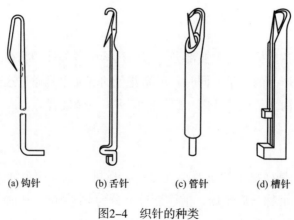

(a) 钩针　　　(b) 舌针　　　(c) 管针　　　(d) 槽针

图2-4　织针的种类

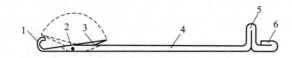

图2-5　舌针的结构

1—针钩　2—针舌销　3—针舌　4—针杆　5—针踵　6—针尾

舌针在成圈过程中是通过机头中的三角推动其针踵，使舌针在针槽内上下移动，而线圈则在针杆上作相对滑移，从而封闭或开启针口，完成成圈过程。

（三）机头

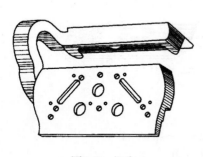

图2-6　机头

机头俗称龙头，也称三角座。一般由灰铁铸造而成，呈马鞍形，又称马鞍形机头（图2-6）。

机头的主要作用是将前、后两组三角装置连成一体，在机械力或人力的作用下，沿着机头导轨作往复运动，安装于其上的三角装置使针床上的织针进行上升和下降运动，完成编织成圈动作。机头的交角与机座的顶角吻合，一般为97°左右。

三、喂纱机构

为使编织过程顺利进行，需要保持良好的喂纱条件，以保证喂纱机构的张力稳定。目前，普通横机主要采用消极式喂纱方式，即在横机编织时，借助纱线的张力将纱线从筒子纱上引出，并抽拉至编织区域。喂纱机构的配合正确与否，直接影响机器的生产效率和织物的质量。喂纱机构由引线架、张力器、导梭变换器、梭箱导轨、导纱器、导纱器的限制器、毛刷等机件组成。

（一）引线架

在编织过程中，引线架（也称三线架）将筒子上的纱线引导至导纱器中，引线架上装有张力器。引线架有立式和卧式两种，每种都有单头、双头和多头之分。

常用的立式双头引线架如图2-7所示。由于纱线5在筒子上退绕时的张力变化，需要张力器对纱线张力进行补偿调节，以保持所垫纱线张力均匀一致，同时可将由于编织速度不匀而引起的张力波动减少到最小。挑线弹簧6一是稳定纱线张力；二是当下一横列机头返回编织时，能及时提回留在导纱器与边针之间的一段多余纱线，避免出现豁边或小耳朵等编织疵点，使织物两边线圈齐整、光洁，保证纱线正常稳定输送，提高编织质量。

（二）导梭变换器

导梭变换器又称导梭器，一般采用双梭（图2-8）。导梭变换器用螺钉9固装在机头上。编织时导梭变换器随机头一同运动，通过导梭芯子3和3′带动导纱器对织针进行垫纱。撑刀5固装在机器右端导纱器的导轨上，当机头向右运动可使撑刀5与导梭交换器上的棘轮8作用，撑动棘轮8使翼轮7转过一角度，变换导梭芯子3和3′的进出状态，达到变换导纱器的目的。

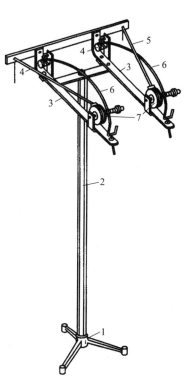

图2-7 立式双头引线架
1—立柱底座 2—立柱 3—支架
4—挑线弹簧调节螺母 5—纱线
6—挑线弹簧 7—圆盘式张力器

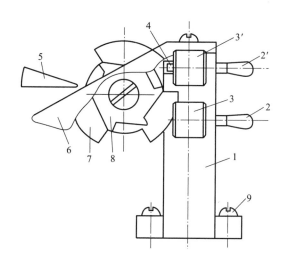

图2-8 导梭变换器
1—底座 2，2′—小手柄 3，3′—导梭芯子 4—限位销钉
5—撑刀 6—撑刀限位板 7—翼轮 8—棘轮 9—固定螺钉

（三）导纱器

导纱器也称喂纱器，有双梭、三梭和多梭等多种。目前国内大多数横机均为双梭，除了形状和安装的位置不同外，其运动是通过固定在机头上的导梭器来控制和带动的。

导纱器的结构如图2-9所示，由梭箱1、梭弓2、引线板3和喂纱梭嘴4等组成。其作用是在导梭芯子的带动下，随机头运动对织针进行正确的喂纱。

喂纱梭嘴又称喂纱嘴，俗称梭子头。横机上常用的喂纱梭嘴如图2-10所示。普通梭嘴［图2-10（a）］中间有一个基孔（锥孔）1，其大小根据机器机号和选用纱线的线密度来决定。添纱梭嘴［图2-10（b）］俗称夹纱梭嘴或夹毛梭嘴，图中1为基孔，2为辅孔。基孔的位置低于辅孔，使基孔中纱线的垫纱纵角小于辅孔中纱线的垫纱纵角，因此，基孔中纱线形成的线圈呈现在织物的正面，辅孔中纱线形成的线圈则呈现在织物的反面，形成添纱组织。地纱梭嘴［图2-10（c）］是编织起圈或起绒（割圈式）织物时用的地纱喂纱梭嘴，其作用是对后针床上的舌针进行喂纱，形成地纱的线圈组织。

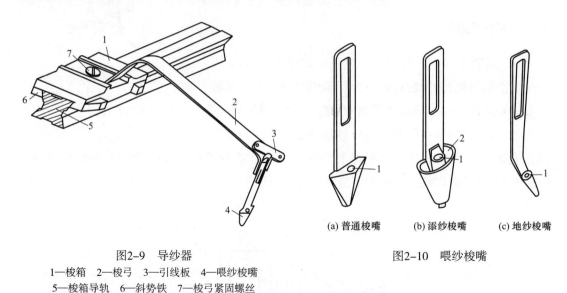

图2-9　导纱器
1—梭箱　2—梭弓　3—引线板　4—喂纱梭嘴
5—梭箱导轨　6—斜势铁　7—梭弓紧固螺丝

图2-10　喂纱梭嘴
(a) 普通梭嘴　(b) 添纱梭嘴　(c) 地纱梭嘴

（四）毛刷

毛刷在横机上是喂纱机构的辅助部件，一般采用猪鬃或化纤丝制成（图2-11）。毛刷的作用如下：

（1）横机具有放针和收针的工作过程，在放针时，由于新参与工作的舌针上无旧线圈打开针舌，因此需要用毛刷将针舌刷开，但要避免损坏针舌。

（2）由于织针在高速运动中，旧线圈从针舌上脱落到针杆上的瞬间，针舌对旧线圈有一个反作用力，使针舌产生弹跳现象，甚至封闭针口，致使垫纱过程出现问题而产生漏针；同时当针舌退圈后，由于压针三角换向运动时的惯性力，也会使针舌回弹，封闭针口

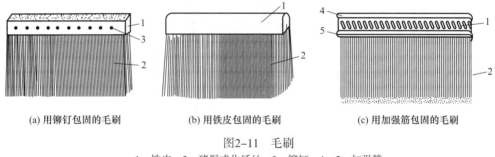

(a) 用铆钉包固的毛刷　　　(b) 用铁皮包固的毛刷　　　(c) 用加强筋包固的毛刷

图2-11　毛刷
1—铁皮　2—猪鬃或化纤丝　3—铆钉　4,5—加强筋

影响喂纱，因此，需要用毛刷来控制针舌运动，防止针舌关闭。

四、牵拉机构

牵拉机构的作用主要是将成圈后的织物从针床隙口引出，同时完成成圈过程中的牵拉动作，目前常用的有重锤式和罗拉式两种。

（一）重锤式牵拉机构

手摇横机大部分采用重锤式牵拉机构，它由定幅梳栉（图2-12）和重锤（图2-13）组成，定幅梳栉俗称穿线板。编织过程中，根据织物编织的需要，可选用厚、中、薄重锤。

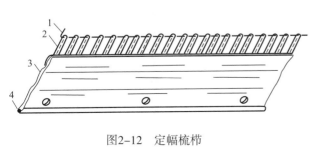

图2-12　定幅梳栉
1—钢丝　2—丝扣
3—镀锌铁皮　4—筋骨铁丝

图2-13　重锤
1—钩子　2—底盘　3—厚重锤
4—中重锤　5—薄重锤

采用这种牵拉机构，织物从针床口到定幅梳栉间，由于两端边受到横向的作用力，出现两端边向内弯曲的现象。由于两边的线圈，在纵行所承受的张力大，因此，在边缘会出现纵向密度小、横向密度大的不匀现象。重锤应挂在定幅梳栉中间或两端适当的位置，以使织物受力均匀，避免产生偏斜的现象。

（二）罗拉式牵拉机构

罗拉式牵拉机构比重锤式牵拉机构复杂得多，一般在半自动横机或全自动横机上应用，形式多样。罗拉式牵拉机构之一如图2-14所示。

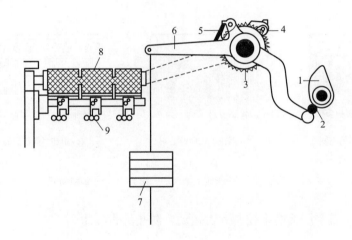

图2-14 罗拉式牵拉机构
1—凸轮 2—转子 3—棘轮 4—制动爪 5—棘爪
6—拉动杆 7—重锤 8—罗拉 9—调节螺丝

凸轮1随编织机构不停地转动，通过转子2使拉动杆6上下摆动。当凸轮转到顶峰时，拉动杆向上提起，带动棘爪5回退；当转子脱离凸轮顶峰后，拉动杆、重锤7通过棘爪5撑动棘轮3逆时针方向转动以卷取织物，因此也称重锤式罗拉卷取装置。制动爪4在棘爪5回退时，防止由于织物的弹性回缩所引起的罗拉逆转现象，卷取力的大小取决于重锤7的重量，转动螺丝9可调节卷布罗拉的紧压程度。

这种重锤式罗拉卷取装置优于弹簧式、滑动皮带式和直接棘轮式等，其卷取牵拉张力较恒定，波动小，间歇时间短，调节方便，被广泛应用。

五、传动机构

横机的传动机构可分为机械和人力两种。普通横机一般采用人力传动，有人力推手和人力摇手柄两种，人力推手传动采用较多。半自动横机和全自动横机采用机械传动，有摆杆、链轮和皮带传动。目前国内横机普遍采用皮带传动。

六、花型与控制机构

（一）针床移位机构

针织横机的特点之一是通过针床移位进行编织。针床的移位主要有两种形式：一是前、后针床的升降移位；二是前、后针床的左右移位。

前、后针床的升降移位可使针床的隙口放大或缩小，以编织特殊的织物。如编织起绒织物和毛圈织物时，需要将前、后针床在织完罗纹起口后，同时下降达到隙口放大进行织制。当前使用较多的一种是通过前针床作上下升降移位以放大或缩小隙口，隙口缩小的对编织单面平针织物的退圈工作有利。

前、后针床左右移位的目的是适应编织变化的需要，如2+2罗纹起口时，由第一横列的起始状态回复到2+2罗纹结构的编织，必须有针床移位来完成这种织针排列的变化；根据工艺要求，在编织过程中不断变化织针的交叉排列，可织出倾斜的线圈圈柱，使织物表面产生一种波纹的花式组织结构——波纹组织，俗称扳花组织。

1. 前针床的升降装置

前针床的升降装置如图2-15所示。扳动手柄2的支点安放在机座的前横梁上。前针床3的反面装有两个凸钉4，嵌在针床拉铁1的曲槽中，通过手柄扳动拉铁作左右横移使前针床凸钉沿曲槽下降（或上升），以带动前针床下降（或上升），使针床的隙口放大（或缩小）。这种装置在粗针型横机上采用较多。

在细针型横机中，均采用如图2-16所示的针床拉铁。将拉铁的一端放长，并将它弯成钩状代替扳动手柄，露出机座的右侧，必要时可用手拉出或推进，针床凸钉沿曲槽升降，使前针床上升或下降以满足生产的需要。

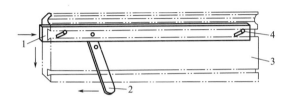

图2-15　前针床升降装置　　　　　　　　图2-16　针床拉铁
1—针床拉铁　2—扳动手柄　3—前针床　4—凸钉

2. 后针床的左右移位装置

横机的针床移位装置有手动和机械两种。手动的移位装置一般安装在机座的左侧，操作者用左手扳动手柄，右手牵动机头，操作方便。

（二）花型变换机构

针织横机的花型变化丰富，其组织结构的变化主要取决于针床上排列的舌针参加编织成圈的状态，如成圈、集圈或不工作等，加上喂纱装置和针床移位装置的配合，可织出丰富多彩的花型。

织针参加成圈状态的变化，主要依靠三角装置及其他选针机构的作用，结合舌针本身具有针踵高低、针舌长短、针身长短、针头大小和针踵个数等特点，对各种织针进行选择，可织出不同的花型。三角装置及选针机构工作与否，由花型变换机构进行控制。在国产通用横机上，花型变换机构由三角开关、胖花盘、成圈三角的调节装置、选针装置等部分组成。

第三节　横机的成圈过程

横机编织时，通过机头内编织三角组的移动，其斜面作用于舌针的针踵上，使舌针在针床的针槽内作纵向有规律的升降运动，而旧线圈则在针杆上作相对运动，推动针舌开启或关闭，使喂入舌针针钩内的新纱线形成线圈或集圈，并与旧线圈串联起来，形成针织物。横机上完成编织的机件称为成圈机件，主要有舌针、三角装置、针床、导纱器等部分组成。

横机编织单面纬平针组织的成圈过程如图2-17所示。横机是用无分纱编织法顺序编织成圈的。在编织双面织物时，横机上的两个针床上工作的舌针同时到达退圈最高点并垫纱，弯纱时均直接从导纱器上获得毛纱而编织成圈，而且两个针床上的工作舌针成圈时是依次顺序完成的。这样成圈的特点是工作区域小，有利于缩短成圈时间，当一个针床退出工作时，另一个针床仍能正常单独编织。采用这种编织法编织时，纱线受的张力较大。

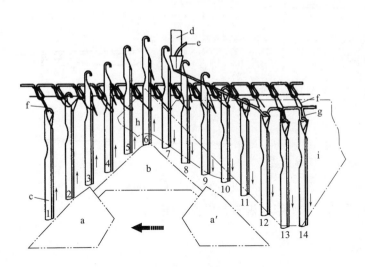

图2-17　横机的成圈过程

横机的成圈过程一般分为10个阶段，包括退圈、垫纱、带纱、闭口、套圈、连圈、脱圈、弯纱、成圈、牵拉。

一、退圈

退圈是将处于针钩中的旧线圈移到针杆上，为垫放新纱线、编织新线圈作准备。在横机成圈过程中，首先织针在起针三角的作用下沿其斜面上升，使针钩内的旧线圈在牵拉力的作用下相对滑移，打开针舌并滑移到针舌勺上，此高度称为第一退圈高度；之后在挺针三角的作用下，织针继续上升，达到退圈最高点，旧线圈从针舌上退到针杆上，完成退圈

（图2-17中舌针1～6的位置）。

在退圈过程中，当旧线圈移至舌针尖时，舌针截面最大，线圈张力也最大，对舌针压迫产生的变形能最大，舌针的反弹力也最大。为了减小毛纱在此处的张力，一般在针杆背部针舌尖对应处挖一凹口，以减少针杆和针舌处的截面积，减少针舌的变形能（图2-18）。

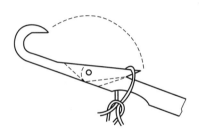

图2-18　退圈在针舌尖的过程

当旧线圈从针舌尖滑到针杆的一瞬间，针舌在变形能的作用下产生反弹作用，出现关闭针口的现象，使舌针垫不上新纱从而产生漏针，可在机头上安装毛刷以防止针舌关闭和漏针的发生。

二、垫纱

垫纱（图2-19）是通过导纱器将毛纱垫放到针钩之下的过程（图2-17中舌针8的位置）。

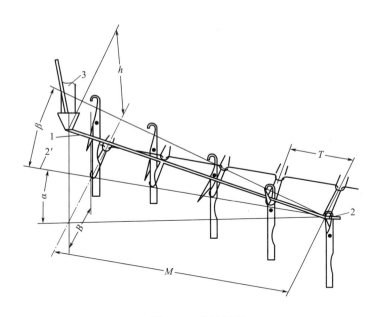

图2-19　垫纱过程

从图2-19可知：

$$\tan\alpha=\frac{B}{M}=\frac{B}{T\cdot n} \tag{2-2}$$

$$\tan\beta=\frac{h}{M}=\frac{h}{T\cdot n} \tag{2-3}$$

式中：B——喂纱梭嘴离针的水平距离，mm；

h——喂纱梭嘴离旧线圈的垂直（高度）距离，mm；

M——垫纱动程，mm；

T——针距，mm；

n——从喂纱梭嘴至线圈脱圈处的针数，枚；

α——喂纱横角，度；

β——喂纱纵角，度。

由此可见，喂纱横角α和喂纱纵角β的大小可通过M、n、B来调节。喂纱横角α和喂纱纵角β的大小与横机机号、三角的角度、织针针钩大小等有关。α和β过大或过小，会对垫纱工序产生不利影响。

三、带纱

舌针在压针三角的作用下下降，将垫放到针舌上的纱线引导到针钩内的过程称为带纱（图2-17中舌针9的位置），这一过程是通过舌针和纱线的相对运动来完成的。

带纱是以顺序式进行的，喂纱横角α和喂纱纵角β的正确与否，对带纱过程有很大的影响。另外，若在双针床上编织双面织物，如果相对应的两个三角装置不成轴对称，两个针床上的织针就无法交替地顺序进行成圈，其中一个针床上的舌针就会超前（或延缓）下降于另一个针床上的舌针，使针钩钩不到纱线从而产生漏针现象。因此，带纱过程在日常校车工作中尤为重要。

四、闭口

闭口是将针口封闭，使新垫放的纱线与旧线圈被针舌隔开的过程（图2-17中舌针10的位置）。在横机成圈过程中，当纱线正确地被针钩钩住以后，舌针在导向三角的作用下继续下降，旧线圈沿针杆滑移，移到针舌的下面并与其接触（图2-20）。这时针舌在旧线圈的作用下向上翻转关闭针口，这一阶段称为闭口阶段。舌针闭口后，旧线圈和即将形成的新线圈则分隔在针舌内外两侧。

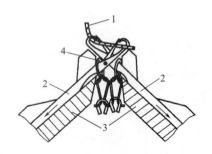

图2-20 闭口
1—新垫纱线 2—舌针 3—针床 4—旧线圈

五、套圈

套圈是从旧线圈套到关闭的针舌上开始，沿着关闭的针舌移动，移向针钩处的过程（图2-17中舌针11的位置）。

当针舌关闭后，织针由于受弯纱三角工作面的作用继续下降，旧线圈在牵拉力的作用下与舌针作相对运动，沿关闭的针舌上移而套在针舌上（图2-21）。

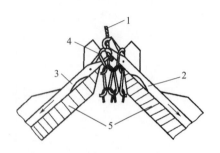

图2-21 套圈
1—新垫纱线 2—处于套圈开始的舌针
3—套圈结束的舌针 4—旧线圈 5—针床

六、连圈

套圈结束后,舌针继续沿弯纱三角下降,当新纱线与旧线圈相接触时称为连圈。一般连圈之后,新线圈才开始形成。连圈时,旧线圈套在针头上处于即将脱下的位置,此时旧线圈张力较大。

七、脱圈

脱圈为旧线圈从针头上脱下,落到将要弯成圈状线段的新线圈上的过程(图2-17中舌针12的位置)。由于脱圈阶段旧线圈的张力最大,所以纱线的柔软性、针头的形状及光滑程度对脱圈过程产生较大影响。

八、弯纱

弯纱是脱圈后新纱线被迅速、大量地弯曲的过程。其实横机在编织过程中,没有单独弯纱阶段,弯纱始于连圈阶段,与脱圈、成圈同时进行。为了清晰地表明成圈过程,仍将其列为一个独立的过程。

九、成圈

成圈是在旧线圈从针头上脱下来之后,新垫放的纱线穿过旧线圈达到所要求的线圈长度的过程(图2-17中舌针13的位置)。

横机编织过程中,当旧线圈从针头上脱下后,织针沿着弯纱三角的工作面继续下降,新线圈逐渐增大,到达弯纱三角最低点时完成成圈阶段的工作。

线圈大小是由针头与针床口齿间的相对深度决定的。调节弯纱三角上、下的位置可改变针头与针床口齿的距离(弯纱深度),改变织物的线圈长度和密度。

十、牵拉

牵拉(图2-17中舌针14的位置)是将已形成的线圈横列拉向针背,引出编织区域,同时在下一个编织成圈循环的退圈时将旧线圈拉紧,使其不随织针的上升而浮出筒口线,保证连续成圈的顺利进行。

牵拉是由牵拉机构完成的,牵拉机构有两种:一种是采用定幅梳栉(也称穿线板)和重锤来完成;一种是采用罗拉卷取装置来完成。

第四节 横机的基本操作与注意事项

一、横机的基本操作

横机既可以编织整幅和圆筒型的针织坯布,也可以编织成形衣片,这是在圆机上无法实现的，横机通常是用来编织成形衣片的。在横机的编织过程中，主要有掀罗纹、起口、翻针、放针、减针（收针或拷针）、落片等基本操作。

（一）掀罗纹

毛衣衣片的下摆边、袖口和领口常采用罗纹组织。为了编织罗纹组织的起口，在起口前必须对针床上的织针进行罗纹排针工作，俗称掀罗纹（或称括罗纹）操作。

掀罗纹时，先将编织幅宽内的织针推到编织工作位置，采用与编织罗纹相配的起针板，将前后针床上不参与罗纹编织的织针掀到停针区，退出工作区域，掀1+1罗纹操作过程如图2-22所示。

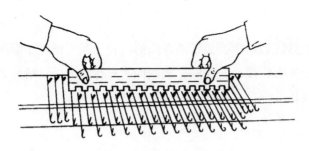

图2-22　掀1+1罗纹操作

掀罗纹实质上是一种选针的特殊形式，在半自动横机和全自动横机上常采用高低针踵或底脚片来进行选针。

（二）起口

为了防止起口线圈的脱散和便于牵拉，在编织每一块衣片时，首先要编织一横列起始线圈，这一过程称为起口。

当掀好罗纹排针后，应将针床移位，使两针床织针成交叉配置，完成正常的起口动作，推动机头使两针床上处于工作位置的舌针钩住纱线，完成起口横列的编织。对于2+2罗纹的起口，必须由排针状态（图2-23）通过移针床变成起口时的状态（图2-24）。如果按照排针状态编织，只能形成近似于两倍正常线圈大小的1+1罗纹，不能实现正常编织。

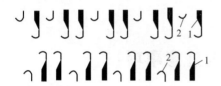

图2-23　2+2罗纹的排针
1—参加编织的织针　2—退出编织区的织针

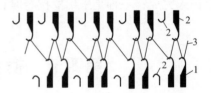

图2-24　2+2罗纹的起口
1—参加编织的织针　2—退出编织区的织针
3—起口横列的纱线

2+3、3+3等罗纹的起口与2+2罗纹的起口相同。1+1罗纹的起口如图2-25所示。

完成起口横列的编织时，定幅梳栉从针床下部穿过起口横列的纱线，升到针床隙口，穿入梳栉钢丝2（图2-26）。在梳栉4下面挂上适量的牵拉重锤，完成织物的起口操作（注意：织物一定要处于穿线板的中间位置）。

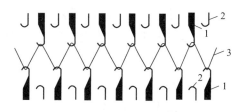

图2-25 1+1罗纹的起口
1—参加编织的织针 2—退出编织区的织针 3—起口横列的纱线

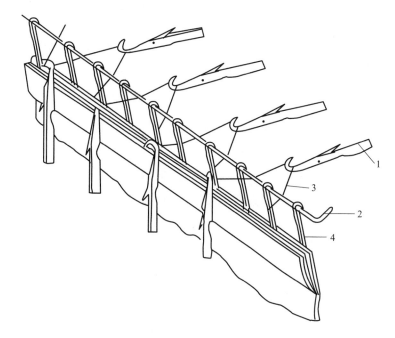

图2-26 挂上定幅梳栉时的起口状态
1—织针 2—梳栉钢丝 3—起口横列的纱线 4—梳栉

起口分为毛起头和纱起头两种。毛起头是用毛纱直接编织起口横列；纱起头是先用起头纱在织针上编织一个或几个起口横列，然后再使用毛纱编织起口横列，衣片下机后拆除起头纱即称为光边罗纹口。

（三）起口空转

完成起口操作后，按照工艺要求编织几个横列的管状组织的过程，俗称打空转。

在实际操作中，定幅梳栉挂好后，将前针床上的1′和后针床上的3′起针三角关掉（或前针床的2′和后针床的4′），进行空转编织，空转的横列数根据工艺要求而定。一般织物的正面空转应比反面多一个横列，如2：1、3：2，也有采用1：1、2：2、3：1和3：3空转编织的。

织有空转的起口衣片，其起口边具有圆滑、饱满、光洁、平整、美观、坚牢等特点，可防止起口时起口横列纱线断裂和在服用过程中出现荷叶边现象。1+1罗纹组织不经空转的起口和2+2罗纹组织经3∶2空转的起口线圈结构如图2-27、图2-28所示。

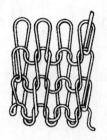

图2-27　1+1罗纹不经空转的起口线圈结构

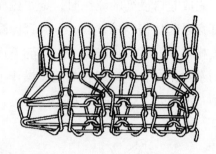

图2-28　2+2罗纹组织经3∶2空转的起口线圈结构

（四）翻针

羊毛衫的下摆边常采用罗纹组织，大身采用单面组织。需要在织完下摆边罗纹后，将前（或后）针床上织针所编织的线圈移到后（或前）针床上对应的织针上，进行单面组织的编织，这一转移线圈的过程称为翻针。翻针有单翻针和组列式翻针，手工翻针常使用的工具是收针柄，单针的手工翻针操作过程如图2-29所示。

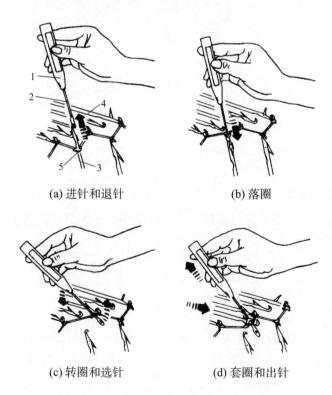

(a) 进针和退针　　　　　　　　(b) 落圈

(c) 转圈和选针　　　　　　　　(d) 套圈和出针

图2-29　手工翻针操作过程
1—收针柄　2—套针（眼子针）　3—前针床织针
4—后针床织针　5—最后一横列的罗纹线圈（旧线圈）

（五）放针

放针又称加针或添针，利用增加工作针数来完成增宽衣片的过程称为放针。放针分为明放针和暗放针。

1. 明放针

将需要的织针直接推入编织区，不进行移圈而使其参与编织的放针方法称明放针。放一枚针时，可直接将织针（图2-30中A）推入编织区，移动机头垫纱来完成放针。为使放针过程顺利进行，避免放针后边针（新放的针）出现漏针现象，一般在机头侧完成放针。

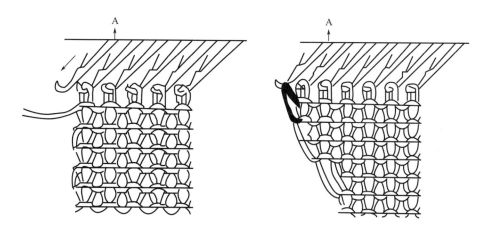

图2-30 明放一针

当一次进行多针放针时，先将机头边需要放的针（图2-31中A、B、C、D）推入工作位置，用编织纱线逐一绕过每一枚织针，使纱线交叉点在针背处，然后推动机头。多针放针时需挂边锤进行牵拉。

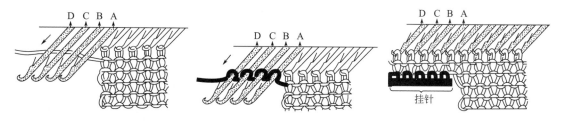

图2-31 明放多针

2. 暗放针

将需放的织针（图2-32中A）推入编织区域，然后将衣片边缘织针的一组线圈，整列地横移，使被放的织针挂上旧线圈的放针方法称为暗放针。

暗放针后，会在空针（图2-33中B）处产生小的孔眼，将空针所对应的前一横列线圈的圈弧套在空针上可消除孔眼。由于暗放针操作较复杂，效率低，通常不采用这种方法，

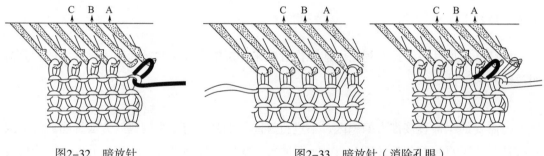

图2-32 暗放针　　　　　　　　图2-33 暗放针（消除孔眼）

只在高档服装上使用。

（六）收针

减针是利用减少工作针数完成变窄衣片门幅的过程，分为收针和拷针。收针是利用移圈的方法，将衣片横向相连的边缘线圈按照工艺要求进行并合移圈，将移圈后的空针退出编织工作区域，使衣片的横向编织针数逐渐减少，达到减幅的目的。收针可分为明收针和暗收针两种。

1. 明收针

将需要收去的织针上的线圈直接移到相邻的织针上，使其成为重叠线圈，这一收针过程称明收针（图2-34）。

2. 暗收针

将需要收针的织针上的线圈连同边部其他织针上的线圈一同平移，使收针后衣片最边缘织针上不呈现重叠线圈的收针方法，称暗收针。暗收针（图2-35）也是借助收针柄来完成的，其收针过程与明收针相似。暗收针的收针情况常用"$n_1 \times n_2$"来表示，其中n_1表示套针枚数，n_2表示收掉的织针数，即重叠的线圈数。暗收针使衣片边部平整、美观，留有收针辫子，其操作比明收针复杂，只在中高档羊毛衫产品上使用。

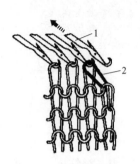

图2-34 明收针后的
线圈结构
1—被移去线圈后的空针
2—被移圈的线圈

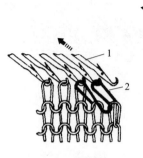

(a) 2×1的收针

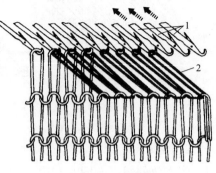

(b) 7×3的收针

图2-35 暗收针后的线圈结构
1—被移去线圈后的空针　2—被移圈的线圈

（七）拷针

根据工艺要求将需减针的织针上的旧线圈脱落，不进行线圈的转移，将这些织针掀下，退出编织区域，使衣片由宽变窄的操作称为拷针。

手工拷针借助拷针刮板将织针针踵推起使织针退圈，然后再将织针掀下使织针上的旧线圈脱落，织针退到不工作位置以实现拷针。

拷针操作在细机号的横机上广泛采用，其下机衣片大部分需要经过裁剪后成衣。拷针比收针操作方便，产量较高，同样可达到减幅的目的，缺点是原料消耗较收针大。

（八）落片

落片又称塌片，其实质是通过线圈脱套来落取衣片。落片时需要先去掉牵拉重锤和挂边重锤，左手握住衣片，给衣片以适当的牵拉力，右手轻轻推动机头，进行一次无垫纱的编织，使织针上的线圈全部从织针上脱套下来完成落片操作。手摇横机落片操作时，导纱器应停在机器的右侧。

二、横机操作注意事项

（1）起头时，第一横列中没有钩住纱线的舌针，必须补上，否则起头不整齐，影响织物外观质量。

（2）推上起针梳栉时，注意使织物处于中心位置，不要偏斜，防止牵拉倾斜造成织物一边长、一边短，起针梳栉的梳齿应处于各线段的空隙中，不要穿插在股线之间，避免纱线受损。

（3）起针梳栉穿入钢丝时，注意不要穿进针钩，避免操作困难或损伤织针。

（4）挂锤一般不宜太重，幅宽窄的挂中间，幅宽宽的挂在两边，注意两边重锤轻重差异不要太大，否则织物密度不匀，会产生歪斜。

（5）手摇机头时，用力要均匀，速度要平稳均衡，用力方向要与机头导轨平行，以免造成漏针或撞针等机械故障。

（6）在机头横移过程中，不可横移针床，否则会损坏织针。

（7）手工操作时，机头滑动转向时应距离工作舌针2cm以上，否则容易豁边；距离太大时，超过了挑线弹簧回弹余纱的极限，将形成织物两边松弛或豁边。

（8）正常操作时，机头的往返运动中，除了衣片开领有特殊工具外，机头不能进行中间反向运动，否则会损坏织物或织针。

（9）翻针操作时，应尽量避免漏针或吃单纱。

（10）放针时必须使舌针完全进入工作位置，放针不足会产生撞针。多次放针后需挂小边锤，但不宜挂在第1、第2针处，小边锤也不宜太重，避免衣片边缘出现漏针状小孔。

（11）收针完毕，必须使舌针完全退出工作位置，收针后掀针不足，会发生撞针现象。

（12）发生撞针时，应退回或取下机头，切勿用手拉动针钩，防止手指被钩住，造成事故。

第五节　横机新技术

传统的横机是一种双针床纬编针织机，自1973年第一台电脑横机问世以来，电子技术在横机上得到了广泛的应用，电子选针技术、电子程序控制和花型准备系统日益完善。在新一代电脑横机上送纱张力、换纱、花型变化、组织变化、线圈长度、牵拉张力、起口、收放针、分离横列及产品设计和编织都实现了自动化控制，集成了计算机、机电一体化与针织工艺技术。为了满足市场需要，许多纺机厂推出各种不同类型的全自动电脑横机，如德国斯托尔（STOLL）公司的CMS系列、日本岛精（SHIMA SEIKI）公司的SES系列、瑞士事坦格（STEIGER）公司的ELECTRA系列、德国环球（UNIVERSAL）公司的MC系列、意大利普罗帝（PROTTI）公司的PV系列、江苏南京天元电脑横机制造厂的TY系列、江苏常熟金龙机械有限公司的LX系列以及浙江宁波慈星股份有限公司的HP系列等。目前，全自动电脑横机进线路数可达到8个系统，机号达到18针/2.54cm，机速1.3 m/s，嵌花导纱器32把，生产效率大幅度的提高。横机新技术的发展主要表现在以下几个方面。

一、电子选针技术

目前越来越多的横机采用无须机械驱动的、无触点的脉冲发生器，消除了由触点产生的磨损和噪声，无须维护和保养，在编织宽度上达到更加一致的精度。电子单针选针已具备多功能编织技术，而且无方向移圈时具有分针功能。

三位编织技术使同一横列中可同时实现"编织—集圈—浮线"三种编织状态。德国UNIVERSAL公司的新型电脑横机上运用了五位编织专利技术，在原有的三位编织状态下实现了"长线圈成圈—短线圈成圈—长线圈集圈—短线圈集圈—浮线"五位编织，典型的机型是MC-8XX系列电脑横机，如MC-830、MC-848、MC-888等。

同时电脑横机的移圈技术已由单向移圈发展为可同时前后移圈，由受圈—接圈—无移圈发展为受圈—接长线圈—接短线圈—无移圈的四位移圈技术，织物的组织变化以几何级数增加，移圈时采用了分针技术，避免了孔洞出现，产生了较好的花型立体感。

二、三角系统结构

新型的电脑横机三角系统中，可调整或移动的三角数量减少，固定三角轨道配以高效选针系统，提高了机器的可靠性。

日本的TFK型无三角横机（Non Carriage）使用线性电机（Linear Motor）来驱动每一枚织针模拟成圈轨迹运动，可以模拟多种织针运动的最佳轨迹，不受机械加工精度的限制，方便线圈尺寸的改变，扩大了可编织花型的范围。

三、线圈长度控制和动态密度的实现

在自动化程度较高的电脑横机上，线圈长度控制由每个系统的步进马达实现，可以根据需要实现不同线圈长度的变化，如德国UNIVERSAL公司的MC-8XX系列电脑横机。线圈长度的控制分为以下三类：

（1）有电脑控制织针下降元件的配置，使在一个横列中的线圈具有相同的成圈长度，称为静态线圈控制。

（2）在一个编织横列中改变成圈长度可控程序，使线圈变松或变紧，称为动态线圈控制。

（3）精确到由每一针来形成较长的线圈，这种线圈长度选择称为选择性成圈控制，可与静态线圈控制和动态线圈控制组合使用。

在编织混合花型和控制全成形织物时（尤其是在边缘部位），不同种类的线圈长度组合具有许多优点，可根据人体曲线需要改变线圈长度和密度，使织物更贴近人体形状，穿着也更舒适漂亮。

目前，全自动电脑横机可实现动态密度的控制，据资料介绍TFK无机头电脑横机在同一编织横列中，可以设置30种不同的线圈密度，不仅可适应多片织物不同密度的要求，还可使织物产生波纹效果。

四、沉降片技术的发展

沉降片技术的采用是在电脑横机上使用压脚技术后的又一大进步。虽然都起牵拉线圈的作用，但压脚作用是一段段区域，而沉降片则配置在每一针旁边，能很好地控制每一针上的旧线圈和新纱线，可以产生三维效应的立体织物，同时利于开袋等全成形编织。当前很多新型横机上都配置了沉降片。日本岛精横机采用了改进的相对运动沉降片（Contra-Inker）；德国STOLL横机配置了可控沉降片，其片踵受机头上的一个三角轨道控制。

五、针床和机号

新型电脑横机的系统数有所增加，最大可达8个系统，同时由单一机号向多机号、高机号发展，日本岛精横机机号可达18针/2.54cm，适用于春秋季及夏季服装的织制。

STOLL公司的CMS系列电脑横机，通过简单的改变针床和三角并将新机号的参数输入电脑，即可实现机号的更换，达到一台电脑横机相当于多机号的多台横机的使用效果。CMS 340电脑横机采用4个编织系统，可以直接编织全成形的服装，实现了附件编织的一次成形（包括罗纹口、衣领、衣袖、口袋、纽扣孔等与大身结合在一起的一次编织成形），并采用了最新的专利多机号技术（Multi-Gauges）。该技术采用可控的运动脱圈沉降片和弹簧舌针，无须更换任何部件即可在同一横机上生产两种不同机号的织物，粗细效果的反差产生了全新的外观效果。目前使用较多的多针距电脑横机机号有3.5.2、6.2和7.2三种，其含义为：可以在同一织物中同时实现机号为3.5和7、6和12、7和14的线圈花型组合。

新型电脑横机的另一个特点是针床数的增加和织针的可换性，岛精公司的First系列横机可以配有六个以上的针床，采用了岛精公司的专利复合针和相对沉降片（Contra-Sinker）技术，可以编织任何花型、组织及线圈尺寸。

六、辅助成圈系统

新型电脑横机中辅助成圈系统实现了精确的计算机控制。

传动系统由链式传动到齿形皮带往复传动的变化，使横机可以实现机头行程可变技术和机头分合技术。德国STOLL横机采用的RCR系统可以使机头越过针织区域后立即反向，缩短了机头在两侧折返所用的时间，提高了生产效率。编织过程中，计算机控制的机头可从任何方向被驱动到新的位置，同时现代的传动技术能够精确地满足不同速度控制的要求。

由于横机喂纱的间歇性特点，编织时易产生线圈长度不均匀，因此许多先进横机的给纱系统采用辅助送纱装置或储纱式喂纱以控制线圈的稳定。许多横机在导纱器部分配备了专门的线圈长度控制调节系统，用于测量控制线圈长度，提高产品质量。如日本岛精横机的DSCS数字式线圈长度控制系统和德国STOLL的STIXX线圈标定系统。

电脑横机在不断由专用向通用方向发展，牵拉卷取机构对横机的自动化程度和产品质量起着重要的作用。先进电脑横机的牵拉卷取不仅实现了连续化，而且达到了与工艺的密切配合。新型的牵拉主动轴采取分段弹力卷取滚筒，在整个机器宽度上牵拉张力一致，此外有的机器还配备了辅助牵拉辊、牵拉梳等辅助卷取机构。

针床横移机构由步进电机驱动，最大横移距离可达2～5英寸，可以横移1针、1/2针或1/4针，并能进行微调，以保证针床准确定位。为了提高产品质量和生产效率，横移机构还可以改变横移速度，或进行过量横移，或在机头通过编织区域时进行横移。德国STOLL横机具有独特的中央横移功能，将不同的横移方向和横移针距合并在一个机头行程中，尤其是在织物两侧同时收针及同一行内有不同方向的花纹时极大地提高了工作效率。

七、全成形编织和嵌花编织

（一）全成形编织

新型的电脑横机已发展成为全成形编织和整体编织，最有代表性的是日本岛精公司的"整体服装"技术和德国STOLL公司的"织即穿"技术。新的全成形技术就是在生产衣片的同时，编织衣片上的领边、门襟、口袋、扣眼及饰件等部件，并将羊毛衫的前后片、领子、袖子同时织出，只需简单的几条缝合线即可成衣，节省了原料，提高了效率，织物外观线条流畅，具有极好的美学效应，是生产高级时装羊毛衫的必备条件。

（二）嵌花编织

嵌花编织又称为无虚线提花，与传统提花相比，具有花纹清晰、无浮线、织物弹性好的优点。新型电脑横机上编织嵌花及添纱等特殊织物，不需任何特殊装置，即可随意变化编织方式。

八、花型准备系统

花型准备系统是电脑横机的一个重要组成部分，可用来设计花型与织物结构以及生成各类控制程序。先进的电脑花型准备系统已逐渐趋于电脑编程的智能化和自动化，设计系统由专用电脑系统向普通电脑转换，操作简单，价格合理，控制方便。

德国UNIVERSAL公司的MA-8000设计系统建立在广泛使用的WINDOWS系统上，利用简单的织针符号进行设计，用户只要调用各模块，经剪切就可生成编织程序。德国STOLL横机可以实现CAD优化的成圈过程控制，花型设计系统实现了先进的触摸控制技术，触摸控制屏幕上的各选择项即可完成整个花型程序的设定，设计过程直观、简便。德国STOLL横机的MIPLUS花型系统，可实现编织前的检查和模拟功能，可以用SINTRAL CHECK检查程序检查编织的程序，编织前在屏幕上即可看到三维织物线圈结构的图像；还可将设计的花型配置在模特的服装上，评价其穿着效果。先进的设计系统采用了开放式系统，具有联网功能，可以多机遥控，直接从设计中心获取信息进行生产。

本章小结

1. 介绍横机的分类与特点。
2. 分析手摇横机的基本结构、工作原理及基本操作方法。
3. 分析了横机的成圈过程以及常见羊毛衫织物疵点产生的原因及消除方法。
4. 介绍了针织横机发展的新技术。

思考题

1. 横机主要依据什么进行分类？
2. 简述横机机头的基本结构。
3. 横机的三角装置主要有哪些三角组成？并说明各三角的作用。
4. 挑线弹簧有什么作用？
5. 为保证顺利编织，如何控制纱线的垫纱角度？

6. 简述横机的成圈过程。

7. 横机的基本操作包括哪些内容?

8. 明收针和暗收针的区别与特点是什么?

9. 常见羊毛衫织物主要有哪些疵点? 并说明其可能产生的原因。

10. 国内外电脑横机有哪些品牌? 分析说明其特点。

专业知识与实践——

针织圆机

课程名称： 针织圆机

课程内容： 1．圆机的分类与特点

2．圆机的组成与主要机构

3．圆机的编织原理

4．圆机新技术

课程时间： 6课时

教学目的： 通过对本章的学习，使学生了解羊毛衫主要加工设备——圆机的工作原理和结构，对针织工艺和设备有综合性的全面认识，对针织产品开发和设计有一定的理解和掌握，也为进一步学习羊毛衫工艺与产品设计打下基础。

教学方式： 理论教学、课堂讨论和实践性教学相结合。

教学要求： 1．了解圆机的分类与特点，熟悉圆机的组成与主要机构，掌握圆机的编织原理。

2．了解圆机的操作方法和保养知识。

3．了解目前国内外圆机的新技术。

课前（后）准备： 4~6人组成一个团队，以羊毛衫加工设备——圆机为主题，通过文献查阅、网上收集、现场考察等方式完成一份调研报告。

第三章　针织圆机

针织圆机，又称针织圆纬机，指针床呈圆筒形或圆盘形的圆形纬编针织机，是针织生产中大量使用的加工设备。由于针织圆机具有成圈系统多、转速高、产量高、花型变化快、产品质量好、工序少、产品适应性强等特点，所以发展很快。

第一节　圆机的分类与特点

针织圆机按针床数量可分为两大类，即单面针织圆机和双面针织圆机。

一、单面针织圆机

单面针织圆机指具有一个针筒的机器，具体分为以下几类。

（一）普通单面针织圆机

图3-1　单面针织圆机

普通单面针织圆机一般具有成圈路数多（通常是针筒直径的3~4倍，即3~4路/2.54cm，如30英寸的单面机成圈路数具有90~120路，34英寸的单面机具有102~136路等）、转速高、产量高的特点，在针织企业中称为多三角机（图3-1）。

普通单面针织大圆机具有单针道（一个跑道）、双针道（两个跑道）、三针道（三个跑道）、四针道（四个跑道）、六针道（六个跑道）机型，目前在针织企业中大多使用的是四针道单面大圆机。利用织针和三角的有机排列组合可生产许多不同组织结构、花纹图案的针织物。

（二）单面毛圈机

单面毛圈机又称单面毛巾机，具有单针道、双针道和四针道机型，有反包毛圈机（毛圈纱显露在织物的正面，将地组织纱覆盖）和正包毛圈机（地组织纱显露在织物正面，将毛圈纱覆盖）两类，利用沉降片和纱线的排列组合可编织各类毛圈、起绒针织物（单面绒和双面绒）等。

（三）三线衬纬机

三线衬纬机在针织企业里称为三线卫衣机或者绒布机，一般为四针道机型，用来生产各类起绒针织物。

（四）提花单面针织圆机

提花单面针织圆机具有单面机械提花针织圆机和单面电脑提花针织圆机两类。

1. 单面机械提花针织圆机

单面机械提花针织圆机具有改变品种简单、方便、快捷的特点，但转速低、产量也低。其有提花轮式（俗称花盘式）、拨片式（摆片式）、滚筒式、插片式等类型，用来编织生产各类单面小型提花面料，具有普通单面、普通毛圈、卫衣、移圈等小型提花机机型。

2. 单面电脑提花针织圆机

单面电脑提花针织圆机由电脑控制，只要把装有设计制作文件的软盘插入电脑、输入程序就可进行编织。该机采用电脑程序控制织针选择进行编织、不编织和集圈，有两功位（一路可进行成圈和浮线编织或成圈和集圈编织）和三功位（一路可同时编织、集圈和浮线）两种，可编织生产大型花纹的针织面料。电脑提花针织圆机有四色（六色）调线针织圆机、单面电脑提花针织圆机、单面电脑调线提花针织圆机、单面绕经提花圆机等。

二、双面针织圆机

双面针织圆机是具有两个针筒的大圆机，分为一个上针筒（俗称针盘）、一个下针筒，并且相互垂直配置，即针盘和针筒以90°垂直配置，主要分为以下三种。

（一）普通双面针织圆机

普通双面针织圆机又称棉毛机（图3-2），具有2+2（针盘两个针道，针筒两个针道）针道、2+4针道及4+4针道。企业新引进的针织大圆机多数以2+4针道圆机为主，可生产更多的花色品种。其主要是利用三角和织针的相互排列组合以及纱线排列来编织生产新型针织面料。

图3-2 双面针织圆机

（二）罗纹机

罗纹机是双面针织圆机的一个特殊机型。具有1+1针道（针盘一个针道，针筒一个针道）、2+2针道、2+4针道及4+4针道，企业大多采用2+2针道罗纹机。另外，还有移圈罗纹机，利用提花机构编织出具有孔眼的多种花纹图案。罗纹机目前比较流行，主要编织生产针织T恤面料。

（三）双面提花针织圆机

双面提花针织圆机具有双面机械提花针织圆机和双面电脑提花针织圆机两种。

1. 双面机械提花针织圆机

双面机械提花针织圆机具有改变品种简单、方便、快捷的特点，但转速低、产量也低。它有提花轮式（俗称花盘式）、拨片式（俗称摆片式）、滚筒式、插片式等类型，可编织生产各类双面小型提花面料，有普通罗纹、双面和移圈等小型双面提花机机型。

2. 双面电脑提花针织圆机

双面电脑提花针织圆机采用电脑程序控制织针选择，从而进行编织、不编织和集圈运动，分为两功位（即成圈和浮线、成圈和集圈）和三功位（一路可以同时编织、集圈和浮线）两种，用来编织生产大型花纹的针织面料。双面电脑提花针织圆机有双面调线、双面电脑提花、双面电脑调线提花等。

电脑提花针织圆机大大缩短了产品设计周期，降低生产成本，产品质量大幅提高，企业经济效益、社会效益得到提升。

按针织圆机编织结构特点可分为普通针织圆机、提花针织圆机、电脑提花针织圆机、特种针织圆机等。

第二节　圆机的组成与主要机构

针织圆机一般由给纱、成圈、牵拉卷取、传动、选针、电气控制机构和其他辅助装置组成。

一、给纱机构

给纱机构又称送纱机构，其作用是把纱线从筒子上退解下来，连续不断地输送到编织区域，包括纱架、储纱器、喂纱嘴、送纱盘、纱线托架等部件。

1. 纱架

纱架用于放置纱线，有伞式（又称顶式纱架）和落地式纱架两种。伞式纱架占地面积小，不能放置备用纱线，适合于厂房面积小的企业。落地式纱架有三角式和墙式两种（又称两片式纱架）。三角式纱架移动、穿纱比较方便。墙式纱架排列整齐美观，但占地面积比较大，可放置备用纱线，适合于大型厂房的企业。

2. 储纱器

储纱器用于缠绕纱线，有普通、弹力、电子间隙式储纱器（提花大圆机使用）三种。由于针织大圆机编织生产的面料品种不同，采用的送纱方式也不相同，一般有积极式（纱线在储纱器上缠绕10～20圈）、半消极式（纱线在储纱器上缠绕1～2圈）和消极式送纱

（纱线不在储纱器上缠绕）三种。

3. 喂纱嘴

喂纱嘴又称钢梭子或者导纱器，用于把纱线直接喂到织针上，其种类形状多，具有单孔、两孔一槽喂纱嘴等。

4. 对给纱机构的基本要求

（1）给纱机构必须保证进纱量和张力的均匀性与连续性，确保织物中线圈大小和形状一致，从而得到平整美观的针织产品。

（2）给纱机构要保证进纱张力（纱线张力）合理，从而减少布面漏针等疵点的出现，降低织疵，提高编织产品的质量。

（3）各编织系统（俗称路数）之间的给纱比例要达到要求。给纱量调节方便（指送纱盘），以适应不同花色品种的吃纱需求。

（4）钩纱器必须光滑、无毛刺，使纱线放置整齐，张力均匀，有效防止断纱现象的发生。

5. 其他

送纱盘用于控制针织大圆机编织生产中的喂纱量；纱线托架用于托起安装储纱器的大环。

二、成圈机构

成圈机构是针织圆机的主要机构，一般针织圆机由多个成圈系统组成，每个成圈系统的作用是将导纱器喂入的纱线顺序地弯曲成线圈，并使之与旧线圈相互串套而形成针织物。其主要由针筒、织针、三角、三角座和沉降片等部件组成。

1. 针筒

目前针织圆机使用的针筒大多是插片式，用于安放织针。

2. 三角

三角又称菱角，根据针织圆机编织品种的不同需要，控制织针和沉降片在针筒槽内进行往复运动。三角具有成圈三角（全针三角）、集圈三角（半针三角）、浮线三角（平针三角）、防串三角（胖花三角）、插针三角（打样三角）五种。

3. 沉降片

沉降片（也称辛克片）是单面针织圆机独有的编织机件，用于配合织针正常生产。

4. 织针

织针是以同一型号的针踵高低来区分的，作用是将纱线织成织物。

5. 三角座

三角座也称鞍座，用于安放三角。

6. 对编织机件的要求

（1）针道（俗称跑道，即三角上的沟槽）必须光滑、无毛刺，三角块和块之间连接处要配合好。

（2）三角座上调节压针深度（弯纱深度）的旋钮必须灵活。

（3）织针在针道中的出针高度和压针深度能达到工艺要求。

三、牵拉卷取机构

牵拉卷取机构的作用就是把针织圆机编织的织物从成圈区域中牵引出来，在一定张力的作用下卷绕成一定形式和一定容量的卷装，使编织过程顺利完成。牵拉卷取机构包括扩布架（撑布架）、传动臂（墙板）、调节齿轮箱等机件。其特点如下：

（1）在大盘底下具有感应开关，传动臂通过时会发出信号，用于测定卷布数据及大圆机的转数，从而确保下布（落布）匹重的均匀性。

（2）卷布速度由齿轮箱控制，设有120段与176段档位，可以准确地适应各类花色品种及卷布张力的要求。

（3）在操作面板上，可设定每匹布匹重所需要的转数，当针织圆机转数达到设定值时，会自动停机，从而控制针织坯布每匹布重量偏差在0.5kg以内。

四、传动机构

传动机构的作用是将电动机的转动通过皮带传动主轴，再由主轴传动各个机构的运动。传动机构是由变频器控制无级变速电动机，电动机采用三角带或者同步带（齿形带）带动主动轴齿轮，同时传递给大盘齿轮，带动针筒载着织针运转进行编织。主动轴伸到针织圆机上面，带动送纱盘按量输送纱线。要求传动机构运转平稳、无噪声。

五、选针机构

选针机构的作用是编织提花、集圈等组织时，根据花纹设计的要求，在每一个成圈系统中选择相应的织针进行成圈或集圈，从而形成多种花色组织。选针装置的形式有多种，根据作用原理可分为机械式和电子式两类。

六、电气控制系统

电气控制系统用于完成操作参数的设定、简捷的按钮操作、故障自停指示。

（1）控制面板由微型计算机及高度集成的控制电路组成，参数设定方便，按钮操作可靠，信息显示直观。

（2）变频器是电动机（马达）交流控制系统重要的部件，可以通过控制输出频率达到改变电动机转速的目的。转速可调节范围广，电动机启动、停止、慢行均由参数设定，迅速、平稳，可避免冲击。

七、其他辅助装置

针织圆机配置专门的润滑除尘机构，用于润滑针床和去除纱线在编织过程中产生的飞花、尘埃等。润滑除尘机构具有以下作用和特点：

（1）专用的油雾式喷油机提供了良好的机构润滑作用、油面指示及可见油耗。当喷油机油量不足时，针织圆机自动停止运转，在操作面板上发出警示。

（2）新型电子自动加油机，使设定、操作更加方便、直观。

（3）雷达式风扇除尘面广，可以清除纱架、储纱器及编织部件上的飞花等杂质。

当织针断裂时，探针器会把信号传递给控制系统，圆机在0.5s左右停止，探布器用于圆机出现脱套现象时机器自动停止。

第三节　圆机的编织原理

一、单面圆机的编织原理

单面圆机指具有一个针筒（床）的针织圆形纬编机，用于编织单面针织物，常用的有舌针单面纬编针织多三角机。多三角机针筒直径在762～965mm之间，成圈系统数为3～4路/2.54cm，机号可达36E，具有多条三角针道，采用多种针踵位置不同的舌针。目前使用最多的多三角机是四针道机，主要生产纬平针、彩横条、集圈等多种织物，更换部分成圈机件，可编织衬垫、毛圈等花色织物。

（一）成圈机件及其配置

由于配置沉降片编织的织物质量较好，所以大多数多三角机都配置沉降片、简单的单针道多三角机的成圈机件及其配置（图3-3）。舌针1垂直插在针筒2的针槽中，沉降片3水平插在沉降片圆环4的片槽中。舌针与沉降片呈一隔一交错排列。沉降片圆环固结在针筒上一同作同步回转。箍簧5作用在舌针上，防止舌针向外扑。舌针在随针筒转动的同时，由于针踵受织针三角座6上的退圈和成圈等三角7的作用，在针槽中作上下运动。沉降片在随沉降片圆环转动的同时，片踵受沉降片三角座8上的沉降片三角9的作用沿径向运动，导纱器10固装在针筒外面，以便对织针

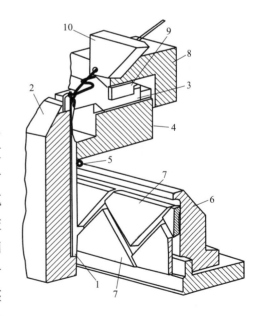

图3-3　多三角机成圈机件及其配置
1—舌针　2—针筒　3—沉降片　4—沉降片圆环
5—箍簧　6—织针三角座　7—三角
8—沉降片三角座　9—沉降片三角
10—导纱器

垫纱。

1. 织针

织针为多三角机上用的舌针（图3-4），在针舌销处，当针舌闭口时形成对纱线的夹持区，称为剪刀口。

2. 沉降片

普通结构的沉降片（图3-5）主要是配合舌针进行成圈。片鼻1和片喉2的作用是握持线圈。片颚3上沿（片颚线）用于弯纱时搁持纱线，片颚线所在平面称握持平面，起协助弯纱、成圈的作用。片踵4通过沉降片三角控制沉降片的运动。

图3-4 舌针
1—针杆 2—针钩 3—针舌 4—针舌销
5—针踵 6—针尾 7—针头内点

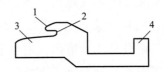

图3-5 普通沉降片结构
1—片鼻 2—片喉 3—片颚 4—片踵

3. 三角

在多三角机上可分为织针三角和沉降片三角，织针三角控制织针上下运动，沉降片三角控制沉降片沿针筒径向的进出运动。

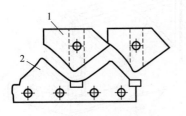

图3-6 织针三角
1—起针三角 2—弯纱三角

（1）织针三角：多三角机上的织针三角，一般由起针三角（也称退圈三角或挺针三角）和弯纱三角（也称压针三角）组成（图3-6）。弯纱三角作上下微量调节，可改变弯纱深度，其工艺参数有三角倾斜角度、三角高度等。

（2）沉降片三角：沉降片三角1（图3-7）固装在沉降片三角座内，作用于沉降片2的片踵上，使其按成圈过程的要求作径向运动。

4. 导纱器（也称钢梭子）

多三角机上的导纱器（图3-8），导纱孔3用于引导纱线，导纱器前段为一平面，可防

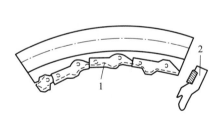

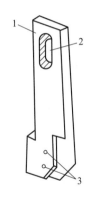

图3-7　沉降片三角　　　　　　　　　　　　　图3-8　导纱器
1—沉降片三角　2—沉降片　　　　　　　　　1—平面　2—长槽孔　3—导纱孔

止因针舌反拨产生非正常关闭针口的现象。

（二）成圈过程及工艺分析

普通单面圆机的成圈过程（图3-9）一般可分为八个阶段。

1. 退圈

退圈表示成圈过程的起始时刻［图3-9（a）］。沉降片向针筒中心挺足，片喉握持旧线圈的沉降弧，防止退圈时织物随针一起上升。织针上升到集圈高度（也称退圈不足高度）［图3-9（b）］，此时旧线圈尚未从针舌上退到针杆上，舌针上升到最高点［图3-9（c）］，旧线圈退到针杆上，完成退圈过程。

在普通圆机上，退圈一般是一次完成的，即舌针在退圈三角的作用下，从最低点上升到最高位置（图3-10）。退圈时舌针的退圈动程H可由下式求得：

$$H = L + X + a - b - f$$

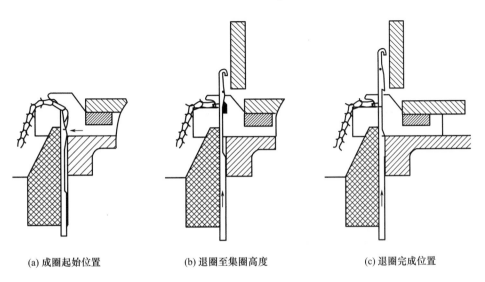

(a) 成圈起始位置　　　　　　　(b) 退圈至集圈高度　　　　　　　(c) 退圈完成位置

图3-9

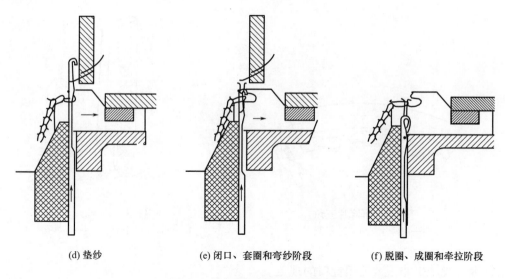

(d) 垫纱　　　　　　　(e) 闭口、套圈和弯纱阶段　　　　(f) 脱圈、成圈和牵拉阶段

图3-9　普通单面圆机的成圈过程

退圈时，由于线圈与织针之间存在着摩擦力，将使线圈随织针一起上升一段距离 h（图3-11）为退圈空程。h 的大小与纱线对织针的摩擦及包围角等因素有关，当线圈随织针上升并偏转至垂直位置（$\alpha \to 90°$）时，退圈空程最大，可由下式求得：

$$h_{max} = 0.5 l_{max}$$

式中：l_{max}——机上可加工的最长线圈长度。

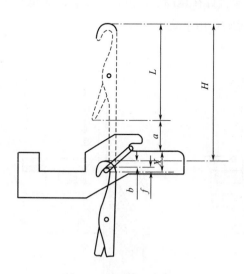

图3-10　舌针的退圈动程
H—退圈动程　L—针钩头端至针舌末端的距离
X—弯纱深度　f—纱线直径
a—退圈结束时针舌末端至沉降片片颚的距离
b—针钩部分截面的直径

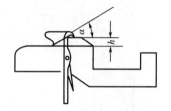

图3-11　退圈空程示意图
h—退圈空程　α—包围角

H增大，有利于退圈，在退圈三角角度保持不变的条件下，使每一路三角的横向尺寸增大，在针筒周围可安装的成圈系统数减少，降低了生产效率。因此，在保证可靠退圈的前提下，应尽可能减小H。

在退圈过程中，旧线圈从针钩下移至针杆，由于织针外形的影响，旧线圈受到扩张作用而张力增大，可能产生断裂。因此，一方面应尽量减小针肚尺寸，另一方面起针（退圈）三角角度不能太小，以减少同时退圈的针数，便于纱线的转移。针舌退圈时，针舌由旧线圈打开，当针舌绕轴回转不灵活时，在该织针上的旧线圈将会受到过度的拉伸而伸长，影响线圈的均匀性，织物表面形成纵条疵点。旧线圈从针舌上脱下时，针舌受到旧线圈的作用而变形，产生弹跳而关闭针口，影响成圈过程的正常进行。因此，需安装防针舌反拨装置，在多三角机上一般用导纱器来防止针舌反拨。

2. **垫纱**

退圈结束后，织针开始沿弯纱三角下降，在与导纱器的相对运动过程中，将从导纱器引出的新纱线垫入针钩［图3-9（d）］，同时沉降片向外退，为弯纱作准备。

为保证能正确的垫纱，导纱器位置应符合一定的工艺要求，纱线垫放在舌针上的位置如图3-12所示，从导纱器引出的纱线1在水平面上的投影线3与沉降片片颚线2—2之间的夹角β称垫纱纵角，纱线1在水平面上的投影线4与片颚线2—2之间的夹角α称垫纱横角。在实际生产中，通过调节导纱器的高低位置h，前后（径向进出）位置b和左右位置m得到适合的垫纱纵角与横角。

3. **闭口**

随着舌针的下降，针舌在旧线圈的作用下向上翻转关闭针口［图3-9（e）］，旧线圈和新线圈分隔在针舌两侧，为新线圈穿过旧线圈作准备。

闭口过程始于织针沿弯纱三角下降到旧线圈与针舌相遇时，在针舌销通过沉降片片颚所在的握持平面上结束（图3-13）。闭口开始时，由于针筒回转产生的离心力，使针舌向

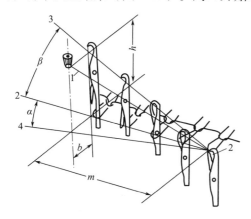

图3-12 舌针垫纱
α—垫纱横角 β—垫纱纵角
h—导纱器高低位置 b—导纱器前后位置
m—导纱器左右位置

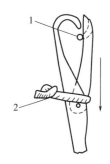

图3-13 舌针闭口
1—新纱线 2—旧线圈

上反转，与针杆形成一个夹角，有利于针舌的关闭，尤其是在编织变形纱时，可防止纱线1的部分纤维转移到针舌上而影响闭口的进行。为使闭口顺利进行，避免旧线圈2重新进入针钩之内，在退圈后应将针织物向下拉紧，使旧线圈紧贴在针杆上。

在闭口过程中，针舌以针舌销为中心回转，针舌的转动角速度在开始时较小，然后逐渐增大，当闭口将结束时达到最大，这时针舌将与针钩产生撞击。因此，降低舌针在闭口阶段的垂直运动速度，可减小针舌对针钩的撞击力。

4. 套圈

舌针沿弯纱三角继续下降，旧线圈沿针舌上移，套在关闭后的针舌上。

由于摩擦力及针舌倾斜角的关系，旧线圈处于针舌上的位置呈倾斜状，与水平面之间形成一夹角β，$\beta=\varphi+\delta$（图3-14），其中δ的大小与纱线同织针之间的摩擦有关。因φ角的存在，随着织针的下降，套在针舌上的纱线长度逐渐增加，在旧线圈脱圈时达到最长。当编织线圈长度较短的紧密织物时，套圈的线圈将使相邻线圈的纱线转移过来。弯纱三角的角度会影响纱线的转移，角度大时，参与套圈的针数减少，有利于纱线的转移；反之，则不利于纱线的转移，严重时造成套圈纱线断裂。

5. 弯纱、脱圈和成圈

舌针的下降使针钩接触新纱线开始逐渐弯纱，一直到线圈形成，此时沉降片已移至最外位置，片鼻离开舌针，有利于新纱线的弯纱成圈。舌针继续下降使旧线圈从针头上脱下，套在正在弯纱的新线圈上，舌针下降到最低位置［图3-9（e）、（f）］，新纱线搁在沉降片片颚上形成规定大小的封闭的新线圈。

织针的弯纱至新纱线弯曲成圈状并达到所需的长度，此时针钩内点到沉降片片颚线的垂直距离X，称弯纱深度（图3-15）。消极式给纱装置，线圈长度主要由弯纱深度决定，调整弯纱三角位置可改变线圈长度，即织物的密度。积极式给纱装置，线圈长度主要由给纱速度（单位时间内送出纱线的长度）决定，调整弯纱三角位置可使织针按照给纱装置的给纱速度吃纱、弯纱，使弯纱张力在合适范围。

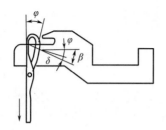

图3-14　套圈时线圈的倾斜

β—旧线圈与水平面夹角　φ—针舌倾斜角　δ—β与φ两角之差

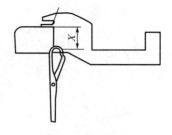

图3-15　弯纱深度

X—弯纱深度

6. 牵拉

借助牵拉机构产生的牵拉力把脱下的旧线圈与形成的新线圈拉向舌针背后，脱离编织区域，防止舌针再次上升时旧线圈回套到织针上，此阶段沉降片从最外位置移至最里位置，其片喉握持与推动线圈辅助牵拉机构进行牵拉，为了避免新形成的线圈张力过大，舌针宜作少量回升。

二、双面圆机的编织原理

普通双面纬编针织机是有两个针筒（床）的双针床纬编机，分为罗纹型、双罗纹型（棉毛型）和双反面型三种类型。

（一）罗纹型纬编机成圈机件及工艺分析

罗纹型双面圆纬机主要是罗纹机，用来生产1+1、2+2等罗纹及变化组织，织制袖口、领口、裤口、下摆边等部件，还可生产内外衣坯布。罗纹机的针筒直径范围较大，小的一般为89mm（3.5英寸），大的可达762mm（30英寸）；成圈系统数为1～3.2路/2.54cm筒径。目前采用较多的高速罗纹机，筒径大、路数多、三角精度高、结构合理，同时由于多跑道结构和新装置的配置，如四色调线、移圈等使产品更加丰富。

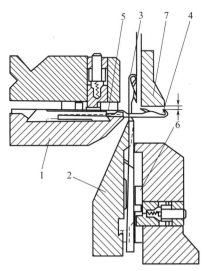

图3-16　罗纹机成圈机件配置
1—上针盘　2—下针筒　3—针筒针　4—针盘针
5—上三角　6—下三角　7—导纱器

1. 成圈机件配置

罗纹机成圈机件配置如图3-16所示。

圆形罗纹机有两个针床，相互呈90°配置，针床1呈圆盘形配置在另一针床之上称上针盘，针床2呈圆筒形配置在上针盘下称下针筒。针盘和针筒上分别配置有针筒针3和针盘针4。织针分别受上三角5、下三角6的作用，在针槽中进行进出和升降运动，将纱线编织成圈，导纱器7固装在上三角座上，为织针提供新纱线。

罗纹机上、下两个针床上的针槽交错配置，上针盘针槽（图中符号△）与下针筒针槽（图中符号○）如图3-17所示。

2. 成圈过程

罗纹机上编织罗纹织物的成圈过程如图3-18所示，与单面多三角机相同罗纹织物的成圈过程也分为退圈、垫纱、闭口、套圈、弯纱、脱圈、成圈和牵拉八个阶段。

成圈过程中上、下针的起始位置如图3-18（a）所示。

退圈阶段［图3-18（b）］，上、下针分别在上、下起针三角的作用下，移至最外位置和最高位置，旧线圈从针钩中退至针杆上完成退圈动作。为了防止针舌反拨，导纱器开始控制针舌。

垫纱阶段［图3-18（c）］，上、下针分别在压针三角的作用下，逐渐向内和向下运

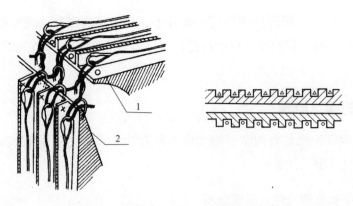

图3-17 罗纹机上、下织针配置

1—上针盘 2—下针筒 △—上针盘针槽 〇—下针筒针槽

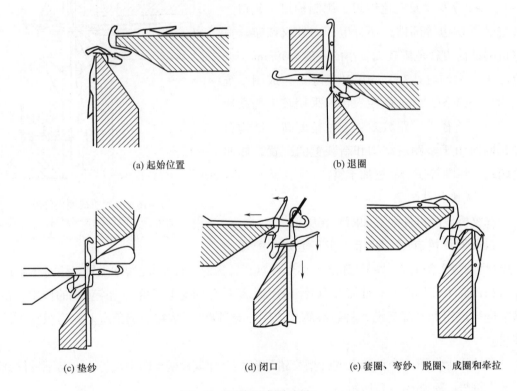

(a) 起始位置　　　　　　　　　　(b) 退圈

(c) 垫纱　　　　　(d) 闭口　　　　(e) 套圈、弯纱、脱圈、成圈和牵拉

图3-18 罗纹机成圈过程

动，新纱线垫到针钩内。

闭口阶段［图3-18（d）］，上、下针继续向内和向下运动，由旧线圈关闭针舌。

套圈、弯纱、脱圈、成圈和牵拉阶段［图3-18（e）］，上、下针移至最里位置和最低位置，依次完成套圈、弯纱和脱圈，形成新线圈，最后由牵拉机构进行牵拉。

3. 成圈工艺分析

罗纹机的工艺调节主要有以下几方面：

（1）针盘与针筒之间的筒口距：针盘中针槽底面至针筒口面的垂直距离为筒口距，

是决定线圈尺寸的重要因素，影响线圈的大小。针盘与针筒间隙增大，线圈增大；间隙减小，线圈缩短，可通过针盘的升降来调节。调节时应注意针盘不可太低，针盘与针筒之间必须有足够的距离，使编织的织物能顺利牵拉下去，且针盘织针不能碰到针筒织针的顶端；但针盘也不可调得太高，否则会产生织物稀松的现象。

（2）三角的调整：

①上三角的调整：高速罗纹机的上三角座如图3-19所示，每块扇形块上有两个成圈系统，当针盘织针在三角针道内运动时，由起针三角将织针起到集圈位置a，挺针三角（可由摆动控制开关调至工作位置）升至退圈位置，c为护针点，此时织针将完成成圈轨迹；当织针由起针三角升到集圈位置时，挺针三角未处于伸出的工作位置，织针将形成集圈轨迹；当织针继续运动到压针三角时，受其作用达到脱圈位置b。压针三角可由上下调节旋钮沿斜槽调节，产生不同的弯纱深度。

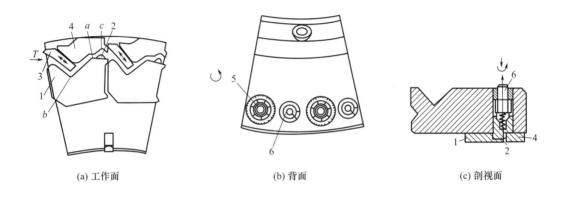

(a) 工作面　　　　　　　　　　(b) 背面　　　　　　　　　　(c) 剖视面

图3-19　上三角座

1—起针三角　2—挺针三角　3—压针三角　4—护针三角　5—压针三角上下调节旋钮　6—挺针三角摆动控制开关
a—集圈位置　b—脱圈位置　c—护针点

②下三角的调整：下三角的调整主要是弯纱深度的调整，是重要的工艺参数。高速罗纹机压针三角沿固定斜向进行调节，编织时有关弯纱和闭口等工艺点基本不变，可通过旋钮调节，方便快捷，高速罗纹机的下三角座如图3-20所示。

（3）三角对位：三角对位指上针和下针压针最低点的相对位置，也称为成圈相对位置。具有针盘和针筒的双面纬编机成圈相对位置，对产品质量和坯布物理指标影响较大，是重要的上机参数。对于不同机器、不同产品、不同组织，其对位有不同的要求，罗纹机有滞后成圈、同步成圈和超前成圈三种对位方式（图3-21）。

滞后成圈指下针先被压至弯纱最低点A完成成圈，上针比下针迟1~6针（图中距离L），被压至弯纱最里点B进行成圈，即上针滞后于下针成圈。

同步成圈指上、下针同时到达弯纱最里点和最低点形成新线圈。同步成圈用于上、下织针不规则顺序的编织成圈，如不完全罗纹组织和提花组织的编织。

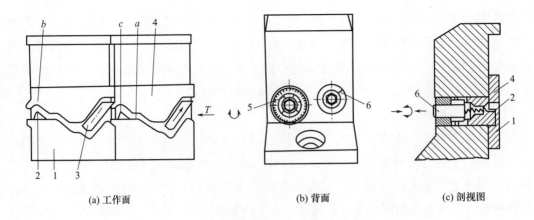

(a) 工作面　　　　　　(b) 背面　　　　　　(c) 剖视图

图3-20　下三角座

1—起针三角　2—挺针三角　3—弯纱三角　4—护针三角
5—调节旋钮（调节弯纱深度）　6—调节装置（决定挺针三角2的起落位置）
a—集圈位置　b，c—护针点

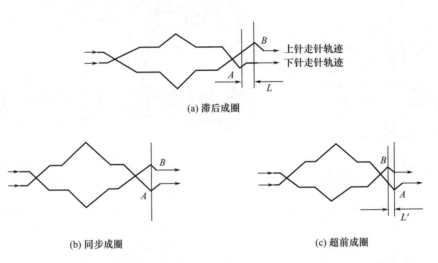

(a) 滞后成圈

上针走针轨迹
下针走针轨迹

(b) 同步成圈　　　　　　(c) 超前成圈

图3-21　三角对位图

A—下针弯纱最低点　B—上针弯纱最低点（最里点）　L，L'—上、下针到达弯纱最低点的距离

超前成圈指上针先于下针（距离L'）弯纱成圈，这种方式采用较少，一般用于在针盘上编织集圈或密度较大的凹凸织物，也可编织较为紧密的织物。

上、下织针的成圈是由上、下弯纱三角控制的，上、下织针的成圈配合是由上、下三角的对位决定的。生产中根据所编织产品的特点，检验与调整罗纹机上、下三角的对位，即上针最里点与下针最低点的相对位置。

（4）织针配置：在罗纹机上可编织1+1、2+1、2+2等普通罗纹织物，也可编织各种花式罗纹织物。上、下织针一般呈交错配置，可根据需要调整为相对配置。

编织1+1弹力罗纹时的织针配置如图3-22所示，上、下针1隔1交错配置，织针插满上、下针槽。

编织2+1罗纹、不完全罗纹时的织针配置如图3-23所示，针盘针1隔1抽针。

图3-22　1+1罗纹织针配置

图3-23　2+1罗纹织针配置

编织2+2罗纹时织针的配置如图3-24所示，瑞式罗纹配置为上、下针各隔2针抽1针，英式罗纹配置为上、下针各隔2针抽2针，双罗纹式织针排列为上、下针各隔2针抽2针。

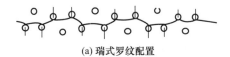

(a) 瑞式罗纹配置

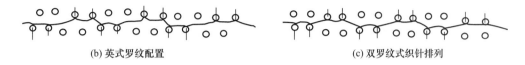

(b) 英式罗纹配置

(c) 双罗纹式织针排列

图3-24　2+2罗纹织针配置

提花罗纹的织针配置如图3-25所示，上、下针呈罗纹配置，按花纹要求进行抽针。

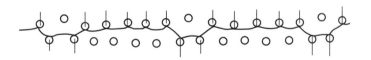

图3-25　提花罗纹织针配置图

（二）双罗纹型纬编机成圈机件及工艺分析

双罗纹型纬编机俗称棉毛机，主要生产双罗纹织物和花色棉毛织物，如棉毛衫裤、运动衫、T恤等服装。新型双罗纹机高速、多路、产量高，且三角作了大的改进，采用多跑道、积极给纱、自动控制等方式，产品质量好，花色品种多。

1. 双罗纹机的成圈机件及配置

双罗纹机的成圈机件配置如图3-26所示，上针盘1处于下针筒2的上方，相互配置成90°，插在上针盘和下针筒针槽内的

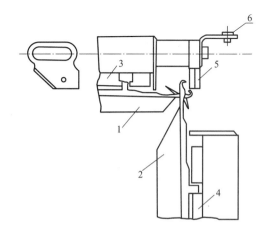

图3-26　双罗纹机的成圈机件配置
1—上针盘　2—下针筒　3—上三角　4—下三角
5—导纱器　6—导纱器瓷眼

舌针分别受上三角3和下三角4的作用完成成圈过程。

双罗纹机由两个1+1罗纹复合而成，需要四组织针进行编织，其上、下织针配置如图3-27所示，下针筒的针槽与上针盘的针槽呈相对配置。下针的高踵针1和低踵针2在下针筒针槽中1隔1排列；上针的高踵针2′和低踵针1′在上针盘针槽中也呈1隔1排列；上、下针的对位关系是：高踵上针2′对低踵下针2，低踵上针1′对高踵下针1。在插针时应特别注意，否则上、下织针将会发生碰撞。编织时，高踵下针1与高踵上针2′在一个成圈系统编织一个1+1罗纹，低踵下针2与低踵上针1′在下一个成圈系统编织另一个1+1罗纹，每两路编织一个完整的双罗纹线圈横列。因此，双罗纹的成圈系统是偶数。

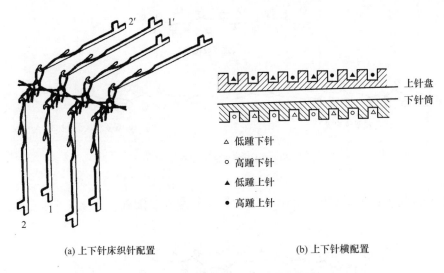

△ 低踵下针
○ 高踵下针
▲ 低踵上针
● 高踵上针

上针盘
下针筒

(a) 上下针床织针配置　　　　　　　(b) 上下针横配置

图3-27　双罗纹机上下织针配置图
1—高踵下针　2—低踵下针　1′—低踵上针　2′—高踵上针

由于双罗纹机的上、下织针均为两种，因此上、下三角也相应分为高、低两档（即两条针道），分别控制高、低踵针，双罗纹机的三角系统如图3-28所示。

在奇数成圈系统I中，下低档三角针道由起针三角（退圈三角）5、压针三角（弯纱三角）6及其他辅助三角组成；上低档三角针道由起针三角7、压针三角8及其他辅助三角组成。上、下低档三角针道组成一个成圈系统，控制下低踵针2与上低踵针4，编织一个1+1罗纹。同时，下高踵针1与上高踵针3经过由三角9、10和11、12、13组成的水平针道，将原有的旧线圈握持在针钩中，不退圈、垫纱和成圈，即不进行编织。在偶数系统II中，下高档三角针道由起针三角14、压针三角15及其他辅助三角组成；上高档三角针道由起针三角16、压针三角17及其他辅助三角组成。上、下高档三角针道相对应组成一个成圈系统，控制上、下高踵针，编织另一个1+1罗纹。此时上、下低踵针在由三角18、19、20和21、22组成的针道中水平运动，握持原有的旧线圈不编织。

经过两路一个循环，编织成了一个双罗纹线圈横列。图3-28中23、24是活络三角，可控制上针进行集圈或成圈。距离A、B表示上针滞后于下针成圈。

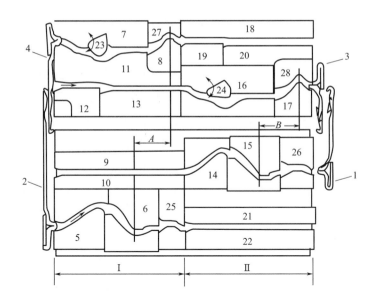

图3-28　双罗纹机的三角系统

1—下高踵针　2—下低踵针　3—上高踵针　4—上低踵针　5，14—下起针三角
6，15—下压针三角　7，16—上起针三角　8，17—上压针三角　9，10，11等均为辅助三角

2. 成圈过程

双罗纹组织的成圈过程如图3-29所示。在这个过程中，上、下高踵针（或低踵针）均不参与工作，其针头处于各自的筒口处，针钩内钩着上一成圈系统中形成的旧线圈。

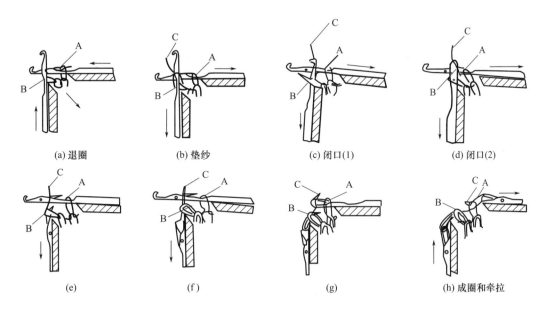

| (a) 退圈 | (b) 垫纱 | (c) 闭口(1) | (d) 闭口(2) |

| (e) | (f) | (g) | (h) 成圈和牵拉 |

图3-29　双罗纹组织成圈过程

A、B—旧线圈　C—新纱线

（1）退圈：上、下织针针头运动轨迹如图3-30所示，上、下针沿各自的起针三角斜面$a'b'$、ab上升，到达起针平面$b'c'$、bc时，旧线圈A、B［图3-29（a）］已打开针舌，

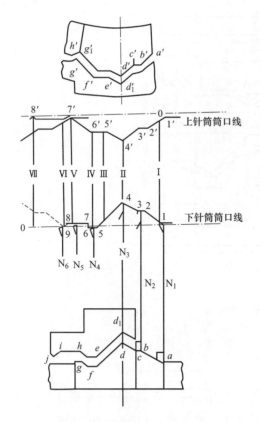

图3-30 上、下织针针头运动轨迹
1'—2'—3'—4'—5'—6'—7'—8'为上针针头运动轨迹线
1—2—3—4—5—6—7—8—9为下针针头运动轨迹线

扣住了针舌。在三角上设计了一个起针平面$b'c'$、bc，当针进一步上升后，旧线圈从针舌上滑下，针舌在变形能的作用下产生弹跳现象，出现重新关闭针口而影响垫纱。为防止针舌自闭，织针应处在平面$b'c'$、bc上，以稳定的状态进入导纱器的控制区，使垫纱前针舌处于开启状态。从图3-30中可以看出，上针比下针先起针，然后上、下织针同时到达挺针d'、d，旧线圈移到针杆上完成退圈。

（2）垫纱：上、下织针在到达最高点后（图3-30），下针受压针三角工作面d_1e作用开始下降并垫上新纱线C［图3-29（b）］，上针在收针工作面$d_1'e'$作用下开始收进。

（3）闭口：下针受压针三角工作面d_1e作用继续下降［图3-29（c），图3-30］，开始闭口，此时纱线尚未垫入上针针钩，上针的垫纱是随着下针弯纱成圈而完成的。因此，导纱器的调整应以下针为主，兼顾上针，此阶段上针还在收进［图3-29（d），图3-30］。

（4）下针继续沿斜面下降，并将垫入的新纱线搁置于上针针舌进行弯纱，完成套圈、弯纱、脱圈并形成了加倍长度的线圈［3-29（e）（f），图3-30］，上针针踵停留在收针平面$e'f'$上静止不动。因此，在双罗纹机上采用上针滞后成圈的方式。

双罗纹机下针的弯纱过程如图3-31所示。图中S_2针被压针三角压到最下面，这枚针相对上针平面线（又称弯纱搁置平面）下降的最大距离称弯纱深度X（图3-32）。生产中通过调节弯纱深度来改变织物密度，弯纱深度X可用下式粗略计算：

$$X \approx x_1 + x_2 + x_3 + x_4 + F$$

式中：X——弯纱深度，mm；

x_1——上针纱线搁置点距针盘口距离，mm；

x_2——针盘与针筒筒口的垂直距离，mm；

x_3——下针压针最低点针头进筒口尺寸，mm；

x_4——下针针头直径，mm；

F——纱线直径，mm。

（5）上针闭口、套圈、脱圈和弯纱：下针沿回针三角工作面fg上升到回针平面hi，放松线圈，将部分纱线分给上针，此时上针沿压针三角工作面$f'g'$收进，完成闭口、套圈、

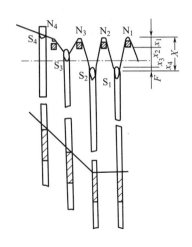

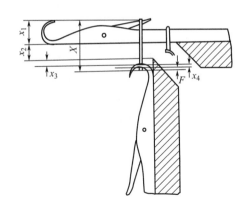

图3-31　双罗纹机下针的弯纱过程　　　　　　　　　图3-32　弯纱深度
N_1、N_2、N_3、N_4—上针　S_1、S_2、S_3、S_4—下针

脱圈和弯纱等过程［图3-29（g）、图3-29（h），图3-30］。

在双罗纹机上，上、下针的弯纱及成圈采用了分纱式弯纱方式。当下针弯纱时，上针相对静止，上针盘的三角配置一个收针平面$e'f'$为下针弯纱时的搁置平面，当下针弯纱时得到长度一致的线圈，下针的弯纱长度接近规定长度的2倍。下针弯纱完毕后，织针进行适当的回针，放松下针对纱线的控制，提供部分纱线供上针弯纱使用。下针回升提供的纱线长度应与上针的弯纱深度密切配合，过多或过少都不利于成圈的顺利进行。

成圈、牵拉：上针成圈后沿$g_1'h'$斜面略作外移，上针的回针见图3-30，适当地回退少量纱线，同时下针沿ij斜面略作下降，收紧因分纱而松弛的线圈，称为下针"煞针"。在下针整理好线圈后上针再收进一些，达到整理线圈的作用。此时，上、下织针成圈过程完成，正、反两面的线圈都比较均匀。

一个成圈过程完成后，新形成的线圈在牵拉机构牵拉力的作用下被拉向针背，避免下一成圈循环中织针上升退圈时再次重新套入针钩中。牵拉力的大小对织物的纵横密度比有一定的影响，在满足成圈过程的前提下，尽可能减小牵拉力。

3. 成圈工艺分析

（1）三角的调整：在许多新型的双罗纹机（棉毛机）上采用了可调整或变换的三角结构，某种新型双罗纹机的三角结构如图3-33所示。针盘三角上有两个针道，每个针道三角可采用成圈三角A、集圈三角B和浮线三角C，这些三角可根据花型要求互换。针筒三角有6个针道，最上面的5号为压针针道，对所有织针起作用。除压针针道中的压针三角不需调换外，其余针道三角均可调换为成圈三角Z_A、集圈三角Z_B或浮线三角Z_C，0号三角可作用于全部织针，1～4号三角仅对相应号的织针起作用。按照花纹要求装入所需三角时，在各三角作用下，针筒织针在一横列内处于编织、集圈、浮线三种状态。其中1号为织针集圈，2和3号织针形成浮线，4号织针成圈，这种三角系统可变换多种花色。

在双罗纹机上，三角工艺的调整包括变换三角、线圈长度及织针压进筒口的尺寸。

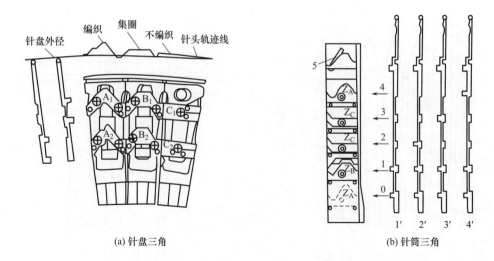

(a) 针盘三角   (b) 针筒三角

图3-33 新型双罗纹机三角结构

A_1，A_2—成圈三角 B_1，B_2—集圈三角 C_1，C_2—浮线三角

0—起针针道   1~4—选择针道   5—压针针道

线圈长度——通过升降针盘调节针盘与针筒筒口的垂直距离；通过调节压针三角的高低位置，可调节织针压进筒口的大小。

上、下三角的对位——即上针与下针压针最低点的相对位置，可称为成圈相对位置。双罗纹机大多采用滞后成圈，主要由生产的花色决定。

（2）双罗纹机织针的排列：在双罗纹机上，织针的基本排列方式是相邻针槽内一高一低，上、下针槽相对织针种类不同，在织针排列原则的基础上，可灵活变化，与生产的产品种类密切相关。高低踵针可以是1隔1排列，也可是2隔2排列等，实现纵条、花格等效果的编织。

（三）双反面型纬编机成圈机件及工艺分析

双反面型圆纬机属于双针筒舌针机，该机机号较低，在E18以下，适宜编织纵、横向弹性双反面等织物。

1. 成圈机件配置

双反面型圆纬机成圈机件的配置如图3-34所示，双头舌针1安插在两个呈180°配置的

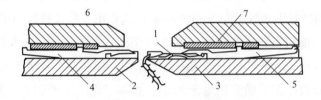

图3-34 双反面机成圈机件配置

1—双头舌针   2—上针筒   3—下针筒   4—上导针片   5—下导针片   6—上三角   7—下三角

上针筒2和下针筒3的针槽中，两个针筒的上、下针槽相对，上、下针筒同步回转。上、下针筒中分别安插着上、下导针片4和5，通过上、下三角6和7控制，带动双头舌针运动，使双头舌针可从上针筒的针槽中转移到下针筒的针槽中，或反之，成圈可在双头舌针中的任何一个针头上进行。由于两个针头脱圈的方向不同，如一个针头编织的是正面线圈，而另一个针头编织则是反面线圈。

2. **成圈过程**

双反面机的成圈过程与双头舌针的转移密切相关，1+1双反面组织的成圈过程如图3-35所示，可分为以下几个阶段。

（1）上针头退圈：双头舌针1受下导针片5的控制向上运动，使上针头中的线圈向下运动退至针杆上。与此同时，上导针片4向下运动，利用其头端8将双头舌针1的上针舌打开［图3-35（a）、图3-35（b）］。

（2）上针钩与上导针片啮合：随着下导针片5的上升和上导针片4的下降，上导针片4受上针钩的作用向外侧倾斜，如图3-35（b）所示的箭头方向。当下导针片5升至最高位置，上针钩嵌入上导针片4的凹口，与此同时，上导针片4在压片9的作用下向内侧摆动，使上针钩与上导针片啮合［图3-35（c）］。

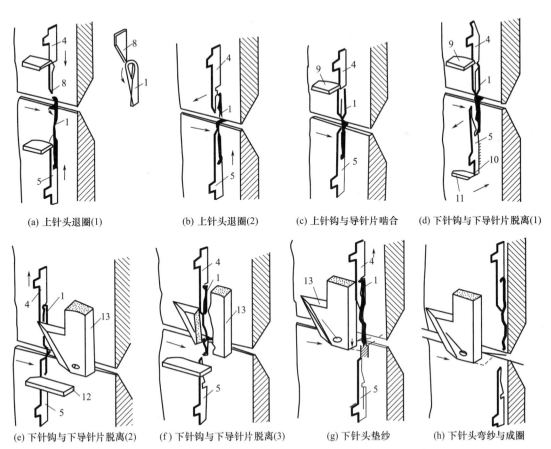

(a) 上针头退圈(1)   (b) 上针头退圈(2)   (c) 上针钩与导针片啮合   (d) 下针钩与下导针片脱离(1)

(e) 下针钩与下导针片脱离(2)   (f) 下针钩与下导针片脱离(3)   (g) 下针头垫纱   (h) 下针头弯纱与成圈

图3-35 双反面组织的成圈过程

（3）下针钩与下导针片脱离：下导针片5的尾端10在压片11的作用下向外侧摆动，使下针钩脱离下导针片5的凹口。之后上导针片4向上运动，带动双头舌针1上升，下导针片5在压片12的作用下向内摆动恢复原位［图3-35（d）、图3-35（e）］，下导针片5下降与下针钩脱离接触［图3-35（f）］。

（4）下针头垫纱：上导针片4带动双头舌针1继续上升，将导纱器13引出的纱线垫入下针钩内［图3-35（g）］。

（5）下针头弯纱与成圈：双头舌针受上导针片控制上升至最高位置，旧线圈从下针头脱下，纱线弯纱并形成新线圈［图3-35（h）］。

双头舌针按上述原理从上针筒向下针筒转移，在上针头上形成新线圈。按此方法循环，连续交替在上、下针头上编织线圈，形成双反面织物。如针筒中的所有双头舌针的上针头上连续编织两个线圈，下针头上连续编织两个线圈，以此交替循环可编织出2+2双反面织物。若在双反面机上加装导针片选择机构，一部分双头舌针从上针筒向下针筒转移，另一部分双头舌针从下针筒向上针筒转移，即在一个成圈系统中，有些双头舌针在上针头成圈，另一些在下针头成圈，编织出正反面线圈混合配置的花色双反面织物。

第四节　圆机新技术

随着针织工业的快速发展，针织产品应用日趋广泛，已从单一的服装领域向产业用、装饰用领域发展。随着针织产品的多元化需求，计算机、信息和机械加工技术的飞速发展，现代圆机呈现自动化和智能化。针织圆机机械新技术的发展主要表现在以下几方面。

一、电子和信息技术的应用

计算机控制技术应用在针织圆纬机上已非常广泛，机械式大提花机已被电子大提花机取代，多数针织机械在编织及选针上已实现了电子三功位单针选针，利用自身的计算机接收数据控制电子选针机构进行选针，每一枚织针均可实现成圈、集圈、浮线三种编织功位，可在计算机上进行花型修改。电子控制移圈技术、电子调线技术与衬经技术也被应用。在生产过程中，已实现织物密度电子控制、电子送纱、电子控制弯纱深度和喂纱速度及电子调节织物牵拉卷取等；在生产监控中，采用数码调控的纱线张力系统，实现实时生产数据收集、储存、修改、故障自检与显示及机器自停等；在织物设计方面，已实现针织物计算机辅助设计，如花型设计、编织程序设计、模拟仿真等；在线控制上，已实现多台机器联网"群控"等。电子技术与信息技术的应用有效地提高了单机自动化程度和水平，扩大了花色品种，提高了产品质量与生产效率。

二、机器控制和调整新技术的应用

在机器传动控制技术方面，应用了变频调速技术、伺服控制技术、射流控制技术、动平衡技术等，以达到精确控制和高速的要求；在机器操作和维护方面，采用了简便、集中控制、调整的结构和技术等，如三角外调三功位技术、中央密度调整技术、沉降片双向运动技术、快速更换针筒技术、统一压针技术、纱线出现断头后自动续纱技术等。这些技术的应用提高了生产效率及产品质量，尤其是沉降片双向运动技术的应用。

（一）典型的沉降片双向运动形式

摇摆式双向运动沉降片如图3-36所示，机器的沉降片2处于针筒中织针1的旁边［图3-36（a）］，去掉了传统的沉降片圆环。针踵受织针三角8控制上下运动完成成圈［图3-36（b）］。沉降片具有三个片踵，片踵4受沉降片三角7作用，在织针退圈时下降，弯纱时上升，与织针形成上下相对运动；片踵3和5分别为径向挺进和径向退出的摆动踵，受沉降片三角9和10分别作用，使沉降片以6为支点径向摆动，沿径向进出，实现辅助牵拉等作用。通过调节沉降片升降三角7实现对弯纱深度的调整，由于去掉了沉降片圆环，方便对成圈区域和机件的操作与调整。

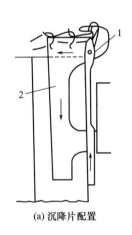

(a) 沉降片配置

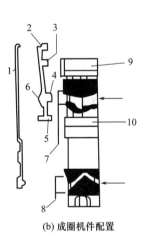

(b) 成圈机件配置

图3-36　摇摆式双向运动沉降片

1—织针　2—沉降片　3，4，5—片踵　6—支点　7—沉降片升降三角　8—织针三角　9，10—沉降片三角

滑片式双向运动沉降片如图3-37所示，滑片按箭头方向运动，使沉降片产生上下运动。采用传统形式的沉降片和针筒结构，调整织针与沉降片的配合关系比较简单，但沉降片上升时织针弯纱使沉降片的最大负荷集中在沉降片和导针片的接触点上，磨损较大，易使沉降片产生磨痕。

轨道式双向运动沉降片如图3-38所示，沉降片与传统机器中一样水平配置在沉降片圆环内。沉降片具有两个片踵，分别由两组沉降片三角控制。片踵1受三角2的控制使沉降片

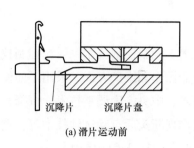
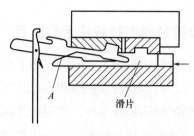

(a) 滑片运动前　　　　　　　　　　　　(b) 滑片运动后

图3-37　滑片式双向运动沉降片

作径向运动；片踵4受三角3的控制使沉降片作垂直运动。

倾斜式双向运动沉降片如图3-39所示，配置在与水平面成α角（一般约20°）倾斜的沉降片圆环中。当沉降片受到三角控制沿斜面移动一定距离c时，将分别在水平方向和垂直方向产生动程a和b。

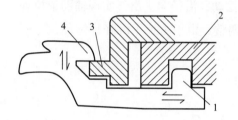

图3-38　轨道式双向运动沉降片
1，4—沉降片片踵　2，3—沉降片三角

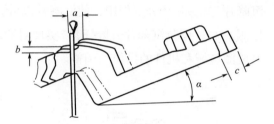

图3-39　倾斜式双向运动沉降片
α—沉降片与水平面倾斜角　a—水平动程
b—垂直动程　c—沿斜面移动距离

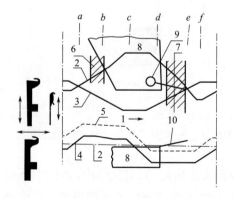

图3-40　织针与双向运动沉降片的轨迹配合
1—针筒的转动方向　2—针头运动轨迹
3—沉降片片颚线
4，5—沉降片径向运动时片喉和片鼻尖的运动轨迹
6，7—针舌开启与关闭区域　8—导纱器
9—导纱孔　10—纱线

（二）织针与双向运动沉降片的轨迹配合

织针与双向运动沉降片的轨迹配合如图3-40所示。俯视图与普通单针筒中织针与沉降片的运动轨迹相似，而正视图却有较大差异，普通机器上沉降片片颚线3为一直线，而双向运动沉降片的片颚线则是一条与针头运动轨迹2相反的折线。当织针上升退圈时（图3-40中a、b、c），沉降片下降辅助退圈，织针达到最高点，沉降片也相应下降到最低点；当织针下降弯纱成圈时（图3-40中d、e、f），沉降片从最低点上升辅助进行弯纱成圈，即形成织针与沉降片在垂直方向上的相对运动。

三、多路高密高速技术

圆纬机的针密向高密方向发展，机号从36E、44E和50E提高到了60E，甚至达到66E，可用高支棉、涤纶及其他合成纤维加工织物，加工可靠性和质量可保持在原有水平。普通单双面针织机的喂纱路数多为3.0路/2.54cm（3.0路/英寸）和3.2路/2.54cm（3.2路/英寸）。圆纬机筒径可做到1016 mm（40英寸）、1524mm（60英寸），单面机最高转速可达45r/min。

四、多功能技术应用

针织圆纬机的多功能技术也是一个发展趋势，包括双面毛圈机织毛巾技术，编织功能转换技术，罗纹、棉毛两用机技术，衬垫氨纶技术等。如同一台机器上织罗纹、双罗纹或平针组织，在双面和单面针织机上织各种常见针织组织，提花加调线和提花加移圈的集两项功能于一体的电脑提花机。单面电脑提花机有提花、调线、衬经三种功能，多功能电脑提花移圈机可编织双面提花、双面移圈、单面提花、单面移圈等织物。这些功能既可单独使用，亦可组合使用，扩大了织物的编织范围，具有更强的市场竞争力。

本章小结

1. 介绍了针织圆机的种类和特点。

2. 阐述了圆机的组成机构和编织原理。针织圆机主要用于编织一定直径的圆筒织物，编织效率高。

3. 介绍了新技术在针织圆机中的应用。随着新技术在针织圆机中的应用，针织圆机的自动化水平逐步提高，扩大了针织产品的花色品种范围，提高了针织产品的质量与生产效率。

思考题

1. 针织圆机主要由哪些机构组成，其各自的作用是什么？

2. 单针道多三角机有哪些主要成圈机件？它们在成圈过程中有什么作用？

3. 舌针的成圈过程可分为哪几个步骤？

4. 为了保证正常垫纱，导纱器的安装位置应注意哪些工艺因素？

5. 退圈过程中，为什么会产生针舌反拨现象？在多三角机上如何防止针舌反拨？

6. 弯纱的种类有哪些？

7. 罗纹机的三角对位形式有哪几种？

8. 简述双罗纹机的编织原理。

9. 简述双反面组织的编织原理。

10. 沉降片双向运动的形式有哪几种？

专业知识与实践——

羊毛衫设计

课程名称： 羊毛衫设计

课程内容： 1. 羊毛衫设计流程

2. 羊毛衫外观设计

3. 羊毛衫规格设计

课程时间： 10课时

教学提示： 注意讲解羊毛衫设计与机织服装设计的区别。

教学目的： 通过对本章内容的学习，要求学生掌握羊毛衫色彩、面料及细节设计的基本原理，掌握成形针织服装的各种设计手法，掌握横机纬编基本组织与花式组织的特点、视觉外观及穿着特性，能独立设计花型组织，熟练地将其运用在羊毛衫设计中。

教学方式： 理论讲授，课上练习辅导。

教学要求： 1. 理解机号与纱线支数的对应关系。

2. 了解羊毛衫工艺计算及设计原理。

3. 能独立进行简单的成形针织服装工艺设计。

课前准备： 提前预习针织织物组织内容，准备绘画工具纸张。

第四章　羊毛衫设计

　　横机织物花色品种很多，几乎包括了所有的纬编组织结构，同时，还可根据要求直接形成所需要的形状。横机织物主要用于制作羊毛衫、羊绒衫等产品，这类产品通常称为羊毛衫，此外，还可制作针织手套、袜子等。针织曾是一种真正的民间技艺，16世纪前，针织产品一直处于服装配件的地位，从第一次世界大战起，针织品的需求量越来越大，1920年左右开始流行羊毛衫。

　　随着针织横机机械的不断创新发展和人们穿着审美的不断变化，横机织造的服装也越来越以柔软舒适、富于弹性、风格多变的特点成为时尚的主流。现代社会，羊毛衫已融入到人们的生活中，成为时尚界不可或缺的服装种类和时装设计师的新宠。羊毛衫设计在向两个方向发展，一方面传统羊毛衫依然存在，主要功能以保暖为主，其款式在不断创新；另一方面羊毛衫将更加趋于休闲化和时装化，在色彩、款式和图案上出现了很大的变化，一些新型原料的不断出现为羊毛衫产品提供了更大的创新空间。

第一节　羊毛衫设计流程

　　羊毛衫设计包括款式设计、工艺设计、生产设计等。在生产设计之前进行的款式和工艺设计流程如下。

一、构思

　　通过市场调研和参加各种服装流行趋势发布会等方式，搜集资料，寻找设计灵感，运用5W1H原则进行构思。Why是为什么要设计该款羊毛衫；When是指何时穿用的服装，即羊毛衫穿着的时间和季节；Where是何地穿着，即穿着环境和场合；What是指穿着目的，即想要穿出什么风格；Who是指何人穿着，即设计所针对的消费者；How是指如何实现该款羊毛衫的设计理念。当然，如果是为客户服务，则要按客户的要求进行设计。

二、手绘或PS绘制款式效果图

　　一般羊毛衫款式图为正面图，若羊毛衫后衣片有特殊设计，需要将后身款式图一并画出。款式效果图要求清晰、表达准确，充分体现出设计师的设计意图。

三、提供设计单

为本厂或合作生产厂家提供设计图纸或设计单，内容包括：羊毛衫款式图、羊毛衫大身以及各部件所用组织、纱线颜色、采用的纱线支数、针型及装饰辅料等，如果是提花羊毛衫，还需提供配色齐全、轮廓清晰的提花图案（图4-1）。

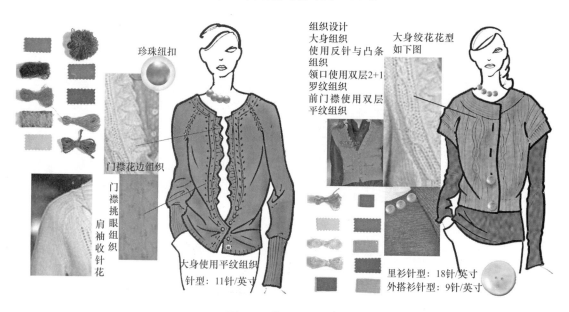

图4-1　羊毛衫设计单

四、进行工艺设计

羊毛衫从设计款式图到大批量生产，需要经过几次样品制作，其设计流程如图4-2所示，并根据生产实际和市场需求进行不断的修改，包括款式、颜色、编织组织、工艺参数等。

（一）初样

了解羊毛衫设计师或客户的设计理念及要求，着重于羊毛衫款式的外形能否满足加工工艺，确定工艺参数（原料、纱支、针型、密度、重量、尺寸等），制作中码样衣1件。

（二）二次样

在羊毛衫设计师或客户认可初样的基础上进行工艺参数的修正，也有可能需要进行三次样或多次样品的制作。

（三）确认样

经多次修改后，将羊毛衫设计师或客户最终确认的样板进行封样，作为生产、交货的

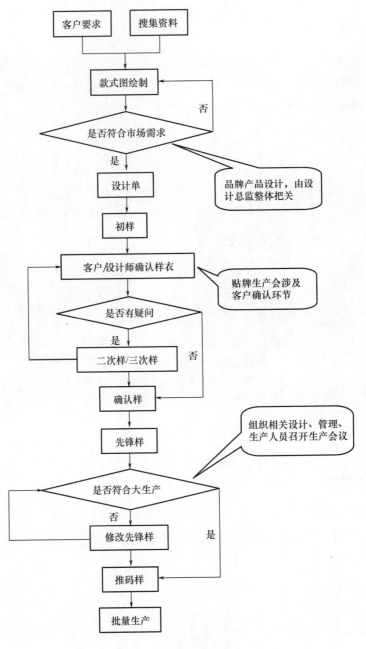

图4-2 羊毛衫设计流程

依据。

（四）先锋样

在大货投产之前，相关人员召开生产会议，工艺设计员、生产技术员、及质检员了解所需生产羊毛衫品种的工艺要求、流程及注意事项等，将确认样转化为适合大生产工艺的产品，通常称之为先锋样。一般情况下，先锋样衣间隔选取羊毛衫中间规格制作2~3件，如特殊情况需制作全码。

（五）推码样

在确认样的基础上进行不同尺码的推码工艺得到推码样。

（六）小批量生产

对于批量大的羊毛衫款式，在大货投产前先进行小批量生产。生产中应注意及时抽取成衣，检验是否符合封样要求，发现问题及时采取补救措施或修改工艺，防止出现批量性的羊毛衫质量问题，检验合格后，可直接进入大批量生产。

第二节　羊毛衫外观设计

羊毛衫外观轮廓造型一般有H型、A型、V型、X型、O型等，其中H型是长方形，肩宽、胸围、腰围、臀围宽窄基本一致，给人以宽松自如的感觉；A型上小下大，夸张的下摆造型，休闲俏皮；V型通常用来修饰或夸张肩部，一般以短款居多，穿着时会显得修长、挺拔、干练；X型是合体羊毛衫的常用造型，收腰效果显著，体现出女性的曲线美；O型外观圆润、腰部宽松，有时可以掩饰身材的不足。

按领型一般分为圆领、樽领、V领、半高领、一字领和翻领等；按肩型分为平肩、半平肩、大平肩、平肩与大平肩、平肩与半平肩、马鞍肩和插肩等；按袖型分为长袖、中袖、短袖等；按款式分为套衫、开衫、背心、提花衫、普通单面衫及装饰羊毛衫（如带有烫钻、花边、刺绣等装饰物的羊毛衫）等。

一、羊毛衫局部设计

羊毛衫的局部设计以领部、袖部、门襟、下摆为主。同时，还体现在装饰细节上，如在羊毛衫某些部位粘贴烫钻或亮片、钉缝特殊造型扣子、铆钉、刺绣、钩花、镶边、绗缝、绷缝、抽褶、系带、连帽、流苏、开衩、蕾丝花边等多种设计手法。

（一）领部设计

领子在服装中处于醒目的位置，因此，领子的设计在整体服装设计中尤为重要。针织服装传统领型有圆领、V领、小翻领、半高领、樽领等；变化领及时装领型有一字领、立领、旗袍领、青果领、环荡领、西服领、荷叶领、杏领、U领等；还有利用织物本身性能形成的特殊领型，如采用小的织物组织密度形成的宽松堆领、利用特殊纱线或特殊组织编织的飘带领等（图4-3～图4-6）。

图4-3　敞开式高领

图4-4　休闲环荡领

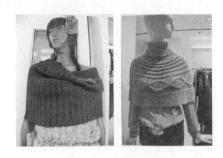

图4-5　披肩与领子

图4-6　飘带领

（二）袖部设计

袖是构成服装的基础部件，在满足御寒和人体上肢活动功能的同时，装饰性也越来越强，羊毛衫常用袖型有装袖、插肩袖、马鞍肩袖、连袖等。袖的造型千变万化，可以设计为罗纹袖、喇叭袖、灯笼袖，添加拉链、开衩、系带、装口袋、局部裸露等（图4-7、图4-8）。

图4-7　插肩袖

图4-8　袖上的花边装饰

（三）门襟与下摆设计

1. 门襟设计

羊毛衫门襟设计的基本要求：一是方便穿脱，二是外形美观。门襟通常采用1+1罗纹组织、2+2罗纹组织、三平组织、畦编或提花等组织，也可在基本组织上绣花、钉装饰物等。门襟还可以设计成对称和不对称造型，但要考虑外观平整、挺括、不易变形，同时具有一定的装饰性（图4-9）。

2. 下摆设计

传统的羊毛衫下摆造型有紧身型、A型、H型、O型等，形成下摆边的方法有直边、折边和包边等，其中直边是与大身相连，直接编织而成的下摆边，通常采用各类罗纹组织和纬平针中的空转圆筒组织形成，外观平整、造型美观。现代服装设计中，羊毛衫下摆不再局限于传统造型，可根据需要进行创意设计。

图4-9 装饰门襟的设计

二、羊毛衫色彩设计

羊毛衫的配色大致分为两种：一种是先构思后选原料，另一种是先选原料后构思。无论采用哪种，一般都以一种原料为主，这种主要原料的颜色，便是羊毛衫配色的主色，决定了羊毛衫的基本色调。羊毛衫色彩的两种或三种搭配，除了主色以外，其他的均称为搭配色或点缀色。一般来说，搭配色块较大，点缀色块较小。如果羊毛衫配色是两种色搭配，一种是主色，另一种可以是搭配色，也可以是点缀色，视其色块大小和所起的作用而定。色块稍大的，多称为搭配色；色块较小且起点缀作用的，称为点缀色。如果搭配色与主色相接近，或者是与主色对比较小的色彩，会产生柔和的色彩效果；如果搭配色与主色对比较强烈，点缀色则起到协调的作用，多采用中性色或与主色相协调的色彩。

羊毛衫类服装"远看颜色、近看款式、细看组织"，说明了色彩设计在羊毛衫设计中的重要作用，而色彩设计的羊毛衫多以提花组织为主。无论是有虚线提花组织还是无虚线提花组织，羊毛衫的花型图案设计主要有条纹、菱形格和提花图案，其中条纹和菱形格是羊毛衫设计中比较经典和传统的花型，而提花图案的设计，内容丰富，千变万化，创意性会更强一些，可以充分发挥设计者的想象力，如人物肖像、动物植物、卡通漫画、抽象几何图案、花卉风景、色块分割或者一些体现民俗民风、异域情调的图案。

羊毛衫的色彩设计不仅是多种颜色的搭配，简单对比色的应用展现出羊毛衫突破传统低色调，而柔和典雅的中性色可以更好地表现出羊毛衫的高贵，特别是羊绒衫。同一色调的深浅变化以及单色的运用，也是羊毛衫常用的设计手法（图4-10～图4-13）。

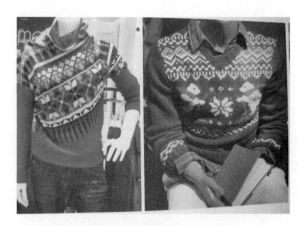

图4-10 彩色条纹图案　　　　　　　图4-11 提花图案的配色

图4-12 色块分割图案　　　　　　　图4-13 中性色羊毛衫

三、羊毛衫面料设计

（一）羊毛衫面料的优点

　　机织物和针织物是最主要的服装用织物，因构成方式不同，其组织结构、缝制工艺、服用性能及用途等方面各具特色，羊毛衫面料属于针织物，是利用织针将纱线弯曲成线圈并相互串套而成的织物，因其独特的组织结构，具有很多不同于机织面料的特性。

1. 伸缩性和弹性

　　伸缩性是羊毛衫面料最主要的特性，指针织物在拉伸时的伸长特性，分为单向延伸和双向延伸。单向延伸，指在单向拉伸时其尺寸沿着拉伸方向的增加，在垂直于拉伸方向的则缩短。双向延伸，指拉伸同时在两个方向上进行，或者在一个方向上进行拉伸，而与拉伸成垂直的方向上强制试样的尺寸保持不变。弹性指外力去除后形变恢复的能力，即拉伸外力消除后，伸长的线圈恢复到原来的形状。羊毛衫面料具有较强的伸缩性和弹性，同时具有良好的悬垂性，使面料能很好地贴合于人体，柔韧自由。对于不同的组织结构，其伸缩性和弹性也不同，应根据人体活动产生的各部位动作变化而形成的伸展度和织物本身的拉伸限度来确定服装的延伸性，若超过限度会使织物产生变形。

2. 柔软性

针织物的基本结构为线圈，因线圈组织的不稳定性，使织物可以自由柔曲，穿着时温暖舒适，无僵硬感。

3. 透气性

屈曲的线圈形状集合在一起，形成多孔性、透气性，适当调整线圈的密度，可使织物具有保暖或透气的效果。同时由于线圈结构，使羊毛衫面料的吸水性、脱水性都比较好。

4. 防皱性

当针织物折皱时，由于线圈可以转移以适应受力处的变形，当折皱力消失后，被转移的纱线在线圈平衡力的作用下迅速恢复原样，形成了面料的防皱性。

5. 保暖性

因为蓬松编织，所以编织纱线间的静止空气多，保暖性好。

6. 成形性

成形性是针织物独有的特征，减少了裁剪损失，节约了原料，缩短了工艺流程，提高了劳动生产率。

（二）羊毛衫面料的缺点

总体来说，粗针羊毛衫面料质地松软、温暖蓬松，细针羊毛衫面料贴体轻柔、伸缩自由。但羊毛衫面料也具有一定的缺点。

1. 脱散性

脱散性指当针织物的纱线断裂时线圈失去串套联系，形成线圈与线圈的分离，线圈沿纵行方向脱散下来，使织物外观和强力受到影响。脱散性是标志织物内纱线固紧程度的指标，羊毛衫面料的脱散性在穿着时是一个缺点，但在生产中，如遇到工艺设计不合理或编织过程出现失误等问题，可利用织物的脱散性，拆掉重新编织，可降低生产的成本。

2. 卷边性

某些针织物的边缘在自由状态下发生包卷的现象称为卷边。纬编中的平针组织卷边现象严重，而双面组织和经编组织不易卷边。如把这种卷边应用到羊毛衫的领口、袖口、袋口或下摆边等部位，会有特殊的外观效果。

3. 勾丝与起毛

针织物比较松软，纱线捻度小，纱线内的纤维容易移动，在加工和使用过程中因摩擦起毛或被尖硬物钩出形成丝环，从而影响织物的服用性能。但可通过新型混纺纱线、调整织物编织密度或改进后整理技术等方式改善或消除这一现象。

4. 尺寸不稳定

因线圈相互串套形成的特殊组织结构及原料的缩绒性等形成羊毛衫面料的尺寸不稳

定，影响生产中的尺寸控制，在穿着时易变形，影响面料外观质量。

（三）羊毛衫的面料设计

随着羊毛衫不断向休闲化、高档化、多功能化的方向发展，羊毛衫面料也变得丰富多彩，设计时可以从原料、色彩、组织、图案、装饰等方面进行。

1. 面料的凹凸效果设计

织物表面规则或不规则的凹凸效应会形成新颖别致的花型效果，羊毛衫面料的凹凸效果可通过对纱线、密度、复合组织等的变化来实现，例如通过调整织物的横密和纵密，可以得到均匀或非均匀的条纹效应；通过在横机针床上进行前后翻针（即在前针床编织若干转正针，再翻至后针床编织若干转反针）形成正反针交替变化的外观效果，花型简单大方，并能提高织物的弹性，可用于羊毛衫的全身或局部设计；通过罗纹复合组织的变化、绞花组织的配置等可形成立体感极强的凹凸设计效果；不同收缩性能的纱线交织并结合一定的组织结构变化，使织物表面产生浮雕感的凹凸立体效果；不同粗细的花式线组合，会使提花织物具有很强的立体感（图4-14）。

2. 面料的褶皱效果设计

羊毛衫面料的褶皱效果设计是近年来时装款羊毛衫设计中比较新颖的手法。褶皱的形成有很多方法，如利用织物本身的特性，在细针羊毛衫面料上进行抽褶、堆积、拉伸等形式的处理，可以在羊毛衫的肩部、前胸、侧缝等部位形成自然又不乏新意的褶皱效果；在羊毛衫后整理过程中，运用机械加压或其他方法，可使织物产生不规则的凹凸褶皱外观；横机编织加入弹力丝，运用弹力丝的收缩性形成针织服装的褶皱等（图4-15～图4-17）。

图4-14 凹凸效果羊毛衫

图4-15 后整理形成的褶皱

3. 面料的立体效果设计

利用立体裁剪的方法，将简洁的纬平针织物进行围裹与缠绕，使普通的羊毛衫面料变得丰富灵动；利用毛圈组织设计形成立体效果，具有一定的空气感和层次感，既有装饰性

图4-16　弹力丝形成的自然褶皱　　　　　　图4-17　下摆堆积形成的褶皱

又增加了羊毛衫的保暖性（图4-18）。

4. 面料的疏密效果设计

纱线粗细组合的对比设计是形成面料疏密效果的常用手法，利用粗纱与细纱在不同行的交替编织或同一根纱不同粗细的变化，在织物表面形成疏密效果的对比；利用成圈和浮线的交替，且局部浮线较长、较多，可使面料局部产生相对的薄透、疏密效应（图4-19）。

图4-18　立体效果的羊毛衫　　　　　　　图4-19　疏密效果的羊毛衫

5. 面料的孔眼效果设计

运用集圈组织中的挑眼方法在织物表面通过局部挑眼形成小面积的孔洞，或通过浮线形成大面积的镂空。带有孔眼的织物配以蕾丝、花边、亮片、水钻等装饰物，使经典传统的羊毛衫增加时尚感，通过浮线形成的大面积镂空，使整件羊毛衫自由贴体、若隐若现，穿着舒适，且具有特殊的外观效果（图4-20）。

图4-20　孔眼效果设计

6. 面料的闪光效果设计

在进行羊毛衫编织中，加入有光丝、金属丝等原料，可使面料具有闪光效果；经过涂层、轧光等后整理工艺，可使面料产生仿皮革光泽效果；利用烫金工艺，可使织物表面具有局部闪光效果。这些特殊的编织或工艺技法，运用在羊毛衫设计中，出现闪亮、耀眼的视觉效果。

7. 羊毛衫面料与机织面料的搭配设计

利用针织面料的弹性与机织面料的飘逸，针织面料的柔软与机织面料的硬挺，通过拼接搭配达到互相取长补短、优势互补的作用。

针织面料与真丝面料搭配、针织面料与雪纺面料搭配、针织面料与莱卡搭配等，可实现各具特色的面料风格。在机织服装的领口、袖子、衣下摆边或腰部、袖肘等处局部运用针织面料，给人以运动、休闲之感；在领部或袖部收口处使用伸缩性能较好的针织面料，可增加服装的保暖性和服用时的方便性；在羊毛衫类服装的前胸、后背或袖子等部位拼接块状或宽条纹状的机织面料使服装具有"朋克"的风格；印花、绣花等装饰性机织物在羊毛衫上的运用，或手钩针织物与机织物的结合，会产生极具特色的民族感或风格迥异的休闲感（图4-21）。

8. 羊毛衫面料与皮草的搭配设计

皮草在羊毛衫面料上的运用，可以是大面积地拼接，如在前胸、下摆边、门襟等部位拼接；也可以是在小部位的点缀，如在领口、袖口等部位点缀。无论采用哪种设计方法，利用好针织面料的柔软舒适与皮草的温暖细腻是关键（图4-22）。

图4-21　针织面料与机织面料的搭配设计　　　图4-22　羊毛衫面料与皮草的搭配设计

羊毛衫面料因具有良好的弹性、伸缩性、柔软性、多孔性、防皱性，使得服装穿着时没有束缚感，有些还可以形成符合体型的轮廓，即具有合体性和舒适性，所以羊毛衫设计的重点之一在于掌握面料的性能。无论运用什么设计手法，首先要考虑针织面料独特的线圈结构，充分运用针织面料在性能上的独特优势。

四、羊毛衫组织设计

针织物的组织指线圈在织物中的排列、组合与连接方式，决定着针织物的外观和特性，按生产方法可分为纬编和经编两大类，羊毛衫织物一般属于纬编织物。针织物的组织分三类，即原组织、变化组织、花色组织。原组织是针织物的基础，线圈以最简单的方式组合而成，如纬编针织物中的纬平针组织、罗纹组织和双反面组织；变化组织是在原组织的基础上进行变化或在一个原组织的基础上配置另一个原组织，改变原来组织的结构和性能，如变化纬平针组织、双罗纹组织，有时也把原组织和变化组织统称为基本组织；花色组织是采用各种不同的纱线，按一定的规律编织成不同线圈结构而形成的具有明显花式效应的针织物。

（一）针织物组织表示方法

针织物组织常用的表示方法一般有线圈结构图、编织示意图和意匠图三种。

1. 线圈结构图

线圈结构图是利用图解的形式将线圈在织物中的形态描绘出来的一种方法，表示的织物结构比较完整、准确，并能表示出织物的正、反面，但描绘的难度比较大。这种方法适用于较为简单的花纹和一般的组织结构，对大型或较复杂织物的组织采用较少（图4-23）。

2. 编织示意图

编织示意图是将纬编织物的横断面形态，按编织的顺序和织针的工作情况，用图形来表示的一种方法。纱线编织成圈用"○"表示；集圈用"∧"表示，集圈是指织针钩住纱线但不编织成圈，纱线在织物内呈悬弧状；浮线用"—"表示，说明织针不参加编织，纱线没有喂入。此种方法使用方便，适合于大多数单、双面纬编织物（图4-24）。

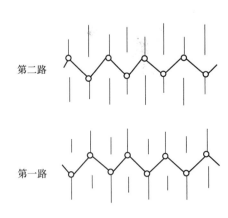

第二路

第一路

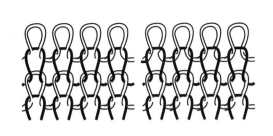

图4-23 线圈结构图

图4-24 编织示意图

3. 意匠图

意匠图是将针织物结构单元组合的规律，用规定的符号在小方格纸（意匠纸）上表示的一种方法，分为花纹意匠图和结构意匠图。这种方法绘制简便省时，适用于较大的花纹或复杂的组织结构。

（1）花纹意匠图：用于表示提花织物正面的花型与图案，每一方格代表一个线圈，方格内的不同符号代表不同的颜色，有时也采用在小方格内直接填充色彩的方法来表示〔图4-25（a）（b）〕。

（2）结构意匠图：指将成圈、集圈和浮线等用规定的符号在方格纸上表示出来，多用于表示单面织物（图4-26）。

×—红色
○—蓝色
□—白色

(a) 符号表示方法

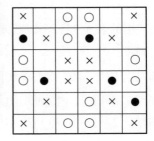

(b) 色彩表示方法

图4-25　花纹意匠图

×—正面线圈
○—反面线圈
●—集圈悬弧
□—浮线（不编织）

图4-26　结构意匠图

（二）羊毛衫的组织设计

针织物的组织结构千变万化，设计时一定要熟练掌握针织物组织结构并了解组织结构与纱线特征及服装款型之间的对应关系。羊毛衫设计常用的组织有：纬平针、满针罗纹（四平）、罗纹、罗纹半空气层（三平）、罗纹空气层（四平空转）、双反面、集圈（胖花、单鱼鳞、双鱼鳞）、提花、抽条、夹条、绞花（扭绳）、波纹（扳花）、挑花（挑眼、挑孔）、添纱、毛圈、长毛绒及综合花型等各类组织。

根据款式要求，可在这些常用组织的基础上进行结构变化，设计出新颖、时尚的羊毛衫。

1. 纬平针组织

纬平针组织由连续的单元线圈以一个方向依次串套而成。正面的每一线圈具有两根呈纵向配置的圈柱，形成纵条纹，即沿线圈纵行方向连续的"V"形外观；反面的每一线圈具有与线圈横列同向配置的圈弧，形成横条纹，即由横向相互连接的圈弧形成的波纹状外观。因此两面具有不同的外观特征（图4-27～图4-32）。

图4-27　单面平针组织线圈结构图

图4-28　单面平针组织编织图

图4-29 单面平针组织实物

图4-30 双层平针组织线圈结构

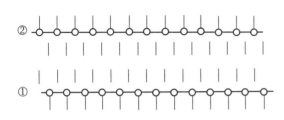

图4-31 双层平针组织编织

图4-32 双层平针组织实物

在进行羊毛衫设计时，单独使用纬平针组织，织纹简单、大方，适合原料昂贵的产品，如羊绒衫等；双层纬平针组织（俗称空转或圆筒组织），常用于羊毛衫、裤的袖口、裤口和下摆边等（一般1～1.5cm），尺寸细窄部位的设计，使羊毛衫外观平整、细巧精致；利用纬平针组织的卷边性或脱散性，设计出独特的外观效果；利用不同颜色的纱线混合编织，设计出色彩丰富的视觉效果（图4-33、图4-34）。

图4-33 纬平针组织的卷边效果

图4-34 同色系几组纱线混合编织的视觉效果

2. 罗纹组织

罗纹组织由正面线圈纵行和反面线圈纵行以一定的组合相间配置而成。根据正、反面线圈纵行数的不同，罗纹的组合可以有多种多样，不同的组合使外观呈多变的纵条效应。

罗纹组织具有较好的延伸性与弹性，没有卷边现象，逆编织方向脱散，顺编织方向不脱散。罗纹组织种类很多，使用较多的为1+1罗纹组织，包括1+1罗纹组织（编织时隔针排列）和四平组织（编织时满针排针）两种，其中1+1罗纹组织较四平组织弹性大，因此，1+1罗纹组织常用于袖口、领口、裤口等需要收口的部位；四平组织结构比较紧密，常用于羊毛衫门襟或羊毛衫全身的设计，也可用于领口、袋口和下摆边等部位（图4-35 ~ 图4-39）。

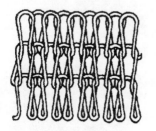

图4-35　四平组织线圈结构

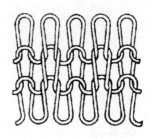

图4-36　1+1罗纹组织线圈结构

图4-37　四平组织编织

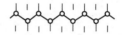

图4-38　1+1罗纹组织编织

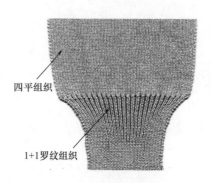

四平组织

1+1罗纹组织

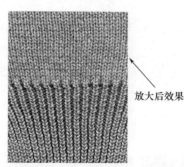

放大后效果

图4-39　四平组织与1+1罗纹组织实物对比

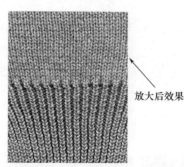

图4-40　横向罗纹的外观效果

另外，在羊毛衫设计中还可根据款式需要对罗纹进行变化，形成各种变化罗纹组织（图4-40）。

3. 罗纹—平针复合组织（空气层类）

罗纹空气层组织由罗纹组织和平针组织复合而成。在羊毛衫设计中，常用的罗纹—平针复合组织有四平空转组织（罗纹空气层组织）和三平组织（罗纹半空气层组织）两种，其中四平空转组织与罗纹组织相比，横向延伸性较小，尺寸稳定性较好，织物厚实，适用于春秋冬季羊毛衫、羊毛裤、厚披肩等，也可用于青果领、西服领等特殊领型羊毛衫的领部设计；三平组织的反面外观效果与四平空转组织相同，与四平空转组织相比，其横向延伸性较好，手感柔软，织物较厚实，除用于设计羊毛衫、羊毛裤外，多用于开衫的门襟设计（图4-41～图4-48）。

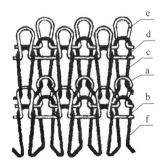

图4-41 四平空转组织线圈结构

a、b、e、d—双层平针线圈横列 f、c—罗纹线圈横列

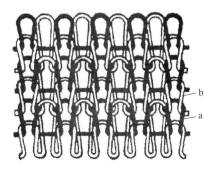

图4-42 三平组织线圈结构

a—平针线圈横列 b—罗纹线圈横列

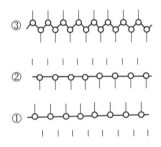

图4-43 四平空转组织编织

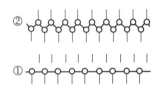

图4-44 三平组织编织

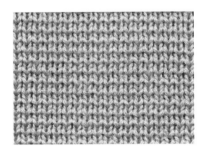

图4-45 四平空转实物

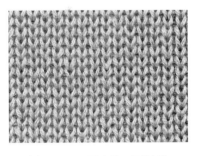

图4-46 三平实物正面效果

图4-47 三平实物反面效果（同四平空转）

图4-48 三平门襟实物效果

4. 集圈组织

在纬编针织物的成圈过程中，某些织针钩到新纱线而不脱去旧线圈，使旧线圈与一次或几次垫放的新纱线钩在同一织针，然后再同时脱圈，就形成了集圈。这种在针织物的某些线圈上，除了套有一个封闭的旧线圈外，还有一个或几个未封闭的悬弧所构成的组织，称为集圈组织。畦编与半畦编织物属于比较常用的集圈组织织物（图4-49~图4-54）。

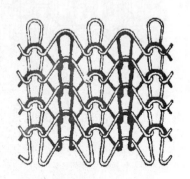

图4-49 畦编组织线圈结构

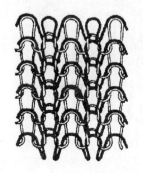

图4-50 半畦编组织线圈结构

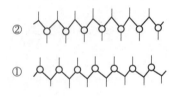

图4-51 畦编组织编织

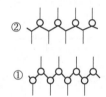

图4-52 半畦编组织编织

图4-53 畦编组织实物

图4-54 半畦编组织实物

畦编与半畦编组织都常用于春秋冬季羊毛衫、羊毛裤的制作。随着羊毛衫款式的丰富，其设计及组织的运用也更灵活，畦编与半畦编组织也可用于针织外套、春秋时尚披肩的设计。使用小的编织密度，选择适宜的纱线，畦编组织可用于时装款羊毛衫的局部设计，产生花瓣、荷叶边、木耳边的装饰效果（图4-55、图4-56）。

5. 双反面组织

双反面组织是双面纬编组织中的基本组织，由正面线圈横列和反面线圈横列相互交替配置而成，即需要通过横机前、后针床上的线圈相互转移（即翻针）来形成。因此，在手

图4-55 畦编组织设计的休闲外套　　　　　　图4-56 畦编组织设计的荷叶边羊毛衫

摇横机上编织比较困难，一般用电脑横机完成。双反面组织主要用于设计婴儿衣物及手套、袜子、羊毛衫等（图4-57、图4-58）。

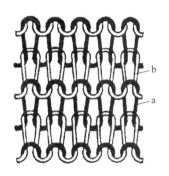
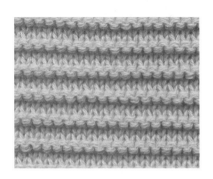

图4-57 双反面组织线圈结构　　　　　　　　图4-58 双反面组织实物
a—正面线圈　b—反面线圈

6. 移圈组织

移圈组织又称纱罗组织，是横机编织中较有特色的组织。编织时，按照花纹要求，将某些织针上的线圈移到与其相邻的织针上，形成相应的花式效应。在手动横机中需通过手工用移圈板来实现，因此，只能编织花纹比较简单的织物，否则效率会较低，在电脑横机上移圈组织可通过选针移圈自动完成，效率高，花色变化多。

（1）孔眼效应：根据花纹要求，将某些织针上的线圈移到相邻织针上，使被移处形成孔眼或镂空效果，称为挑眼、挑花或挑孔（图4-59）。

（2）绞花效应：将两组相邻纵行线圈交换位置，可形成绞花效应，俗称拧麻花或扭绳（图4-60、图4-61）。

（3）阿兰花：利用移圈方式使两个相邻纵行线圈交换位置，形成凸出于织物表面的纵行倾斜线圈，组成菱形、

图4-59 孔眼效果羊毛衫

图4-60 绞花效果
羊毛衫

网格等各种结构花型，称为阿兰花，是苏格兰西面的阿兰岛（ARAN ISLAND）流行的羊毛衫花样（图4-62）。

7. 波纹组织

波纹组织又称扳花组织，是一种典型的组织结构，在编织过程中，通过左右移动针床（即扳花）形成，通常一转一扳或半转一扳，形成不同的外观。波纹组织可在四平、三平、畦编或半畦编等常用组织基础上形成，也可通过抽针形成抽条扳花或方格扳花。波纹组织花型轻盈荡漾，犹如行云流水（图4-63）。

图4-61 凹凸绞花
羊毛衫

图4-62 阿兰花纹样羊毛衫

8. 提花组织

提花组织是一种色彩花型组织，是将不同颜色的纱线垫放在按花纹要求所选择的某些织针上进行编织成圈而形成的一种组织。

不同颜色纱线的协调搭配是提花羊毛衫设计的关键，有反面无虚线（浮线）、反面有虚线（浮线）提花织物和彩色条纹织物（图4-64～图4-68）。

图4-63 波纹组织的抽条扳花

图4-64 无虚线提花织物正面

图4-65 无虚线提花织物反面

图4-66 有虚线提花织物正面　　　　　　　　图4-67 有虚线提花织物反面

图4-68 提花织物的多样花型与色彩

第三节　羊毛衫规格设计

无论是机织还是针织服装，都要适合人体的穿着。服装对人体的适合性包括静态和动态两个方面。静态适合性，包括服装对人体的长、宽、厚的三维合体性；动态适合性，指服装对人体运动引起部位改变的适应情况，决定了服装各部位的放松量。在羊毛衫设计时，为使人体着装更加合适，必须了解人体的比例、体型、构造和形态等信息，因此，了解人体各部位特征及熟练进行人体尺寸测量是羊毛衫规格设计的前提。

一、人体测量基准点与部位

（一）人体测量基准点

人体测量的基准点如图4-69所示。

1. 头顶点

以正确立姿站立时，头顶点是头部的最高点，位于人体中心线上方，是测量身高时的基准点。

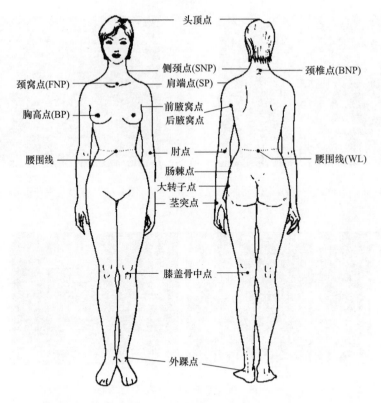

图4-69　人体测量基准点

2. 颈窝点（前颈点）

颈窝点是颈根曲线的前中心点，前领圈的中点。

3. 侧颈点

侧颈点在颈根的曲线上，从侧面看在前后颈厚的中央稍偏后的位置，此基准点不是以骨骼端点为标志，所以不易确定。

4. 颈椎点（后颈点）

颈椎点是颈后第七颈椎棘突尖端之点，当颈部向前弯曲时，该点突出，是测量背长的基准点。

5. 肩端点

肩端点是肩胛骨上缘最向外突出的点，即肩与手臂的转折点，是衣袖缝合对位的基准点，也是量取肩宽和袖长的基准点。

6. 前腋窝点

前腋窝点在手臂根部的曲线内侧位置，放下手臂时，手臂与躯干在腋下结合的起点，是用于测量胸宽的基准点。

7. 后腋窝点

后腋窝点在手臂根部的曲线外侧位置，手臂与躯干在腋下结合的终点，是测量背宽的基准点。

8. **胸高点**

胸高点是胸部最高的位置，是服装构成最重要的基准点之一。

9. **肘点**

肘点是尺骨上端最向外突出的点，上肢自然弯曲时，该点突起明显，是测量上臂长的基准点。

10. **茎突点**

茎突点也称手根点，桡骨下端茎突最尖端的点，是测量袖长的基准点。

11. **肠棘点**

肠棘点在骨盆位置的上前髂骨棘处，即仰面躺下时，触摸到的骨盆最突出之点，是确定中臀围线的位置。

12. **转子点**

转子点在大腿骨的大转子位置，是裙、裤装侧面最丰满处。

13. **膝盖骨中点**

膝盖骨中点指膝盖骨的中央。

14. **外踝点**

外踝点是脚腕外侧踝骨的突出点，是测量裤长的基准点。

（二）测量部位

人体主要的测量部位如图4-70所示。

1. **身高**

身高是人体立姿时，从头顶点垂直向下量至地面的距离。

2. **背长**

背长是从颈椎点垂直向下量至腰围线中央的长度。

3. **前腰节长**

前腰节长是由侧颈点通过胸高点量至腰围线的距离。

4. **颈椎点高**

颈椎点高是从颈椎点垂直向下量到地面的距离。

5. **坐姿颈椎点高**

坐姿颈椎点高是人坐在椅子上，从颈椎点垂直向下量到椅面的距离。

6. **乳位高**

乳位高是由侧颈点向下量至胸高点的长度。

7. **腰围高**

腰围高是从腰围线中央垂直量到地面的距离，是裤长设计的依据。

8. **臀高**

臀高是从腰围线向下量至臀部最丰满处的距离。

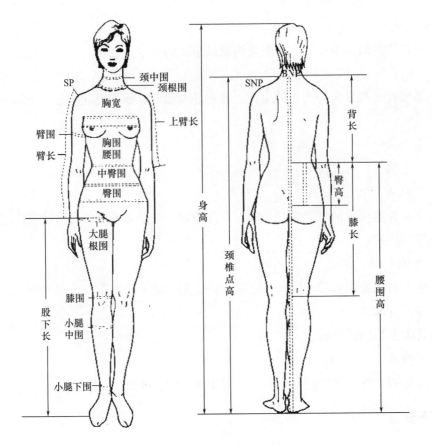

图4-70　人体主要测量部位

9. 上裆长

上裆长是从人体后腰围线量至臀股沟的长度。

10. 下裆长

下裆长是从臀股沟向下量至地面的距离。

11. 臂长

臂长是从肩端点顺手臂向下量至茎突点的距离。

12. 上臂长

上臂长是从肩端点顺手臂向下量至肘点的距离。

13. 手长

手长是从茎突点向下量至中指指尖的长度。

14. 膝长

膝长是从腰围线向下量至膝盖中点的长度。

15. 胸围

胸围是过胸高点沿胸廓水平围量一周的围度。

16. 腰围

腰围是经过腰部最细处水平围量一周的围度。

17. 臀围

臀围是在臀部最丰满处水平围量一周的围度。

18. 中臀围

中臀围是在腰围与臀围中间位置水平围量一周的围度。

19. 头围

头围是通过前额中央、耳上方和后枕骨，在头部水平围量一周的围度。

20. 颈根围

颈根围是通过侧颈点、颈椎点、颈窝点，在人体颈根部围量一周的围度。

21. 颈中围

颈中围是通过喉结，在颈中部水平围量一周的围度。

22. 乳下围

乳下围是在乳房下端水平围量一周的围度。

23. 臂根围

臂根围是用软尺从肩端点穿过腋下围量一周的围度。

24. 臂围

臂围是在上臂最粗处水平围量一周的围度。

25. 肘围

肘围是经过肘关节水平围量一周的围度。

26. 腕围

腕围是经过腕关节茎突点水平围量一周的围度。

27. 掌围

掌围是拇指自然向掌内弯曲，通过拇指根部水平围量一周的围度。

28. 胯围

胯围是通过胯骨关节，在胯部水平围量一周的围度。

29. 大腿根围

大腿根围是在大腿根处水平围量一周的围度。

30. 膝围

膝围是用软尺过膝盖中点水平围量一周的围度。

31. 小腿中围

小腿中围是在小腿最丰满处水平围量一周的围度。

32. 小腿下围

小腿下围是在踝骨上部最细处水平围量一周的围度。

33. 肩宽

肩宽是从左肩端点通过颈椎点量至右肩端点的距离。

34. 小肩宽（颈幅）

小肩宽是从肩端点量至侧颈点的距离。

35. 胸宽

胸宽是从前胸左腋窝点水平量至右腋窝点间的距离。

36. 乳间距

乳间距是从左乳头点水平量至右乳头点间的距离。

37. 背宽

背宽是从后背左腋窝点水平量至右腋窝点间的距离。

二、规格设计

规格，在服装工艺中称为造型工艺。羊毛衫服装的规格是根据人体造型与服装款式制定的，包括羊毛衫的各档尺寸和各部位的尺寸。羊毛衫通常采用胸围制和代号制来表示其规格的大小。

胸围制：我国羊毛衫的规格以胸围尺寸作为标志，单位为厘米（cm），每5cm为一档。男成人羊毛衫的规格一般为80~120cm，女成人羊毛衫的规格一般为80~110cm，儿童羊毛衫的规格为45~75cm，特大毛衫的规格为125cm。欧美等国家及香港地区销售的羊毛衫也是以胸围尺寸为标准，其单位不是厘米，而是英寸，每2英寸为一档，如30、32、34、36、38、40、42、44英寸等。

代号制：有的国家习惯用数字或字母表示，用数字表示时，儿童规格为2、4、6，少年规格为8、10、12，成人规格为14以上；用字母表示时，分为S（SMALL）、M（MEDIUM）、L（LARGE）、XL（EXTRAORDINARY LARGE）等，分别代表小号、中号、大号、特大号，童装有2X、3X、4X或2T、3T、4T等代号。羊毛衫服装中裤、裙类产品除使用衫类的胸围制相对应的规格外，也有使用小、中、大、特大等规格的，也是以厘米为单位。各类围巾产品规格以厘米为单位，分为标准长、长、中长、加长等。

个人加工定制的羊毛衫，一般要通过实际量体来确定尺寸规格。在量体时，需要测量人体有关部位的长度和围度，以此作为制定规格的依据。

在进行服装规格设计时，需在人体净胸围、净腰围或净臀围的基础上加放一定的松量，羊毛衫的规格设计与其他服装一样，也是按人体体型的尺寸来制定各档尺码和各部位尺寸。由于羊毛衫的弹性和延伸性，在由人体体型尺寸制定服装规格时，尺寸加放量比机织服装要小一些。羊毛衫类服装围度松量加放大小为：男装胸围加放0~12cm，女装胸围加放0~15cm，童装胸围加放0~8cm；男装腰围加放0~5cm，女装腰围加放0~6cm，童装腰围加放0~4cm；男装臀围加放0~8cm，女装臀围加放0~12cm，童装臀围加放0~6cm；羊毛衫服装还可制作健美衫、健美裤等，这时其三围的加放量为负值或不加，一般为-10~0cm。

（一）羊毛衫各部位名称及测量方法

羊毛衫的各部位名称及测量方法如图4-71所示。

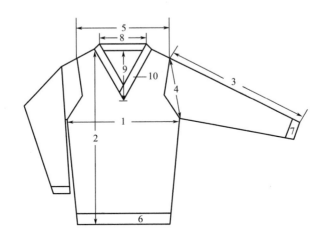

图4-71 羊毛衫各部位名称及测量方法
1—胸宽 2—身长（衣长） 3—袖长 4—挂肩 5—肩宽
6—下摆罗纹 7—袖口罗纹 8—领宽 9—领深 10—领口罗纹

1. 胸宽
左、右腋下2.5cm处水平测量。

2. 身长（衣长）
从侧颈点垂直向下测量至下摆底边。

3. 袖长
从肩点顺着袖长直量到袖口边端，斜肩、马鞍肩款式从侧颈点顺着袖长直量到袖口边端。

4. 挂肩
肩点至腋下点斜量。

5. 肩宽
直量左、右肩的距离。

6. 下摆罗纹
罗纹与大身交界处量至罗纹底边；下摆宽：下摆底边，从左量至右。

7. 袖口罗纹
罗纹与袖片交界处量至罗纹边端；袖口宽：袖口边端，从左量至右。

8. 领宽
分为外量法与内量法。外量法：从左侧颈点量至右侧颈点；内量法：领口罗纹上口边，从左量至右。

9. 领深

左侧颈点与右侧颈点的中点向下量至领口罗纹边最低点。

10. 领口罗纹

简称领罗，在后领中间部位，从领口罗纹的上口边量至与大身交界处。

（二）羊毛衫常用规格尺寸及相关数据

企业常用的羊毛衫规格尺寸如表4-1～表4-6所示（领拉伸方法：将羊毛衫领子对折，两手各捏住对折后领子的前颈点和后颈点处，用力拉伸至领口罗纹不能再伸长为止，只有达到拉伸标准要求的套衫领子，才能保证服用时穿脱自如），在进行羊毛衫设计时可参考。

表4-1 V领男套衫规格尺寸

编号	部位	规格（cm）								
		80	85	90	95	100	105	110	115	120
1	胸宽	40	42.5	45	47.5	50	52.5	55	57.5	60
2	身长	61	62.5	64	66	67.5	67.5	69	69	69
3	袖长	53	53	54	55	56	56	57	57	57
4	挂肩	20	21	21	22	22	23	23	23.5	23.5
5	肩宽	37	38	39	40	41	42	43	43	43
6	下摆罗纹	4.5～7	4.5～7	4.5～7	4.5～7	4.5～7	4.5～7	4.5～7	4.5～7	4.5～7
7	袖口罗纹	3.5～7	3.5～7	3.5～7	3.5～7	3.5～7	3.5～7	3.5～7	3.5～7	3.5～7
8	领宽	9	9	9	9.5	9.5	9.5	10	10	10
9	领深	20	20	22	22	23	23	24	24	24
10	领口罗纹	2.5	2.5	2.5	2.5	2.5	2.5	2.5	2.5	2.5

表4-2 V领斜肩男套衫规格尺寸

编号	部位	规格（cm）								
		80	85	90	95	100	105	110	115	120
1	胸宽	40	42.5	45	47.5	50	52.5	55	57.5	60
2	身长	61	62.5	64	66	67.5	67.5	69	69	69
3	袖长	62	63.5	64.5	66.5	67.5	69	70.5	70.5	70.5
4	袖宽	17.5	18.5	18.5	19.5	19.5	20.5	20.5	21.0	21.0
5	肩宽	—	—	—	—	—	—	—	—	—
6	下摆罗纹	4.5～7	4.5～7	4.5～7	4.5～7	4.5～7	4.5～7	4.5～7	4.5～7	4.5～7
7	袖口罗纹	3.5～7	3.5～7	3.5～7	3.5～7	3.5～7	3.5～7	3.5～7	3.5～7	3.5～7

续表

编号	部位	规格（cm）								
		80	85	90	95	100	105	110	115	120
8	领宽	9	9	9	9.5	9.5	9.5	10	10	10
9	领深	20	20	22	22	23	23	24	24	24
10	领口罗纹	2.5	2.5	2.5	2.5	2.5	2.5	2.5	2.5	2.5

表4-3 V领男开衫规格尺寸

编号	部位	规格（cm）								
		80	85	90	95	100	105	110	115	120
1	胸宽	40	42.5	45	47.5	50	52.5	55	57.5	60
2	身长	62.5	64	65.5	67.5	69	69	70.5	70.5	70.5
3	袖长	53	53	54	55	56	56	57	57	57
4	挂肩	20.5	21.5	21.5	22.5	22.5	23.5	23.5	24	24
5	肩宽	37	38	39	40	41	42	43	43	43
6	下摆罗纹	4.5~7	4.5~7	4.5~7	4.5~7	4.5~7	4.5~7	4.5~7	4.5~7	4.5~7
7	袖口罗纹	3.5~7	3.5~7	3.5~7	3.5~7	3.5~7	3.5~7	3.5~7	3.5~7	3.5~7
8	领宽	9.5	9.5	9.5	10	10	10	10.5	10.5	10.5
9	领深	23	23	25	25	26	26	27	27	27
10	门襟宽	3.2	3.2	3.2	3.2	3.2	3.2	3.2	3.2	3.2

表4-4 V领女套衫规格尺寸

编号	部位	规格（cm）						
		80	85	90	95	100	105	110
1	胸宽	40	42.5	45	47.5	50	52.5	55
2	身长	57	58	60	61	61	62	62
3	袖长	48	49	50	51	52	53	53
4	挂肩	19	20	20	21	21	21.5	21.5
5	肩宽	35	36	36	37	37	38	38
6	下摆罗纹	1.5~4.5	1.5~4.5	1.5~4.5	1.5~4.5	1.5~4.5	1.5~4.5	1.5~4.5
7	袖口罗纹	1~3.5	1~3.5	1~3.5	1~3.5	1~3.5	1~3.5	1~3.5
8	领宽	9.5	9.5	9.5	10	10	10	10.5
9	领深	20	20	22	22	23	23	23
10	领口罗纹	2.5	2.5	2.5	2.5	2.5	2.5	2.5

表4-5 圆领女套衫规格尺寸

编号	部位	规格（cm）						
		80	85	90	95	100	105	110
1	胸宽	40	42.5	45	47.5	50	52.5	55
2	身长	57	58	60	61	61	62	62
3	袖长	48	49	50	51	52	53	53
4	挂肩	19	20	20	21	21	21.5	21.5
5	肩宽	35	36	36	37	37	38	38
6	下摆罗纹	1.5~4.5	1.5~4.5	1.5~4.5	1.5~4.5	1.5~4.5	1.5~4.5	1.5~4.5
7	袖口罗纹	1~3.5	1~3.5	1~3.5	1~3.5	1~3.5	1~3.5	1~3.5
8	领宽	9.5	9.5	9.5	10	10	10	10.5
9	领深	6	6	6	6.5	6.5	6.5	6.5
10	领口罗纹	2~5	2~5	2~5	2~5	2~5	2~5	2~5

表4-6 V领女开衫规格尺寸

编号	部位	规格（cm）						
		80	85	90	95	100	105	110
1	胸宽	40	42.5	45	47.5	50	52.5	55
2	身长	59	60	61.5	62.5	62.5	63.5	63.5
3	袖长	48	49	50	51	52	53	53
4	挂肩	19.5	20.5	20.5	21.5	21.5	22.5	22.5
5	肩宽	35	36	36	37	38	39	40
6	下摆罗纹	1.5~4.5	1.5~4.5	1.5~4.5	1.5~4.5	1.5~4.5	1.5~4.5	1.5~4.5
7	袖口罗纹	1~3.5	1~3.5	1~3.5	1~3.5	1~3.5	1~3.5	1~3.5
8	领宽	9	9	9	9.5	9.5	9.5	9.5
9	领深	23	23	24	24	25	25	26
10	门襟宽	3	3	3	3	3	3	3

本章小结

1. 针织面料因其内部的线圈结构使其具有良好的弹性、伸缩性、柔软性、多孔性、防皱性，使得针织服装穿着时没有束缚感，有些还可制成符合体型轮廓的服装，即具有合体性和舒适性。

2. 羊毛衫设计的重点在于掌握面料的性能，充分考虑针织面料独特的线圈结构，熟练掌握羊毛衫各种组织的特点。

3. 在设计羊毛衫时，需考虑其工艺与生产的可行性，由于面料具有伸缩性，款式设计要减少接缝，尽量避免破坏服装整体性；避免斜裁，防止脱散及破坏织物伸缩性。

4. 充分利用组织结构特点及装饰性辅料设计装饰性效果。

思考题

1. 利用2～3种罗纹组织，设计四款系列羊毛衫，要求款式新颖、时尚。

2. 利用羊毛衫面料设计的基本原理，进行一次羊毛衫面料再造设计。

3. 在羊毛衫组织中，有虚线提花组织与无虚线提花组织有何区别？

4. 羊毛衫设计的注意事项有哪些？

5. 分析并举例说明羊毛衫面料的优点和缺点。

专业知识与实践——

羊毛衫工艺设计

课程名称： 羊毛衫工艺设计

课程内容： 1. 横机羊毛衫工艺设计原则与内容

2. 横机羊毛衫工艺设计

3. 羊毛衫工艺设计实例

课程时间： 6课时

教学提示： 注意讲解机号与纱支的关系对工艺设计的影响。

教学目的： 通过对本章内容的学习，要求学生理解机号与纱线支数的对应关系，掌握羊毛衫工艺计算及设计原理，能独立进行简单的成形针织服装工艺设计。

教学方式： 理论讲授与课堂讨论相结合。

教学要求： 1. 了解羊毛衫的工艺设计原则。

2. 掌握羊毛衫工艺设计原理（包括机号与纱线密度、机号与纱支的转换计算以及二者之间的关系）。

3. 掌握羊毛衫工艺设计的针数与转数的搭配计算。

课前准备： 提前预习羊毛衫工艺设计内容，准备计算工具和工艺单模板纸张。

第五章　羊毛衫工艺设计

羊毛衫的工艺设计，是羊毛衫整个产品设计过程中的重要环节，它是综合考虑产品的款式、规格尺寸、测量方法、编织机械、织物组织、密度、成衣与染整设备及成品重量要求等多方面的因素，而制定出的合理操作工艺和生产流程。

第一节　横机羊毛衫工艺设计原则与内容

一、工艺设计原则

（一）按产品经济价值的高低，分档设计产品。

（二）在保证产品质量的情况下，尽量节省原料，降低生产成本。

（三）结合生产实际情况（主要包括原料、设备、操作及各工种生产能力的平衡等）制订出最佳的工艺路线。

（四）在保证产品质量的条件下，提高劳动生产率。

（五）为了保证产品的质量，应在设计试样后，先进行小批量生产，再根据成品修正工艺，方可进行大批量生产。

二、工艺设计内容

（一）产品分析

（1）根据产品款式、配色、图案等选择纱线的原料、色泽及纱线密度。

（2）确定织物的组织结构。

（3）选用设备型号和机号。

（4）确定产品的规格和测量方法。

（5）考虑缝制条件，选用缝纫机的机种，制订缝合质量要求。

（6）制订染色及后整理工艺，并考虑其质量要求。

（7）确定产品采用的装饰工艺及辅助材料。

（8）确定产品采用的商标及包装方式等。

（二）工艺计算

1. 编织工艺设计流程

首先分析羊毛衫的款式和规格，根据款式要求、风格特点确定纱线支数和组织结构，选用编织机器的机号，然后进行小样的编织，记录编织密度、小样坯长和坯宽，确定织物的回缩率，对小样进行洗涤、缩绒、熨烫、整理，根据小样确定成品设计密度（包括横密和纵密），根据设计密度和规格尺寸计算编织工艺，最后对工艺单进行修正（图5-1）。

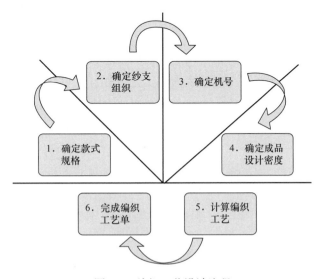

图5-1　编织工艺设计流程

2. 编织工艺计算步骤

将羊毛衫款式的前片、后片、袖片和领子进行分解，分析每一部分的衣片形态，分别进行工艺设计，计算横向针数及纵向转数，计算均衡收针（减针）和放针（加针）的分配关系，检查修正工艺参数，完成编织工艺单的绘制（图5-2）。

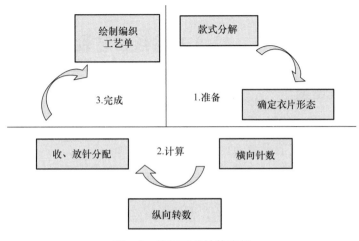

图5-2　编织工艺计算步骤

（三）计算产品用料及制订半成品质量要求

（1）通过实验小样测定织物单位线圈重量。

（2）按编织操作工艺单计算各衣片线圈数。

（3）根据织物单位线圈重量与各衣片线圈数计算单件产品理论重量。

（4）计算单件产品的原料耗用量。

（5）确定编织半成品的质量要求。

（四）制订成衣及后整理工艺

成衣工艺，即缝制工艺，包括套口、手缝、绱领、开衫打眼、钉扣等工艺，确定选用缝盘机的型号、规格，选择缝纫（包括装饰）工艺流程，制订各缝纫工序的质量要求；后整理工艺，包括洗涤、熨烫、染色、缩绒（按客户要求进行缩绒）等工序。

（五）确定测量方法

根据要求确定成品羊毛衫各部位的尺寸测量方法及公差要求。

（六）试制与修改

经反复试制与修改，确定最佳工艺。

（七）出厂要求

确定产品的出厂重量、商标和包装形式。

（八）技术资料汇总

将产品的技术资料汇总、装订、登记，并存档保管。

第二节　横机羊毛衫工艺设计

一、机号与纱线线密度

一定机号的横机适宜于编织一定线密度范围的毛纱。在编织平针织物和罗纹织物时，机号与适宜加工纱线线密度的关系为：

$$\text{Tt}=K/E^2 \quad \text{或} \quad \text{Nm}=E^2/K' \tag{5-1}$$

式中：E——机号，针/2.54cm；

$\quad$ Tt——纱线的线密度，tex；

$\quad$ Nm——纱线的公制支数，公支；

K，K'——适宜加工纱线线密度的常数，与纱线的物理机械性能、编织时的张力、压扁的程度、纱头情况有关。根据实践得出：$K=7000 \sim 11000$，$K'=7 \sim 11$为宜。

二、织物密度与回缩率

（一）织物密度的确定

成形针织服装织物的稀密程度用密度和未充满系数来表示。在成形针织服装生产中，通常以10cm内的线圈纵行数为横密，记作P_A；以10cm内线圈横列数为纵密，记作P_B。密度分为成品密度和下机密度。

1. 成品密度

成品密度是成形针织服装经后整理，线圈达到稳定状态时的密度，又称为净密度或设计密度。

2. 下机密度

下机密度是织物完成编织后的密度，又称为毛密度，习惯上称为拉密。

（二）罗纹织物长度和密度的确定

工艺设计中，罗纹部分的编织线圈行列数，由罗纹设计密度与产品中此段尺寸相结合来计算。影响罗纹设计密度的因素较复杂，原料、组织结构、设备、长罗纹与短罗纹织物等因素的不同，其设计密度有所不同。

（三）织物的回缩率

掌握各种织物回缩率的大小及影响因素是保证成品规格尺寸的重要环节。影响织物回缩率的因素主要有原料性质、组织结构、纱线张力、牵拉力、印染与后整理方法等。目前还没有对回缩率进行精确测试和计算的方法，一般采用对下机编织物进行蒸、揉、掼、卷等方法，进行迅速而简易地处理，使织物达到松弛状态，待符合预期效果后再确定其回缩率。

第三节　羊毛衫工艺设计实例

一、横机羊毛衫工艺计算方法

横机羊毛衫产品工艺计算，以成品密度为基础、根据产品部位的规格尺寸，计算并确定所需要的针数（宽度）、转数或横列数（长度），同时考虑在缝制成衣过程中的损耗（缝耗）。

产品成品密度的设计，一般取袖子的纵密比衣身的纵密稍小，而袖子的横密比衣身的横密稍大，这样可弥补产品在生产过程中产生的变形。具体差异比例应根据原料性质、组织结构、机器机号及后整理条件等因素而定。

（一）前、后身的工艺计算

1. 后身胸宽针数的计算

后身胸宽针数（套衫）＝（胸宽尺寸－两边折向后身的宽度）

$$\times 大身横密/10+缝耗针数 \qquad （5-2）$$

后身胸宽针数（开衫）＝（胸宽尺寸－两边折向后身的宽度）

$$\times 大身横密/10+缝耗针数 \qquad （5-3）$$

2. 后身肩宽针数的计算

后身肩宽针数＝肩宽尺寸×大身横密/10×肩斜（膊）修正值+装袖缝耗针数 （5-4）

3. 后身挂肩收针数的计算

后身挂肩收针次数＝（后身胸宽针数－后身肩宽针数）÷每次两边收去针数

后身挂肩收针数（每边）＝（后身胸宽针数－后身肩宽针数）÷2 （5-5）

后身挂肩收针转数＝后挂肩收针长度×大身纵密/10×组织因素值 （5-6）

在计算转数时，需要考虑组织结构的因素，将其换算成转数，式中的组织因素即为转换系数，与组织结构有关（与组织结构在机器上编织一转的横列数有关），故称组织因素。组织结构与转数及组织因素的关系见表5-1。

4. 后领宽针数的计算

后领宽针数＝（后领宽尺寸±修正因素）×大身横密/10 （5-7）

5. 后肩收针数的计算

后肩收针次数＝（后肩宽针数－后领宽针数）/每次两边收去针数 （5-8）

后肩收针针数（每边）＝（后肩宽针数－后领宽针数）/2 （5-9）

表5-1 组织结构与转数及组织因素值的关系

组织结构	线圈横列数与转数	组织因素值
畦编、半畦编、双罗纹、罗纹半空气层（反面）	一转一横列	1
纬平针、罗纹、四平、罗纹半空气层（正面）	一转二横列	1/2
罗纹空气层（四平空转）	三转四横列	3/4

6. 后肩收针转数的计算

后肩收针转数＝后身收肩纵向长度×大身纵密/10×组织因素值 （5-10）

收针次数应为整数，设计中习惯对粗厚织物每边每次收2针，细薄织物每次每边收2或3针。

7. 前身胸宽针数的计算

套衫前身胸宽针数＝（胸宽尺寸+两边折向后身的宽度）

$$\times 大身横密/10+缝耗针数 \qquad （5-11）$$

开衫装门襟的前身胸宽针数 =（胸宽尺寸 + 两边折向后身的宽度 – 门襟宽）

$$\times 大身横密/10 + 摆缝和装门襟的缝耗针数 \qquad （5-12）$$

连门襟开衫的前身胸宽针数 =（胸宽尺寸 + 两边折向后身的宽度 + 门襟宽）

$$\times 大身横密/10 + 摆缝的缝耗针数 \qquad （5-13）$$

8. 前身挂肩收针数的确定

设计时应比后身多 1～2cm 的针数，一般比后身多收 1～2 次，具体由产品款式决定。

9. 前身肩宽针数的计算

$$前身肩宽针数 = 前身胸宽针数 – 前身挂肩收去的针数 \qquad （5-14）$$

或　前身肩宽针数 = 肩宽尺寸 × 大身横密/10 + 缝耗针数　　　　（5-15）

10. 身长的计算

身长总转数 =（身长尺寸 ± 下摆边高度 ± 修正因素值）× 大身纵密/10

$$\times 组织因素值 + 缝耗转数 \qquad （5-16）$$

下摆边为罗纹或加边时：减去下摆边高度；下摆边为折边时：加上下摆边高度。

11. 前、后身挂肩转数的计算

$$挂肩转数 =（挂肩尺寸 – 修正因素）\times 大身纵密/10 \times 组织因素值 \qquad （5-17）$$

修正因素视产品款式和各档挂肩尺寸的差异而定，一般为 0.5～1.5cm。

或　　$$挂肩转数 = \sqrt{挂肩^2 - \left(\frac{胸宽 - 肩宽}{2}\right)^2} \times 大身纵密/10 \times 组织因素值 \qquad （5-18）$$

以上公式一般适用于大平肩款式后挂肩转数的计算，现在比较常用的前、后肩都收肩的大平肩款式，前、后片挂肩转数相差比较少，一般套衫前片挂肩比后片挂肩多 2 转，开衫前片挂肩比后片挂肩多 4 转即可。

$$前身挂肩转数 = 挂肩转数 + 肩斜差 \div 2 \times 大身纵密/10 \times 组织因素值 \qquad （5-19）$$

$$后身挂肩转数 = 挂肩转数 – 肩斜差 \div 2 \times 大身纵密/10 \times 组织因素值 \qquad （5-20）$$

以上公式适用于只有后肩收肩的平肩产品，肩斜差一般为 1～1.5cm，此外肩斜差的大小与小肩宽也有一定的关系，设计工艺时要适当考虑。

$$前（后）身挂肩下转数 = 前（后）身长转数 – 前身挂肩以上转数 \qquad （5-21）$$

$$前身挂肩平摇转数 = 前身挂肩转数 – 前身挂肩收针转数 \qquad （5-22）$$

$$后身挂肩平摇转数 = 后身挂肩转数 – 后身挂肩收针转数 \qquad （5-23）$$

12. 领深转数的计算

$$领深转数 =（领深尺寸 ± 修正因素值）\times 大身纵密/10 \times 组织因素值 \qquad （5-24）$$

注意：工艺上要计算出并标明开领位置。

13. 前领宽针数的计算

$$套衫前领宽针数 =（前领宽尺寸 ± 修正因素值）\times 大身横密/10 \qquad （5-25）$$

开衫前领宽针数的计算与开衫前胸宽针数的计算方法相似。　　　　（5-26）

注意：计算领宽针数时，还要考虑领宽尺寸量法是内量还是外量，以及领边宽（即领口罗纹）的尺寸因素。

14. 下摆罗纹转数的计算

下摆罗纹转数 = 下摆罗纹高尺寸 × 罗纹纵密/10 × 组织因素值 　　　　（5-27）

（二）袖子的工艺计算

1. 袖长转数的计算

袖长转数 =（袖长尺寸 ± 袖口尺寸）× 袖子纵密/10 × 组织因素值 + 缝耗转数

（5-28）

如果袖长尺寸从领中量起，则要减去肩宽尺寸（平袖）；或减去领宽尺寸（斜袖）。

2. 袖宽最大针数的计算

袖宽最大针数 = 2 × 袖宽（根）尺寸 × 袖子横密/10 + 缝耗针数 　　　（5-29）

3. 袖山头针数的计算

袖山头针数（平袖产品）=（前身挂肩平摇转数 + 后身挂肩平摇转数 - 缝耗转数）

÷（组织因素值 × 大身纵密）/10 × 袖子横密/10

+ 缝耗针数 　　　　（5-30）

袖山头针数（斜袖产品）= 袖山头尺寸 × 袖子横密/10 + 缝耗针数 　　　（5-31）

斜袖产品袖山头尺寸一般为 4~7cm。

4. 袖山收针次数的计算

袖山收针次数 =（袖宽针数 - 袖山头针数）/每次两边收针数 　　　（5-32）

5. 袖口针数的计算

袖口针数（罗纹交接处）= 袖口尺寸 × 2 × 袖子横密/10 + 缝耗针数 　　（5-33）

6. 袖口罗纹转数的计算

袖口罗纹转数 =（袖口罗纹高尺寸 - 起口空转长度）× 罗纹纵密/10

× 组织因素值 　　　（5-34）

7. 袖子放针次数的计算

袖子放针次数 =（袖宽针数 - 袖口针数）/每次两边放针数 　　　（5-35）

8. 袖子放针转数的计算

袖子放针转数 = 袖长转数 - 袖山收针转数 - 袖宽下平摇转数 　　　（5-36）

（三）编织工艺计算注意事项

上述工艺计算方法是指常规大类品种，在实际计算时，需根据羊毛衫款式、纱线品种、纱支及具体工艺要求进行设计计算。由于抽条、扎花、绣花、挑花等组织修正因素的不同而影响成品规格尺寸时，在计算中要加以考虑调整。工艺计算所得的针数和转数要进行修正，以达到所需的整数。

为了便于成衣缝合，应在袖山头、前后身、领子等部位，设置一定数量的缝合记号眼。在操作工艺单中，应注明衣片下机的尺寸、重量（以g计），作为半成品质量检验的依据。羊毛衫新品种的设计，除外销来样提供的规格外，一般可参照羊毛衫内销或外销规格进行设计。

设计计算的工艺，须经过头样试织、修正工艺、修改样试织、再修正工艺等过程，直至达到符合要求的编织工艺。

二、工艺设计实例

（一）圆领女套衫

1．工艺设计准备

（1）款式图及测量部位：圆领女套衫款式如图5-3所示。

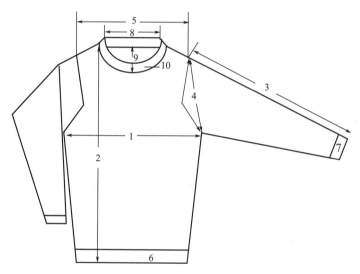

图5-3　圆领女套衫款式
1—胸宽　2—身长（衣长）　3—袖长　4—挂肩　5—肩宽
6—下摆罗纹　7—袖口罗纹　8—领宽　9—领深　10—领口罗纹

（2）确定产品款式、测量部位及成品规格尺寸：如表5-2所示。

表5-2　95cm圆领女套衫成品规格

编号	1	2	3	4	5	6	7	8	9	10
部位	胸宽	衣长	袖长	挂肩	肩宽	下摆罗纹	袖口罗纹	后领宽	领深	领口罗纹高
尺寸/cm	47.5	61	51	21	37	10	10（宽11.5）	13	8	2

（3）确定横机机号、坯布组织结构和成品设计密度：如表5-3所示。

表5-3 机号、坯布组织结构和成品设计密度

规格（cm）	机号（E）	纱线		坯布组织			成品设计密度							
		线密度（tex）	公支（Nm）	前后身袖子	下摆袖口	领口罗纹	横密（纵行/10cm）			纵密（横列/10cm）				
							身	袖	领	身	袖	下摆	袖口	领口罗纹
95	12	41.7×2	24/2	纬平针	2+2罗纹	1+1罗纹	56	57.5	40	84	80	118	116	120

2. 工艺计算

（1）后身工艺计算：

①后身胸宽针数=（胸宽−后折宽−弹性差异）×横密+缝耗针数×2

$$=（47.5−1−0.5）×5.6+2×2=261.6针，取261针 \qquad (5-37)$$

②后身肩宽针数=肩宽×横密×肩斜修正值+绱袖缝耗针数×2 $\qquad (5-38)$

$$=37×5.6×95\%+2×2=200.8针，取201针$$

③后领宽针数=前领宽针数

$$=（后领宽+领口罗纹宽×2−两领边缝耗宽度）×横密$$

$$=（13+2×2−1.5）×5.6=86.8针，取87针 \qquad (5-39)$$

④后身长转数=（衣长−下摆罗纹高+修正因素值）×纵密+肩缝耗转数

$$=（61−10+0.5）×4.2+2=218.3转，取218转 \qquad (5-40)$$

⑤挂肩总转数=（挂肩×2−修正因素值）×纵密+肩缝耗转数×2

$$=（21×2−2）×4.2+2×2=172转 \qquad (5-41)$$

前身挂肩转数=挂肩总转数/2+肩斜差/2×纵密

$$=172/2+8/2×4.2=102.8转，取103转 \qquad (5-42)$$

后身挂肩转数=挂肩总转数/2−肩斜差/2×纵密

$$=172/2−8/2×4.2=69.2转，取69转 \qquad (5-43)$$

⑥前身挂肩收针转数=收针长度×纵密=9×4.2=37.8转，取38转 $\qquad (5-44)$

后身挂肩收针转数：一般情况下，后身挂肩收针比前身挂肩少收1~2次针，即少2~6转。故在此取比前身挂肩少3转，即为35转。

⑦后肩收针转数=前身挂肩转数−后身挂肩转数=103−69=34转 $\qquad (5-45)$

⑧后身挂肩平摇转数=后身挂肩转数−后身挂肩收针转数

$$=69−35=34转 \qquad (5-46)$$

⑨大身直摇转数=218−103=115转（前、后身的大身直摇转数相同） $\qquad (5-47)$

⑩下摆罗纹转数=（罗纹长度−空转长度）×下摆罗纹纵密

$$=（10−0.2）×5.9=57.82转，取58转 \qquad (5-48)$$

下摆罗纹排针对数=（261−2×3）/3=85对（其中下摆快放形式为1+1×3，即每编织1转两边各放1针，共放3次） $\qquad (5-49)$

后身挂肩收针针数（每边）=（后胸宽针数－后肩宽针数）/2

$$=（261-201）/2=30针 \qquad （5-50）$$

后身挂肩收针次数=（后胸宽针数－后肩宽针数）/每次两边收针数

$$=（261-201）/4=15次 \qquad （5-51）$$

后身挂肩收针分配：3-2-7

2-2-8（先收）

后肩收针分配：

后肩收针针数（每边）=（后肩宽针数－后领宽针数）/2

$$=（201-87）/2=57针 \qquad （5-52）$$

后肩收针次数=（后肩宽针数－后领宽针数）/每次两边收针数

$$=（201-87）/4=28.5次，取29次 \qquad （5-53）$$

收针分配：平3转

1-1-1

2-2-3

1-2-25（先收）

（2）前身工艺计算：

①前身胸宽针数=（胸宽+后折宽－弹性差异）×横密+缝耗针数×2

$$=（47.5+1-0.5）×5.6+2×2=272.8针，取273针 \qquad （5-54）$$

②前身肩宽针数=肩宽×横密×肩斜修正值+绱袖缝耗针数×2

$$=37×5.6×95\%+2×2=200.8针，取201针 \qquad （5-55）$$

③前领宽针数=后领宽针数，取87针 \qquad （5-56）

④前身长转数=（衣长－下摆罗纹高+修正因素值）×纵密+肩缝耗转数

$$=（61-10+0.5）×4.2+2=218.3转，取218转 \qquad （5-57）$$

⑤前身挂肩收针转数=收针长度×纵密=9×4.2=37.8转，取38转 \qquad （5-58）

⑥前身挂肩平摇转数=前身挂肩转数－前身挂肩收针转数

$$=103-38=65转 \qquad （5-59）$$

⑦大身直摇转数=218-103=115转（前、后身的大身直摇转数相同） \qquad （5-60）

⑧领深转数=（领深+领口罗纹高）×纵密=（8+2）×4.2=42转 \qquad （5-61）

⑨下摆罗纹转数=（罗纹高度－空转长度）×下摆罗纹纵密

$$=（10-0.2）×5.9=57.82转，取58转 \qquad （5-62）$$

下摆罗纹排针对数=（273-2×3）/3=89对（其中下摆快放形式为1+1×3，

即每编织1转两边各放1针，共放3次） \qquad （5-63）

⑩前身挂肩收针针数（每边）=（前胸宽针数－前肩宽针数）/2

$$=（273-201）/2=36针 \qquad （5-64）$$

前身挂肩收针次数=（前胸宽针数－前肩宽针数）/每次两边收针数

$$=（273-201）/4=18次 \tag{5-65}$$

前身挂肩收针分配：

用变换分配法得出分配式如下：3-2-4

$$2-2-14（先收）$$

前领口收针分配：

前领宽针数为87针，取开领时拷针为87/3=29针，余下每边要收29针。收针转数为42转，其中包括平摇转数42/4=10.5转，取10转，收针分配：

平10转

3-1-4

2-1-6

1-2-5

1-3-3

（3）袖片工艺计算：

①袖宽针数=2×（挂肩-袖斜差）×袖横密+缝耗针数×2

$$=2×（21-2）×5.75+2×2=222.5针，取223针 \tag{5-66}$$

②袖山头针数=（前身挂肩平摇转数+后身挂肩平摇转数-肩缝耗转数×2）/

纵密×袖横密+缝耗针数×2

$$=（65+34-2×2）/4.2×5.75+2×2=134.1针，取133针 \tag{5-67}$$

③袖山头记号眼针数=后身挂肩平摇转数/纵密×袖横密

$$=34/4.2×5.75=46.5针，取46针 \tag{5-68}$$

④袖口排针对数=2×袖口宽×袖横密+缝耗针数×2

$$=2×11.5×5.75+2×2=136.25，取135÷3=45对 \tag{5-69}$$

⑤袖长转数=（袖长-袖口罗纹高度）×袖纵密+绱袖缝耗转数

$$=（51-10）×4+2=166转 \tag{5-70}$$

⑥袖山收针转数：取相同或接近前、后身挂肩收针转数，取37转

⑦袖宽平摇转数一般为3～5cm，取转数为4×4=16转 \qquad (5-71)

⑧袖口罗纹转数=（袖口罗纹高度-空转高度）×袖口罗纹纵密

$$=（10-0.2）×5.8=56.84转，取57转 \tag{5-72}$$

⑨袖片放针分配：

放针次数（每次放1针）=（袖宽针数-袖口针数）/2-先快放针数

$$=（223-135）/2-3=41次 \tag{5-73}$$

袖片放针转数=袖长转数-袖山收针转数-袖宽平摇转数

$$=166-37-16=113转 \tag{5-74}$$

收针分配：3+1+29

$$2+1+12$$

$$1+1+3（先快放）$$

⑩袖山收针分配：

袖山收针数 =（袖宽针数 – 袖山针数）/2

$$=（223 – 133）/2 = 45针 \qquad\qquad（5–75）$$

收针分配：平3转

$$3 – 3 – 6$$

$$2 – 3 – 9（先放）$$

3. 编织操作工艺单

圆领女套衫工艺设计如图5-4（a）~（d）所示。图5-4（a）为圆领女套衫前片工艺设计图，图5-4（b）为圆领女套衫后片工艺设计图，图5-4（c）为圆领女套衫袖片工艺设计图，图5-4（d）为圆领女套衫领口罗纹工艺设计图。

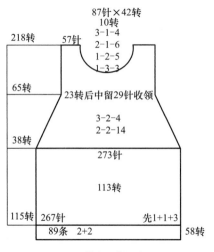

(a) 前片工艺设计

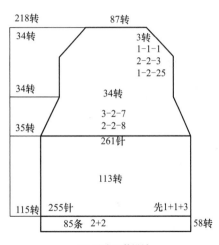

(b) 后片工艺设计

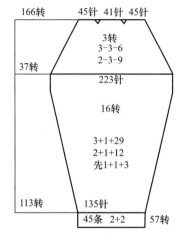

(c) 袖片工艺设计

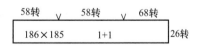

(d) 领口罗纹工艺设计

图5-4　95cm圆领女套衫工艺设计

（二）圆领收腰女套衫

1. 工艺设计要求

（1）确定产品款式、测量部位及成品规格尺寸：如表5-4所示。

表5-4 圆领收腰女套衫成品规格（100cm）

编号	1	2	3	4	5	6	7	8	9	10	11
部位	胸宽	衣长	袖长	挂肩	肩宽	袖宽	下摆罗纹	袖口罗纹	后领宽	领深	领口罗纹高
尺寸/cm	49	57.5	73	21	37	16	7.5/40	10.5/8.5	24.5	9/2.5	3.3

（2）确定横机机号、坯布组织结构和成品设计密度：如表5-5所示。

表5-5 横机机号、坯布组织结构和成品设计密度

规格（cm）	机号（E）	纱线		坯布组织			衣身成品设计密度	
		线密度（tex）	公支（Nm）	前后身袖子	下摆袖口	领口罗纹	纵行数/10cm	横列数/10cm
100	12	41.7×2	24/2	纬平针	2+2罗纹	2+2罗纹	56	85

2. 编织操作工艺单

圆领收腰女套衫工艺设计如图5-5（a）~（d）所示。图5-5（a）为圆领收腰女套衫前片工艺设计图，图5-5（b）为圆领收腰女套衫后片工艺设计图，图5-5（c）为圆领收腰女套衫袖片工艺设计图，图5-5（d）为圆领收腰女套衫领口罗纹工艺设计图。

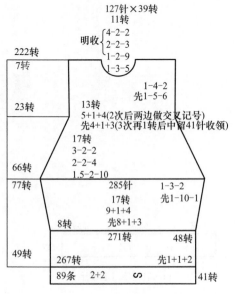

(a) 前片工艺设计

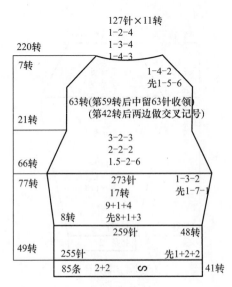

(b) 后片工艺设计

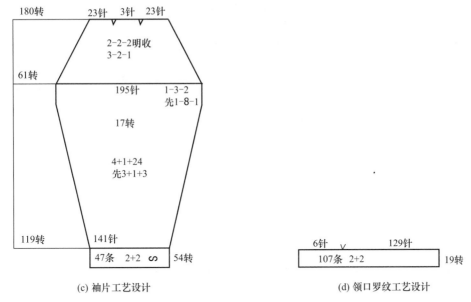

(c) 袖片工艺设计　　　　　　　　　　　　　(d) 领口罗纹工艺设计

图5-5　圆领收腰女套衫工艺设计

3. 工艺说明

袖长采用领中量法；工艺单中"∽"符号表示下摆或袖口加与衣身或袖子颜色相同或相似的弹力丝（此款加2转）；下机密度：大身与袖子11～11.1目/英寸，下摆、袖口罗纹3条/2.7～2.8cm，领口罗纹3条/2.3～2.4cm；工艺中的"先"表示先收针或先放针。

关于下机密度的说明：

（1）下机密度是根据工艺要求控制织物松紧度的依据，有很多种操作方法，该工艺实例采用的是小拉密法。操作时，把织物沿纵向从正面折叠，用双手沿纵向去拉其反面，对准量尺刻度，观察1英寸内织片共编织多少横行，1英寸内的编织行数越多，表明织物越紧密；反之织物越疏松。例如，工艺单确定的拉密为11～11.1目/英寸，表示1英寸内使用一定的拉力将织物拉到11～11.1个横行，因为是手工操作，一般有一定的误差，不会准确到某个数字，如11～11.1即留有一定的浮动范围。

（2）罗纹下机密度的控制，实例中3条是指2+2罗纹组织中的连续三组排针，每一组排针为2针正1针反（如果是1-1罗纹组织，则每组为1针正1针反），三组即6针正3针反。操作时，在罗纹上选取连续的三组排针，双手拇指与食指各捏住两端对准量尺刻度用力拉伸，拉伸至多少厘米，即是该罗纹的拉密（下机编织密度），拉密数字越大，织物越疏松，反之越紧密。例如3条/2.7～2.8cm，表示该2+2罗纹工艺要求3条拉伸至2.7～2.8cm，如果达不到或超出，则需调整机器后重新编织。

（三）樽领女套衫

1. 工艺设计要求

（1）确定产品款式、测量部位及成品规格尺寸见表5-6。

表5-6　樽领女套衫成品规格（100cm）

编号	1	2	3	4	5	6	7	8	9	10	11
部位	胸宽	衣长	袖长	挂肩	肩宽	袖宽	下摆罗纹	袖口罗纹	后领宽	领深	领口罗纹高
尺寸/cm	49	56.5	54	21.5	37	16.5	10/47.5	8.5/9	18	10/2	18

（2）确定横机机号、坯布组织结构和成品设计密度见表5-7。

表5-7　横机机号、坯布组织结构和成品设计密度

规格（cm）	机号（E）	纱线		坯布组织			衣身成品设计密度	
		线密度（tex）	公支（Nm）	前后身袖子	下摆袖口	领口罗纹	纵行数/10cm	横列数/10cm
100	12	41.7×2	24/2	纬平针	2+2罗纹	2+2罗纹	58	88

2. 编织操作工艺单

樽领女套衫工艺设计如图5-6（a）～（c）所示。图5-6中（a）为樽领女套衫前片工艺设计图，图5-6（b）为樽领女套衫后片工艺设计图，图5-6（c）为樽领女套衫袖片工艺设计图。

3. 工艺说明

下机密度：大身与袖子10.8～10.9目/英寸，下摆、袖口3条/2.7～2.8cm。

工艺中的"先"表示先收针或先放针。

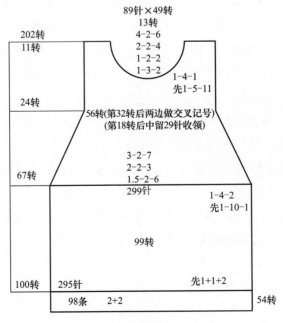

(a) 前片工艺设计

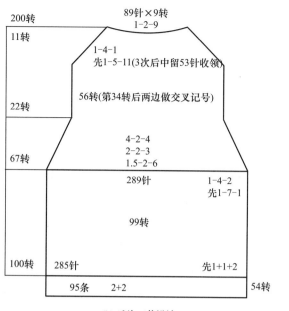
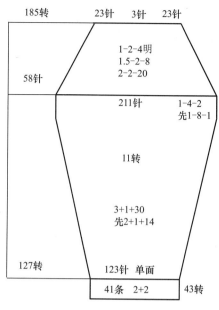

(b) 后片工艺设计　　　　　　　　(c) 袖片工艺设计

图5-6　樽领女套衫工艺设计

（四）V领女套衫

1. 工艺设计要求

（1）确定产品款式、测量部位及成品规格尺寸见表5-8。

表5-8　V领女套衫成品规格（95cm）

编号	1	2	3	4	5	6	7	8	9	10	11
部位	胸宽	衣长	袖长	挂肩	肩宽	袖宽	下摆罗纹	袖口罗纹	后领宽	领深	领口罗纹高
尺寸/cm	46.5	56	72	20	35.5	15	10/42.5	8/8.5	18	18/3	0.8

（2）确定横机机号、坯布组织结构和成品设计密度见表5-9。

表5-9　横机机号、坯布组织结构和成品设计密度

规格（cm）	机号（E）	纱线		坯布组织			衣身成品设计密度	
		线密度（tex）	公支（Nm）	前后身袖子	下摆袖口	领口罗纹	纵行数/10cm	横列数/10cm
95	12	41.7×2	24/2	纬平针	2+2罗纹	空转	58	88

2. 编织操作工艺单

V领女套衫工艺设计如图5-7（a）~（d）所示。图5-7（a）为V领女套衫前片工艺设

计图，图5-7（b）为V领女套衫后片工艺设计图，图5-7（c）为V领女套衫袖片工艺设计图，图5-7（d）为V领女套衫领口罗纹工艺设计图。

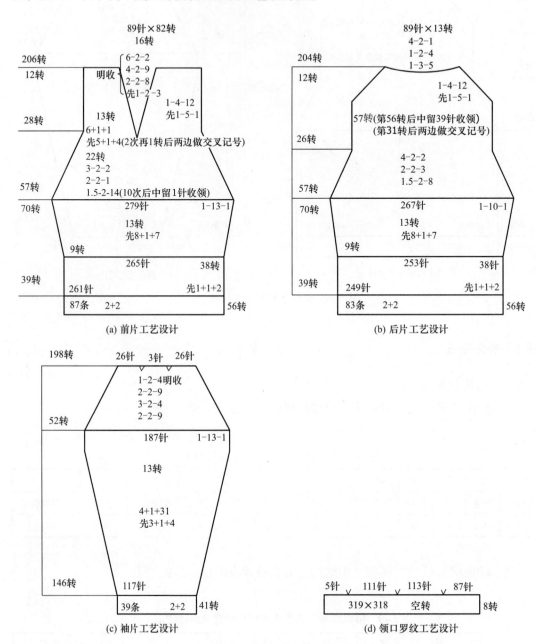

图5-7　V领女套衫工艺设计

3. 工艺说明

袖长采用领中量法。

下机密度：大身与袖子11.1~11.2目/英寸，下摆、袖口3条/3.2~3.3cm；领口罗纹5针/1.6~1.7cm。

工艺中的"先"表示先收针或先放针。

（五）小翻领女开衫

1. 工艺设计要求

（1）确定产品款式、测量部位及成品规格尺寸见表5-10。

表5-10　小翻领女开衫成品规格（95cm）

编号	1	2	3	4	5	6	7	8	9	10	11
部位	胸宽	衣长	袖长	挂肩	肩宽	袖宽	下摆罗纹	袖口罗纹	后领宽	领深	领口罗纹高
尺寸/cm	49	58.5	54	21.5	37.5	16.5	6/37.5	6/8.5	18.5	8.5/2.5	7.5

（2）确定横机机号、坯布组织结构和成品设计密度见表5-11。

表5-11　横机机号、坯布组织结构和成品设计密度

规格（cm）	机号（E）	纱线		坯布组织			衣身成品设计密度	
		线密度（tex）	公支	前后身袖子	下摆袖口	领口罗纹	纵行数/10cm	横列数/10cm
100	12	41.7×2	24/2	纬平针	1-1罗纹	四平	56	85

2. 编织操作工艺单

小翻领女开衫工艺设计如图5-8所示。图5-8中（a）为前片工艺设计，图5-8（b）

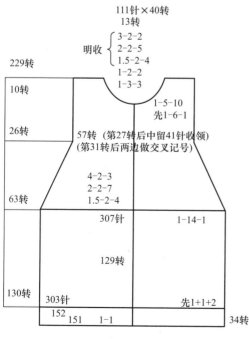

(a) 前片工艺设计

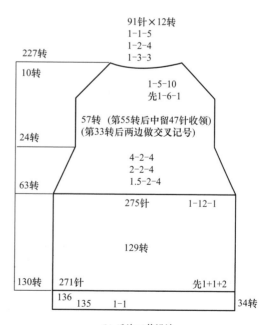

(b) 后片工艺设计

图5-8

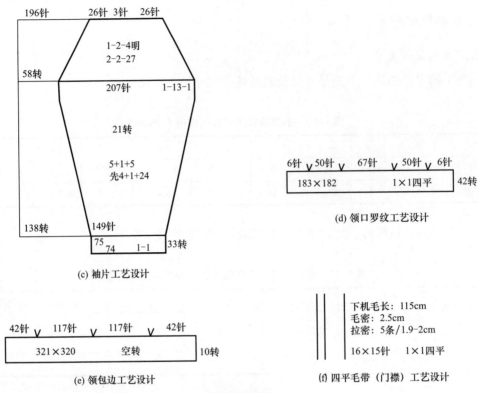

(c) 袖片工艺设计

(d) 领口罗纹工艺设计

(e) 领包边工艺设计

(f) 四平毛带（门襟）工艺设计

图5-8　小翻领女开衫工艺设计

为后片工艺设计，图5-8（c）为袖片工艺设计，图5-8（d）为领口罗纹工艺设计，图5-8（e）为领包边工艺设计，图5-8（f）为四平毛带（门襟）工艺设计。

3．工艺说明

下机密度：大身与袖子11～11.1目/英寸，下摆、袖口5条/2.5～2.6cm；领口罗纹5条/2.1～2.2cm。

工艺中的"先"表示先收针或先放针。

（六）圆领蝙蝠衫

1．工艺设计要求

（1）确定产品款式、测量部位及成品规格尺寸见表5-12。

表5-12　圆领蝙蝠衫成品规格（100cm）

编号	1	2	3	4	5	6	7	8	9	10	11
部位	胸宽	衣长	袖长	挂肩	肩宽	袖宽	下摆罗纹	袖口罗纹	后领宽	领深	领口罗纹高
尺寸/cm	44.5	51.5	56	21	/	18	8.5/36.5	5/9.5	19.5	10.5/2.5	1.5

（2）确定横机机号、坯布组织结构和成品设计密度见表5-13。

表5-13 横机机号、坯布组织结构和成品设计密度

规格（cm）	机号（E）	纱线		坯布组织			衣身成品设计密度	
		线密度（tex）	公支（Nm）	前后身袖子	下摆袖口	领口罗纹	纵行数/10cm	横列数/10cm
100	12	41.7×2	24/2	纬平针	—	—	58	87

2. 编织操作工艺单

圆领蝙蝠衫工艺设计如图5-9所示。图5-9（a）为前片工艺设计图，图5-9（b）为后片工艺设计。

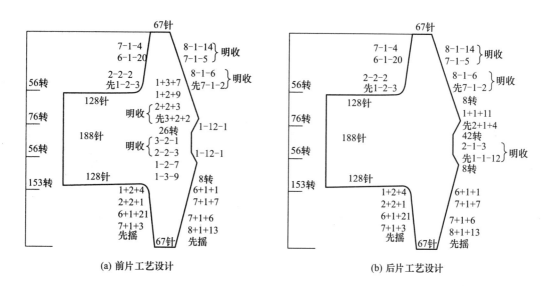

(a) 前片工艺设计　　　　　　(b) 后片工艺设计

图5-9 圆领蝙蝠衫工艺设计

3. 工艺说明

编织方法为横向编织。

（七）半高领男套衫

1. 工艺设计要求

（1）确定产品款式、测量部位及成品规格尺寸见表5-14。

表5-14 半高领男套衫成品规格（110cm）

编号	1	2	3	4	5	6	7	8	9	10	11
部位	胸宽	衣长	袖长	挂肩	肩宽	袖宽	下摆罗纹	袖口罗纹	后领宽	领深	领口罗纹高
尺寸/cm	55	65.5	58	25	42.5	19	6/40	6/8.5	18	8.5/3	4

（2）确定横机机号、坯布组织结构和成品设计密度见表5-15。

表5-15 横机机号、坯布组织结构和成品设计密度

规格（cm）	机号（E）	纱线		坯布组织			衣身成品设计密度	
		线密度（tex）	公支（Nm）	前后身袖子	下摆袖口	领口罗纹	纵行数/10cm	横列数/10cm
110	7	41.7×2	24/2	纬平针	1-1罗纹	四平	38	60

2. 编织操作工艺单

半高领男套衫工艺设计如图5-10所示。图5-10（a）为前片工艺设计图，图5-10（b）为后片工艺设计图，图5-10（c）为袖片工艺设计图，图5-10（d）为领口罗纹工艺设计图。

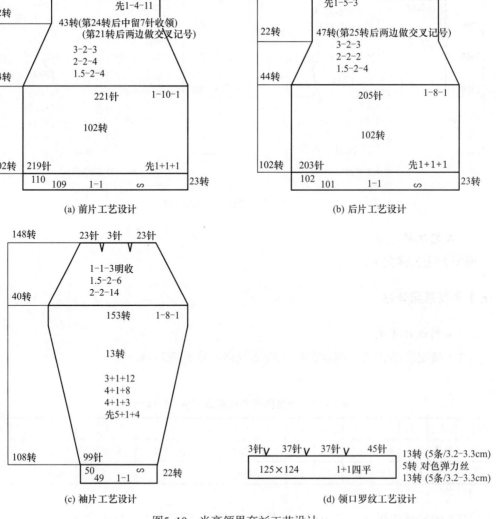

(a) 前片工艺设计

(b) 后片工艺设计

(c) 袖片工艺设计

(d) 领口罗纹工艺设计

图5-10 半高领男套衫工艺设计

3．工艺说明

下机密度：大身与袖子7～7.1目/英寸，工艺单中"∽"符号表示下摆或袖口加对色弹力丝（此款加4转），下摆、袖口5条/3.7～3.8cm。

工艺中的"先"表示先收针或先放针。

（八）小翻领男套衫

1．工艺设计要求

（1）确定产品款式、测量部位及成品规格尺寸见表5-16。

表5-16　小翻领男套衫成品规格（110cm）

编号	1	2	3	4	5	6	7	8	9	10	11	12	13
部位	胸宽	衣长	袖长	挂肩	肩宽	袖宽	下摆罗纹	袖口罗纹	后领宽	领深	领口罗纹高	门襟高	门襟宽
尺寸/cm	54	65.5	80	23	42.5	19	6/42	6/8	17.5	9/2.5	8	15	2.2

（2）确定横机机号、坯布组织结构和成品设计密度见表5-17。

表5-17　横机机号、坯布组织结构和成品设计密度

规格（cm）	机号（E）	纱线		坯布组织			衣身成品设计密度	
		线密度（tex）	公支（Nm）	前后身袖子	下摆袖口	领口罗纹	纵行数/10cm	横列数/10cm
110	12	41.7×2	24/2	提花	1-1罗纹	四平空转	前片：57 后片：65	前片：62 后片：67

2．编织操作工艺单

小翻领男套衫工艺设计如图5-11所示。图5-11（a）为前片工艺设计图，图5-11（b）为后片工艺设计图，图5-11（c）为袖片工艺设计图，图5-11（d）为领口罗纹工艺设计图，图5-11（e）为四平毛带（门襟）工艺设计图。

3．工艺说明

这是一款提花羊毛衫，字母"G"代表主色，配色略。前、后衣片提花组织不同，下机密度也不同：后片、袖子10条/2.7～2.8cm，前片10条/3.2cm，下摆、袖口5条/2.5～2.6cm。

袖长领中量法。

工艺中的"先"表示先收针或先放针。

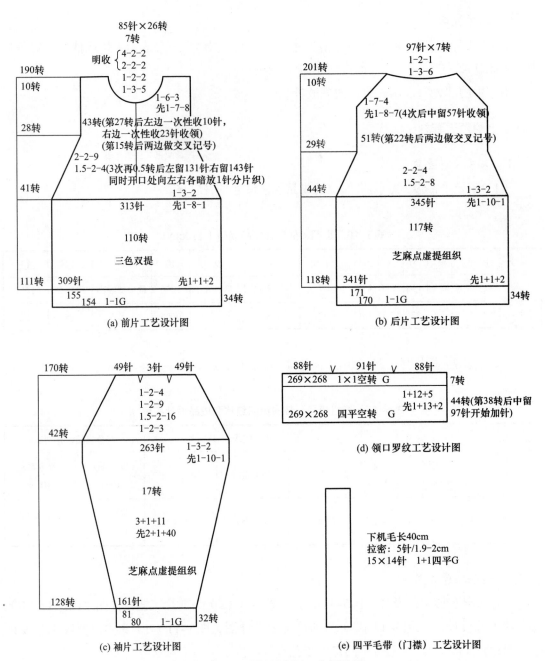

图5-11　小翻领男套衫工艺设计图

注：括针是工人使用的一种特殊收针手法，一般在一次性收很多针时使用，收针同时锁边。

本章小结

1. 羊毛衫工艺设计的原则与内容。

2. 羊毛衫工艺设计的步骤与方法，羊毛衫常规款式的工艺计算公式，并在特殊部位辅以计算说明。

3. 羊毛衫工艺设计原理。

4. 横机机号与纱线线密度的关系。

5. 羊毛衫工艺设计实例。

思考题

1. 准备两块羊毛衫面料小样，一块纱线采用线密度（tex）为41.7×2（公支24/2）的羊毛纱，12针编织；一块采用线密度（tex）为71.43×2（公支14/2）的羊毛纱，7针编织。试确定两块面料小样的工艺设计密度（即成品密度），并分析其区别。

2. 查阅资料，选择一款羊毛衫，设计其编织工艺，要求计算准确，收放针转数搭配合理，工艺整体具有生产可行性，成品效果好。

3. 说明羊毛衫工艺设计的要点与注意事项。

4. 分析说明机号与纱线线密度的关系。

5. 图示分析编织工艺设计流程。

专业知识与实践——

电脑横机制板工艺

课程名称： 电脑横机制板工艺

课程内容： 1. 制板基本知识

2. 成形设计

课程时间： 16课时

教学目的： 通过对本章的学习，使学生掌握制板系统里绘制图形的方法及成型产品的
工艺制板方法，能够根据羊毛衫工艺单完成相应制板程序。

教学方式： 讲授法、演示法、举例法、练习法相结合。

教学要求： 1. 了解龙星电脑横机制板系统的功能及各种工具的使用方法。

2. 能够运用电脑横机制板系统进行各类针织花型的制板。

3. 能够运用电脑横机制板系统进行羊毛衫成形衣片的制板。

4. 掌握运用制板系统的功能条功能设置电脑横机编织基本工艺参数的
方法。

5. 掌握运用将制板工艺编译成电脑横机可执行的上机文件的方法。

课前（后）准备： 龙星电脑横机制板软件。

第六章 电脑横机制板工艺

电脑横机是一种由电脑控制的、自动化程度很高的横编机械，主要用于成形针织服装的编织生产。由于电脑横机的编织性能稳定可靠，适应性强，编织效率高，劳动成本低且产品质量好，所以电脑横机已逐渐取代了手摇横机，在企业中得到广泛应用。

在电脑横机产业中，走在世界前列的电脑横机品牌有德国STOLL、日本岛津。近几年国产电脑横机发展迅速，其技术和性能满足了羊毛衫行业的发展，逐渐占据了越来越重要的市场份额。本章主要介绍国内技术领先的龙星电脑横机制板系统。

龙星电脑横机制板软件是为 KMC 系列电脑横编织机所设计的打板系统，可制作大型的或者复杂的设计。龙星制板软件采用标准的"窗口"画图文件，其直观的作图工具，使作图更加自由、流畅，可以利用数码相机照片及扫描仪扫描图片导入作图，采用简单的方法完成复杂的设计。其制板软件运行环境为：

操作系统：WINXP、WIN2000、VISTA、WIN7简体中文版。

CPU：Intel Pentium 500MHz或AMD Anthon 500 MHz以上。

内存：256Mb或以上内存。

显示器：17英寸以上（推荐分辨率为1024×768或更高）。

第一节 制板基本知识

一、龙星制板系统基本认识

（一）软件安装

1. 安装制板软件

双击安装软件  ；

选择安装语言，按安装向导完成系统安装。

2. 启动制板软件

在桌面图标上双击鼠标左键 ；单击图标鼠标右键，选择"打开"。

（二）系统界面

龙星制板软件系统界面由标题栏、菜单栏、工具栏、主作图区、功能作图区、作图工具箱、作图色码区、信息提示栏组成。

（三）标题栏

标题栏位于软件主界面的最上方，左侧用于显示软件的图标及名称，右侧用于控制界面状态的三个图标，从左至右依次是"最小化""还原"（或"最大化""关闭"）按钮。

（四）菜单栏

菜单栏位于标题栏下方，用于显示成形针织服装制板的各类命令，由［文件］、［编辑］、［工具列］、［设置］、［查看］、［模块］、［花型库］、［窗口］、［帮助］和［联系我们］十个菜单命令组成。每一个菜单命令下又有若干个子菜单组成的下拉菜单，选择任意子菜单可以执行相应的命令。

1. 文件

单击［文件（F）］出现下拉菜单。

（1）新建：用于新建一个电脑横机的制板文件，系统工具栏中的 ▨ ［新建］按钮。

具体操作步骤如下：

点击系统工具栏中的 ▤ ［新建］按钮，弹出"选择画布尺寸"窗口，在弹出的窗口中选择画板（作图区）需要的大小或自定义大小。新版本的画布面积最小值无限定，最大值为2048×2048。初始颜色默认为0号色，也可以根据需要自定义。单击［确定］按钮，即可新建一个制板文件。

（2）打开：用于打开一个制板文件，对应系统工具栏的 ▦ ［打开］按钮。

（3）保存：用于保存一个制板文件，对应系统工具栏的 ▦ ［保存］按钮。

（4）另存为：用于把一个已有文件名的制板文件，以另一个文件名或另一个路径保存。

（5）打印设置：用于设置打印时的一些属性，点击［打印设置］，会弹出"打印设置"对话框。

（6）打印：在打印设置完成后，点击［文件（F）］下拉菜单中的［打印］或按打印快捷键［Ctrl］+［P］，弹出"打印"窗口，可选择花样图层的花样或者提花图层的花样，完成后在该窗口中点击［打印］即可。

（7）资料编辑：资料编辑可通过查看制板文件的PAT图、CAT图、纱嘴图了解各编织行所用纱嘴、色码等的编织状态，并可查看各系统的编织状态，对编织行、度目、速度、主罗拉速度、副罗拉开合速度、摇床方向、摇床针数等进行设置。

（8）编译：编译用于把绘制的制板文件编译成电脑横机识别的上机文件。

编译分"编译不保存花样""编译保存花样"两种，点击"编译不保存花样"则仅保存电脑横机识别的上机文件；点击"编译保存花样"则保存电脑横机识别的上机文件的同时，还保存制板文件。点击后弹出"另存为"窗口，设置文件名，保存即可（编译完成后的制板文件在指示区215-7显示纱嘴方向：1为向右，2为向左）。对出错的制板文件在编译过程中会提示，改错后才能完成编译。只有编译完成后的上机文件才可导入电脑横机进行上机编织。

花样绘制完成后，保存时将保存7个同名文件：001、INA、JPT、JQD、UWD、OPT、YSY，编译后自动生成13个同名文件。

2. 编辑

点击菜单栏的［编辑（E）］出现其下拉菜单，其包括"复原""重复""剪切""复制"等17项功能操作。

（1）复原：使主绘区返回上一步操作，对应系统工具栏左面的 ← ［复原］按钮。

（2）重复：在使用"复原"后，可以通过使用"重复"使主绘区进行还原对应系统工具栏左面的 → ［重复］按钮。

（3）剪切：在主绘区，剪切圈选的内容。对应系统工具栏左面的 ✂ ［剪切］按钮。

"剪切"必须先圈选，图标激活增亮，圈选目标存在后，进行剪切操作，则圈选区中内容被剪切（内容被放置到剪贴板中，Windows操作系统中粘贴中转区），露出本底色。本制板系统本底色为黑色（色码0，表示空针）。

（4）复制：复制主绘区或指示区中所选择的图形。对应系统工具栏左面的 ［复制］按钮。

"复制"首先要圈选需要复制的区域，图标增亮激活，圈选目标存在后，进行复制操作，可以复制主绘区与指示区中所选择的图形。接着按［粘贴］就可以将复制的图形画在主绘区或指示区中的任何位置。复制完成后原来的区域仍然存在。

（5）粘贴：该工具配合"复制"或"剪切"工具，可以将"复制"或"剪切"图形粘贴到主绘区与指示区中的任何位置。对应系统工具栏左面的 ［粘贴］按钮。

在工作区中任意位置左键单击一次，即出现被复制的图形，拖动光标至目标区后再单击左键，完成粘贴。

"左右翻转""上下翻转""package展开""全部消除""圈选区内消除""圈选区外消除"等功能参考作图工具箱的介绍。

（6）花样→引塔夏：对应系统工具栏中 ［花样→引塔夏］按钮，将BMP页复制到INA页，即把花样层的图形复制到引塔夏层。

（7）引塔夏→花样：对应系统工具栏中的 ［引塔夏→花样］按钮，将INA页复制到BMP页，即把引塔夏层的图形复制到花样层。

（8）花样→提花：对应系统工具栏中的 ［花样→提花］按钮，将花样层的图形复制到提花层。

（9）提花→花样：对应系统工具栏中的⬛［提花→花样］按钮，将提花层的图形复制到花样层。

（10）引塔夏→提花：对应系统工具栏中的⬛［引塔夏→提花］按钮，把引塔夏层的图形复制到提花层。

（11）提花→引塔夏：对应系统工具栏中的⬛［提花→引塔夏］按钮，把提花层的图形复制到引塔夏层。

3. 工具列

工具列部分功能参考作图工具箱的介绍。

4. 设置

点击菜单栏的［设置（O）］出现下拉菜单。包括"机型选择""修改尺寸""系统设置""调色板色码""自定义工具栏""语言选择"等六项功能操作。

（1）机型选择：点击［机型选择］，可以进行机器系统的选择，在编译过程中也可进行机型选择。

（2）修改尺寸：用于修改画布的尺寸，功能同"新建"。

（3）系统设置：点击［系统设置］可分别进行绘制设置、高级设置、快捷键设置。绘制设置用于设置在选择旋转工具时旋转的原点和角度。开启框选拖拽特征是指在框完之后还可以对框区域大小进行改变。开启镜像颜色变化是指在选择镜像工具时可以自动进行对应色码的转换（如右移一针71号色码右镜像后自动变换成左移一针61号色码）。

在高级设置里，移动格式设置是指点击键盘的上下左右移动键时作图区移动的方格数。自动保存是指在指定的时间自动将图保存在指定的地方。开启鼠标跟随信息是指鼠标的停放点能够显示出编织信息。

快捷键设置用于为工具箱中的工具设置快捷键。

（4）调色板色码配置：对色码进行移动、删除等设置。色码设置界面可根据用户个人习惯，将常用色码信息显示在前面，删除不需要用的色码等，更改完成后点击［确定］即可。

（5）自定义工具栏：根据用户的习惯对工具栏进行自定义，既可以在已有的工具栏上添加或删除一些工具，也可以自定义新的工具栏。

（6）语言选择：用于设置制板时所使用的语言方式（图6-1）。

5. 查看

点击菜单栏的［查看（V）］，出现下拉菜单（图6-2），包括"显示编目""显示网格""显示纱嘴方向""编辑花样"等13项功能操作。

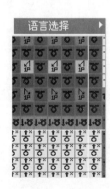

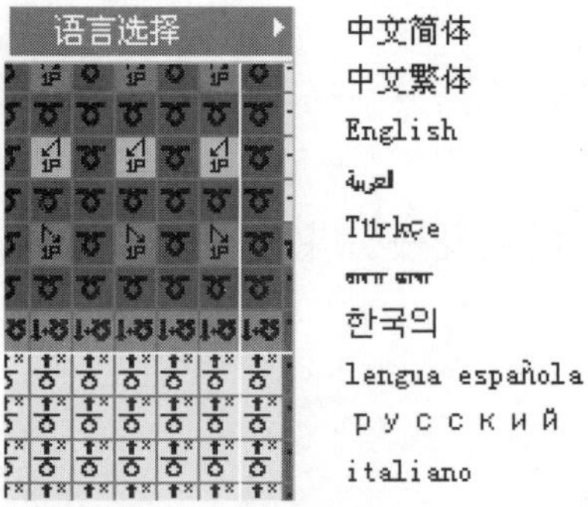

图6-1 语言设置

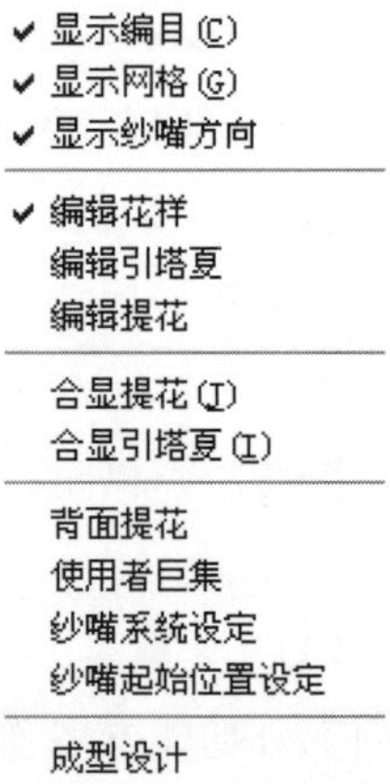

✔ 显示编目 (C)
✔ 显示网格 (G)
✔ 显示纱嘴方向

✔ 编辑花样
编辑引塔夏
编辑提花

合显提花 (J)
合显引塔夏 (I)

背面提花
使用者巨集
纱嘴系统设定
纱嘴起始位置设定

成型设计

图6-2 查看下拉菜单

（1）显示编目：用于显示各色块的编织符号。

拖动光标至"显示编目"，点击［显示编目］，进行勾选，主绘区显示绘制图形（图6-3）；再点击［显示编目］，取消勾选，主绘区显示绘制图形（图6-4）。

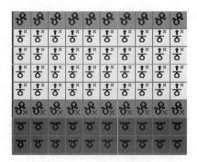

图6-3 显示编目

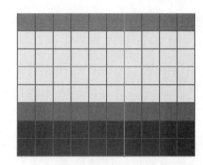

图6-4 取消显示编目

（2）显示网格：用于显示主绘区的网格。移动鼠标，拖动光标至"显示网格"，点击［显示网格］，进行勾选，显示主绘区有网格；再点击［显示网格］，取消勾选，显示主绘区无网格（图6-5）。

（3）显示纱嘴方向：用于显示光标所在行在编织时的纱嘴移动方向。勾选"显示纱嘴方向"，在主绘区移动鼠标，将显示光标所至行列编织时的纱嘴移动方向（图6-6）；取消勾选，在主绘区移动鼠标，不显示光标所在行列编织时的纱嘴移动方向。

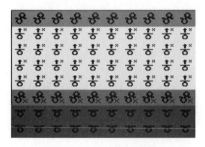

图6-5 取消显示网格

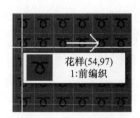

花样(54,97)
1:前编织

图6-6 显示纱嘴方向

（4）编辑花样、引塔夏、提花：分别显示花样、引塔夏、提花作图区的画面。

（5）合显提花：在花样图层中可显示出提花部分的信息（图6-7）。

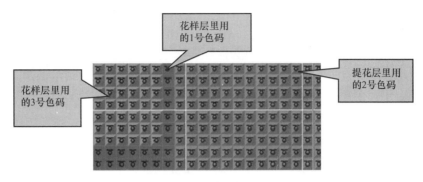

图6-7　合显提花

（6）合显引塔夏：在花样图层中可显示出引塔夏部分的信息（图6-8）。

（7）背面提花：对提花组织的背面组织进行设计，点击一下，出现如图6-9所示的图形，点击两下则取消。

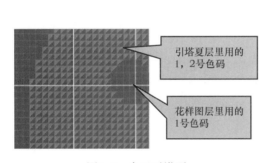

图6-8　合显引塔夏

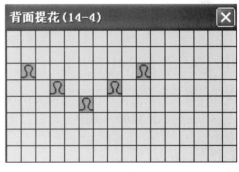

图6-9　提花背面组织设计

（8）使用者巨集：对应图标　［使用者巨集］按钮，该部分参考后面功能线部分使用者巨集。

（9）纱嘴系统设定：对应系统工具栏中的　［纱嘴系统设定］按钮，点击出现纱嘴组设定窗口，根据引塔夏层中的颜色区域在此窗口中设定纱嘴，左侧第一栏带方向箭头的数字表示机头运行方向和运行序列，第一排"C"右侧的空格栏设置第1编织系统所用纱线色码，第一排"-"右侧的空格栏设置第1编织系统所用的纱嘴号，第二排"C"右侧的空格栏设置第2编织系统所用纱线色码，第二排"-"右侧的空格栏设置第2编织系统所用的纱嘴号。此处1号色用3号纱嘴，2号色用5号纱嘴。

（10）纱嘴起始位置设定：对应图标　［纱嘴起始位置设定］按钮，设定纱嘴起始位置。点击［纱嘴起始位置设定］。按成形衣片制板工艺要求点选纱嘴初始位置，最后点击［确定］。

（11）成形设计：对应图标　［成形设计］按钮，具体应用方法参见本章第二节成形设计。

6. 模块

点击出现下拉菜单，其包括"保存模块""使用模块""模块工具栏""导入模块""保存所选模块""标准模块"6个选项。

（1）保存模块：在主绘图区圈选所要保存的模块，点击［模块］→［保存模块］。

（2）使用模块：点击［模块］→［使用模块］可进行已保存模块的调用。

（3）模块工具栏：显示或隐藏模块工具栏。

（4）导入模块：导入已经保存入库的模块。

（5）保存所选模块：圈选需要保存入库的花样保存所选模块。

（6）标准模块：点击［标准模块］，在尺寸设置里可进行起底组织的设定：点击下拉菜单，选择组织类型，系统共有6种类型组织可供选择（图6-10）。

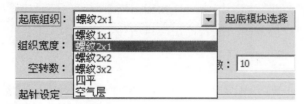

图6-10　起底组织设置

根据需要设定组织宽度、空转数、起底转数，鼠标光标放在里面输入数据即可。罗纹起针设定用于起始第一针的位置设定，有正针、反针和正反针。落布设定用于罗纹结束双面转为单面时，选择哪一面落布，有自动、前落布和后落布可选择。在机型里可选择单系统或多系统。

如果需要起底板时，在"起底板"打上对钩进行设置（图6-11）。

回到主绘图区，左键单击，起底组织自动绘制在作图区（图6-12）。

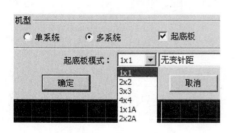

图6-11　起底板设置

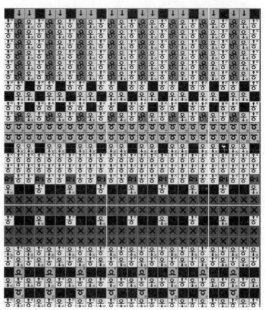

图6-12　起底组织在作图区

当自己制作一个起底组织时，点击"标准模块"界面中的起底模块选择，可自定义模块。

7. 花型库

点击［花型库］，出现其下拉菜单，可在花型库内进行花型模块的保存、读取、导入、导出。

8. 窗口

点击菜单栏的［窗口（W）］出现其下拉菜单，包括"显示调色板""显示作图工具栏""显示缩略图""显示预览栏""查看工具条""查看状态栏"等选项。点击其中任一项，则进行勾选，再点击则为取消勾选。勾选，在窗口界面显示该选项；取消勾选，在窗口界面不显示该选项。

（五）工具栏

1. 屏蔽色开启关闭

对应图标●●［屏蔽色开启关闭］按钮，单击可打开/关闭屏蔽色功能，即已设置屏蔽的色码颜色不会被其他色码颜色覆盖。

点击图标▼［屏蔽色设置］按钮可进行屏蔽色设置（图6-13），如将8号色进行屏蔽设置，可在主绘图区进行绘图时将2号色绘制于4号、6号色之上，但4号、6号色不会被2号色覆盖（图6-14）。

图6-13　屏蔽色设置

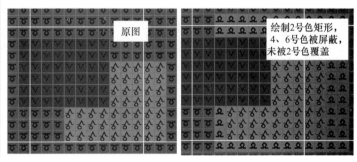

图6-14　屏蔽色设置举例

2. 编译

点击图标▨［编译］按钮，出现编译选项。编译时需保存编译结果文件，结果文件为CNT、PAT、PRM、YAR文件。机型选择：增强型，指支持嵌花与一行V领模式，编译结果带YAR文件；直针，指适合直针机型；踢纱，指在安全针数以内，纱嘴冲突时，自动回踢的针数；勾选一行V领嵌花表示编译时支持此功能，勾选引塔夏纱嘴不回踢表示机器纱嘴使用引塔夏纱嘴，不需要自动回踢。

安全针表示同一导轨上的纱嘴间安全针数为"80针"，而不同导轨上的纱嘴间安全针

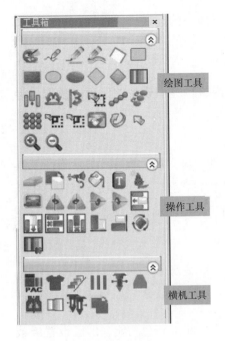

图6-15 工具箱图标

数为"30针"。

3. 反编译

反编译器是根据CNT、PAT、YAR、PRM文件生成BMP（花样）、OPT（功能条）、YSY（纱嘴初始位置）文件，以便使用龙星打板系统进行查看和修改。点击图标 [反编译] 按钮，即可打开反编译对话框，点击 [打开] 按钮，选择所需要反编译的文件，点击转换即可在主绘图区查看。

4. 计算器、画图板

点击 [计算器] 按钮和 [画图板] 按钮分别用于开启计算器和画图。

（六）工具箱

工具箱包括"绘图工具""操作工具""横机工具"三大部分（图6-15）。

1. 取色（P）

选中图标 [取色] 按钮，选取图中某一颜色为当前色块，将鼠标指针移动至某一色块，单击后自动获取当前色码为选定颜色。键盘上输入所需色码的标号，即为当前色码，如输入"3"则出现3号色码（图6-16）。

当前色码：3号色

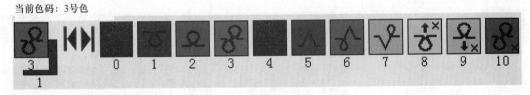

图6-16 所取当前色码位置

也可通过左键单击当前色码图标，出现菜单后输入所需色码单击 [确定] 即可。

2. 点（I）

选中图标 [点] 按钮，用鼠标在绘图区单击一次形成当前色块的一个像素点，即一个单位。

3. 直线（L）

选中后将鼠标指针移至绘图区起始点，单击左键后拖动鼠标至结束点。如果需要取消当前操作，在拖动鼠标过程中按键盘上的 Esc 键或单击鼠标右键，即可取消。点击线性图标 [直线] 按钮，出现线性设置对话框，选中锁定是指在绘制直线时，锁定一个定点来画直线，在线型设置对话框中可进行线型方式的设置，如实心线型（图6-17）、1隔2线型（图6-18）。

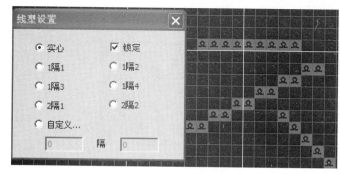
图6-17　实心线型

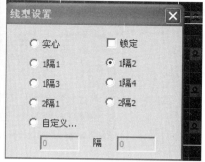
图6-18　1隔2线型

4. 弧线（C）

选取 图标后，先确定曲线的两端，然后再确定曲线的中间点，即可绘制出一条类似抛物线形状的曲线（图6-19）。

5. 折线（闭合）（S）

选取 图标后，将光标移至起始点，单击鼠标左键为起始点，拖动光标即可绘制折线，在想要新线段出现的每个位置左键单击一次，双击左键结束（图6-20）。

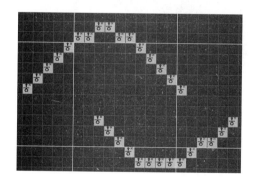
图6-19　弧线画法

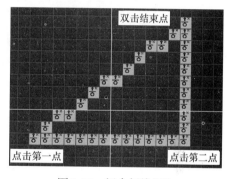
图6-20　闭合折线用法

6. 矩形（J）

选取 图标后，单击鼠标左键确定矩形的一个顶点，沿所需的对角线方向拖动光标，单击完成矩形。按住［shift］键的同时拖动指针可以画一个空心正方形（图6-21）。

图6-21　空心矩形画法

7. 矩形（填充）（R）

选取 图标后，将光标移至起始点，单击鼠标左键，移动光标至矩形所需大小，再点击，即完成矩形绘制（图6-22），按住［shift］键的同时拖动指针可以画一个实心正方形。

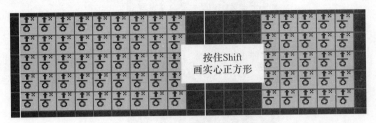

图6-22　实心矩形画法

8. 圆、椭圆（H）

选取●图标后，单击鼠标左键确定圆或椭圆的一个顶点，拖动光标沿所需的对角线方向，单击完成圆或椭圆。按住［shift］键的同时拖动指针可以画一个标准的空心圆（图6-23）。

图6-23　空心椭圆、空心圆画法

9. 圆、椭圆（填充）（E）

选取●图标后，单击鼠标左键确定填充的圆或椭圆的一个顶点，拖动光标沿所需的对角线单击完成圆或椭圆。按住［shift］键的同时拖动指针可以画一个标准的填充圆（图6-24）。

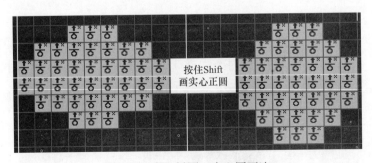

图6-24　实心椭圆、实心圆画法

10. 菱形（G）

选取◇图标后，弹出菱形设置对话框（图6-25），可以设置菱形的定点类型、宽度、高度、X增量、Y增量，单击鼠标左键确定菱形的一个顶点，拖动光标沿所需的对角线方向，单击完成菱形。按住［shift］键的同时拖动指针可以画一个正菱形。

图6-25　自定义菱形画法

11. **菱形（填充）（D）**

选取◆图标后，单击鼠标左键确定填充的菱形的一个顶点，拖动光标沿所需的对角线方向，单击完成填充的菱形。按住［shift］键的同时拖动指针可以画一个填充的正菱形，常用于制作提花、嵌花的图案。

12. **边框（W）**

将需要的色块加边框，选取▥图标后，弹出边框样式设定对话框（图6-26），将鼠标指针移至需要加边框的位置单击左键。选取的当前色码为边框色码，例如选取▨图标为当前色码，则完成后边框色码为▨（图6-27）。

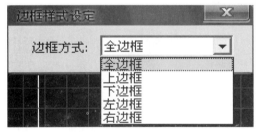

图6-26　边框设置

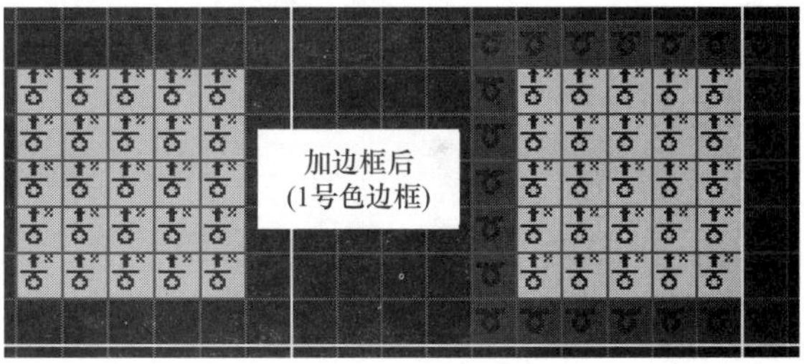

加边框后
（1号色边框）

图6-27　所选图形加边框

13. **插针（行）/删针（行）（U）**

选取▦图标后，在光标所在位置插针（行）/删针（行），并可设定操作类型及数量。插行和删行用于布片画好编译之后，在需要调整纱嘴方向时用到。

14. **水平填充**

在水平直线方向将原来的0号色填充成当前色码，选取▲图标后，在需填充行单击左键即可实现［图6-28（a）］。

15. **垂直填充**

在垂直直线方向将原来的0号色填充成当前色码，选取▮图标后，在需填充列单击左键即可实现［图6-28（b）］。

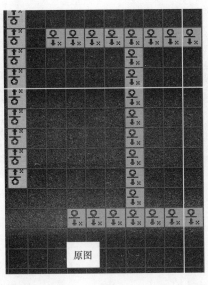

(a) 原图

水平填充1号色
垂直填充2号色

(b) 水平填充与垂直填充用法

图6-28　水平填充与垂直填充用法

16. **圈选（A）**

选取█图标后，左键点击不放拖动即可实现框选区域（图6-29）。

17. **线性复制（B）**

选取█图标后，首先圈选要复制的图形，鼠标左键单击图标，移动光标至圈选区内单击左键，拖动光标至想要的目标区（图6-30）。

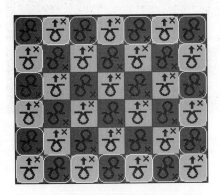

图6-29　圈选用法

(a) 原图

(b) 圈选图

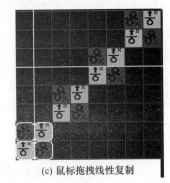

(c) 鼠标拖拽线性复制

图6-30　线性复制用法

18. **多重复制（N）**

选取█图标后，圈选被复制目标左键单击图标，单击圈选区内指定位置拖动图案（快速复制模式）至想要的阵列位置，单击左键完成方向定义，然后在作图区任意位置左键单击，图形将按照定义方向复制，单击一次复制一个（图6-31）。

19. **平面复制（K）**

选取█图标后，圈选被复制目标左键单击图标，单击圈选区内指定位置拖动图案至所需范围单击左键完成复制（图6-32）。

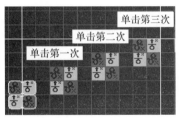

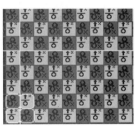

(a) 原图　　(b) 圈选图　　　　　　　(c) 多重复制　　　　　(a) 原图　　(b) 圈选图　　　(c) 鼠标拖拽平面复制

图6-31　多重复制用法　　　　　　　　　　　　图6-32　平面复制用法

20. 拖拽复制（Y）

选取 图标后，圈选被复制目标左键单击
图标，单击圈选区内指定位置拖动图案至所需
要的位置单击左键完成复制（图6-33）。

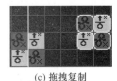

(a) 原图　　(b) 圈选图　　　　(c) 拖拽复制

图6-33　拖拽复制用法

21. 单色复制（O）

点选 图标后，弹出对话框，在单色复制选色框用鼠标选择所需复制的颜色，圈选
原图，点击鼠标左键将原图中选择的颜色块拖拽出来，可放到任意位置。

22. 小图填充

小图填充常用于制作大面积的特殊花型组织，先复制一个需要填充的图，再圈选一块
填充区域，然后点击 ［小图填充］图标，再点击圈选区域，即可把复制图填充到圈选
区域（图6-34）。

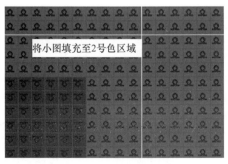

(a) 复制小图　　　　　　(b) 小图填充区域　　　　　　　(c) 小图填充后效果

图6-34　小图填充用法

23. 回到原点（F2）

选取 图标后，点击主绘图区，使画布从原点开始，在填入起底罗纹组织前，需检查
画板等是否回到左下原点。

24. 卷动（M）

选取 图标后，鼠标左击画布可移动画布。

25. 放大

选取 图标后，鼠标左击画布可放大画布。

26. 缩小

选取 图标后，鼠标左击画布可缩小画布。

27. 清除（V）

选取 图标后，框选范围，单击框选区内擦除区内的内容，单击框选区外则擦除区外的内容，如无框选区则全图擦除。

28. 换色（Q）

用于将选中区域内的色码进行替换，框选需要换色的区域，选中 图标后，出现换色对话框，分别设置好被替换颜色及替换颜色，点击［确定］即可完成换色（图6-35）。全图换色则不需要圈选区，整个画布的颜色都执行色码替换。

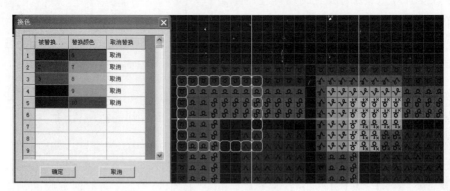

图6-35 换色操作

29. 喷枪

点击 图标后，在绘图区选择区域，在区域内单击左键可用当前色执行喷色动作，再次单击结束喷色动作（图6-36）。

30. 填充（F）

指定色块后，选取 图标对圈选区或封闭的色块进行填充当前色码（图6-37）。

图6-36 在框选区域内喷色

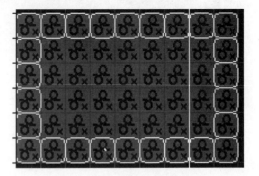

图6-37 在框选区内填充色码

31. 文字输入

选取 图标后，在绘图区内任意位置单击左键，将弹出文字输入框，输入文字后点击［Enter］，在绘图区任意位置单击放置文字。

32. **字体**

选取 图标后，弹出字体对话框，可以实现需要的文字模式，设置完成后点击［确认］即可。

33. **阴影**

框选区域后，单击阴影图标 ，弹出［阴影设置］窗口，可进行以下阴影设置，在设置时必须先把要进行阴影部分区域框选住，否则不生效。

（1）方向：根据阴影方向需要点击方向键，右方向阴影设置（图6-38）。

（2）基本颜色：产生阴影的基本色码，在对应的选择框用左键单击所需色码。

（3）阴影颜色：生成的阴影色码，在对应的选择框左键单击所需色码。

（4）被覆盖颜色：即将被阴影色码所覆盖的原色码，在对应的选择框左键单击所需色码。

（5）针数：产生阴影的针数。

（6）类型：有实线和虚线，虚线为1隔1色码交替形成阴影。

（7）起点：有奇数行和偶数行可供选择。

完成上述设置后左键单击［确认］（图6-38）。

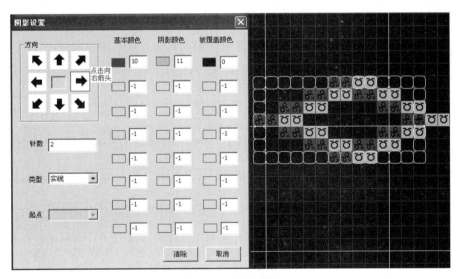

图6-38 阴影设置

34. **导入图片**

可导入图片的格式为BMP\JPG\PNG，选取 图标出现对话框导入后，可将图片放置在绘图区内任意位置，图片将自动转换成256色数据。

35. **左右上下镜像**

框选所需镜像的区域，点击 图标后可分别得到框选图形的上下左右镜像图（图6-39）。

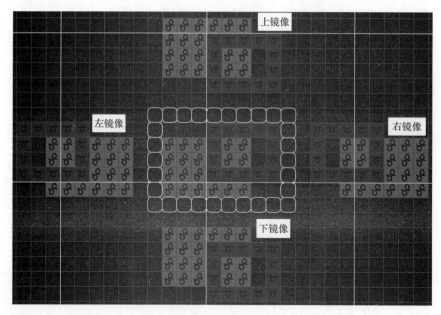

图6-39 镜像设置

36. 插行/针、删行/针

选取![图标]图标进行插入行：当前光标列的上方插入行、该行与当前光标行相同；选取![图标]图标进行插空行：当前光标行的下方插入空行，该行为本底色（0号色）；选取![图标]图标删行：删除当前光标行。插入针（列）、插入空针（列），删针（列）操作同上。可根据需要自行设定窗口中的"隔数""空数"，"隔数"为原色码，"空数"为0色码，具体操作及效果如图6-40所示。

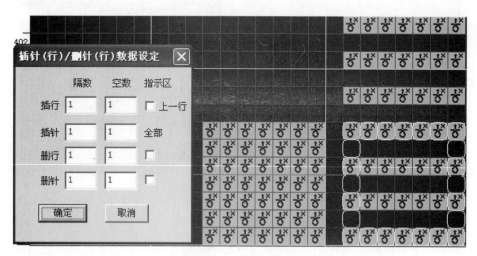

图6-40 1隔1插空行设置

37. 上下、左右翻转

框选需要翻转的部分，左键单击![图标]［上下翻转］按钮，则自动上下翻转180°；左键单击![图标]［左右翻转］按钮，则自动左右翻转180°（图6-41）。

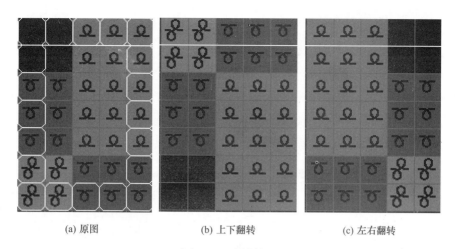

(a) 原图   (b) 上下翻转   (c) 左右翻转

图6-41 翻转使用

38. 旋转、框选区数据旋转（X）

对圈选区进行旋转，点击图标◉后单击作图区，可以进行方向、中心、旋转角旋转图（图6-42），可通过菜单"设置"→"旋转设置"来实现。

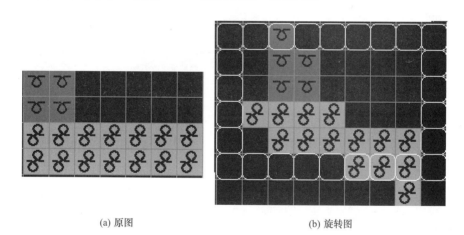

(a) 原图   (b) 旋转图

图6-42 旋转使用

39. 清边（Z）

清边分为边内和边外，操作步骤如下：

复制小图，小图既可以用来做清边之后剩余的花样（边内），也可以做清边的边框（边外）。

选择需要清边的区域，即清边在框选的区域内完成。点击▥图标，设置清边参数、清边区域各方向的针数及清边模式。

执行清边功能，可用鼠标移动来选择清边起始模式，在框选区域内单击左键即可。

40. 小图展开

"Package展开"用于将预先生成的小图，按需要在绘图区中展开，其操作方法如下：

先绘制Package展开的小图，在其下一行用使用者巨集符号表示出小图的宽度，并圈选，将光标移至该图右击，弹出对话框，点击［保存Package花样］，弹出保存Package花样对话框，对该小图取文件名后保存。

"Package展开"需要圈选展开小图的绘图区，并用与小图相同的使用者巨集符号定位展开小图的位置，点击工具箱中的［Package展开］▦图标，弹出"读取Package花样"对话框（图6-43），选择展开小图的文件名、展开方式（从左到右）、展开行数（6），点击［展开］，则在绘图区展开小图（图6-44）。

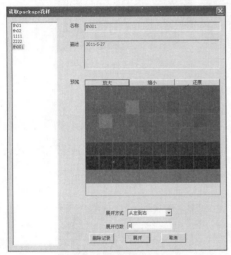

图6-43　读取Package花样

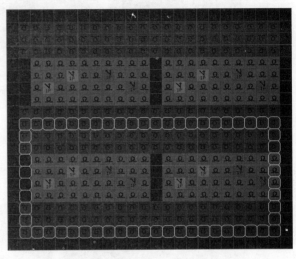

图6-44　Package小图展开

41. 收加针

左键单击▦图标后，会出现收加针对话框。框选需要收加针的区域，收针模式，单击▦图标后，按设置值自动填上收针色码（图6-45），加针模式操作方法相同。

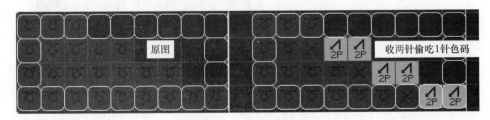

图6-45　收针操作

42. 滑动描绘

首先圈选一个范围，指定用于滑动描绘，选取▦图标，出现滑动描绘窗口，指定不需要滑动的色码，亦可通过直接点击调色板、主绘图区上的色码实现色码的指定，点击箭头选择方向（图6-46）。

43. 1×1变换

将整个花样进行1×1变换处理，选取▦图标后，点击所需区域，小图、索股需重新进行处理（图6-47）。

 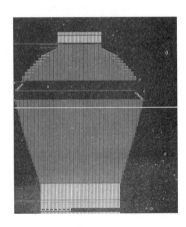

(a) 变换前   (b) 变换后

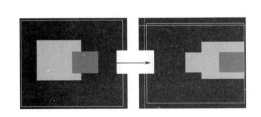

图6-46 滑动描绘效果   图6-47 1×1变换处理

44. 纱嘴间色填充

选取 ![icon] 图标后，在已完成的花样上设置间色纱嘴，纱嘴1为系统1纱嘴，纱嘴2为系统2纱嘴，循环1、循环2分别设置纱嘴间色的循环信息。设置方法类似于功能线的内节约与外节约；右键提供对列表信息的增、删、改及清除操作；可将当前纱嘴信息保存到指定文件并具有将已保存的纱嘴间色填充文件导入的功能。

45. 收针分离

圈选出一个范围，用于收针分离，选取 ![icon] 图标后，出现收针分离窗口，指定收针色码。

46. 对称线

选取 ![icon] 图标，在任意行（水平方向）、任意列（垂直方向）左键单击出现对称线后，实现对称作图的功能（图6-48），作图完毕之后需在对话框点击［关闭］。

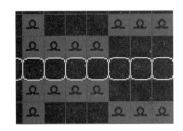 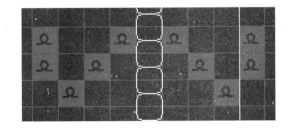

水平方向   垂直方向

图6-48 对称线应用

47. 自动复制度目段

选取 ![icon] 图标后，将已设置好的度目功能线段数复制到速度、卷布、副卷布、副卷布开关等功能线。

48. 纱嘴分离

圈选需要纱嘴分离的组织区域单击 ![icon] ［纱嘴分离］按钮，弹出对话框（图6-49），设定宽纱嘴号，点击［确定］，在216功能线上将生成宽纱嘴号。

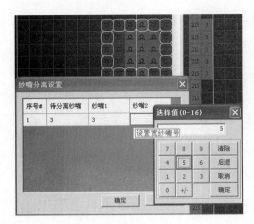

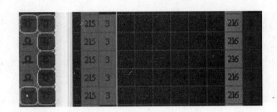

图6-49　纱嘴分离

49. 区域拉伸功能

圈选需要拉伸的区域，选择工具箱中的 ■ [区域拉伸]按钮，弹出区域拉伸对话框，设置拉伸倍率，点击[确定]。

（七）色码解析

在龙星制板软件系统中色码一共有256个（0~255），点击左、右按钮，色码将会按左、右顺序翻动（图6-50）。单击调色板中的某一色码，该色块即选为当前色码。

(a) 原图

(b) 点击右按钮色码右顺序翻动

图6-50　色码

色码在软件的不同区域（主作图区、功能线区、引塔夏区等）起的作用不同。这里主要介绍色码在主作图区中的作用。色码在主作图区主要代表编织的动作。256个色码可分三类：0~119号色码，200号和201号色码为设计色码，120~199号色码为使用者巨集色码，202~255号色码为未使用色码。

以下按编织动作归类，介绍各设计色码所代表的动作信息。

（1）不编织：

■——0号色，空针，表示不编织，即没有任何编织动作。

✕——16号色，无选针，只带纱嘴不编织。

✿——15号色，前落布。前床出针，不带纱嘴。

▨——17号色，后落布。后床出针，不带纱嘴。

（2）成圈编织：

▨——1号色，带自动翻针功能的前编织，即在前针床编织后，如果下一行后针床编织，则前针床的线圈先自动翻到后针床，然后执行编织（图6-51）。

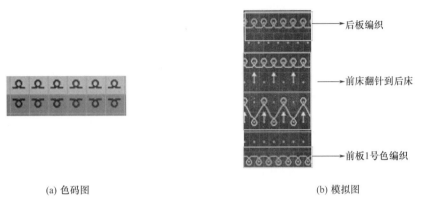

(a) 色码图　　　　　　　　　　　　　　(b) 模拟图

图6-51　1号色用法

▨——2号色，带自动翻针功能的后编织，即在后针床编织后，如果下一行前针床编织，则后针床的线圈先自动翻到前针床，然后执行编织。用法参照1号色。

▨——3号色，前后编织（四平），带自动翻针功能的前后针床编织，用法参照1号色。

▨——8号色，不带自动翻针功能的前编织，即在前针床编织后，不管下一行后针床是否编织，前针床的线圈都不会转移到后针床，如前一横列8号色，后一横列2号色，8号色前针床编织后，前床线圈不会自动翻针到后床，后床单独编织2号色（图6-52）。

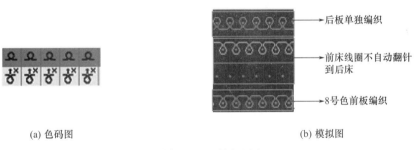

(a) 色码图　　　　　　　　　　　　　　(b) 模拟图

图6-52　8号色用法

▨——9号色，不带自动翻针功能的后编织，用法同8号色。

▨——10号色，不带自动翻针功能的前后床编织，用法同8号色。

▨——20号色，前床编织，然后翻针到后床。

▨——30号色，前床编织，然后翻针到前床。

▨——40号色，后床编织，然后翻针到前床。

▨——50号色，后床编织，然后翻针到后床。

▨——60号色，前床编织，然后翻针到后床，再翻针到前床。

▨ ——80号色，后床编织，然后翻针到前床，再翻针到后床。

▨ ——70号色，先翻针到前床，然后再前床编织。

▨ ——90号色，先翻针到后床，然后再后床编织。

（3）集圈编织：

▨ ——4号色，前床集圈，不带自动翻针功能。

▨ ——5号色，后床集圈，不带自动翻针功能。

▨ ——6号色，前床编织后床集圈，前后针床对位为四平板。用法参照1号色。

▨ ——7号色，前床集圈后床编织，前后针床对位为四平板。用法参照1号色。

▨ ——14号色，前床集圈后床集圈，前后针床对位为四平板。

（4）移圈挑孔编织：软件系统中根据移圈挑孔编织动作的不同色码可分为两组。

①第一组：

21~27号色，表示前编织，翻针至后（左移1~7针）；

31~37号色，表示前编织，翻针至后（右移1~7针）；

41~47号色，表示后编织，翻针至前（左移1~7针）；

51~57号色，表示后编织，翻针至前（右移1~7针）。

另外，88号色、89号色、98号色、99号色、101~109号色、113~115号色也属于第一组。

这一组的特点是先摇床后翻针，以21号色为例，▨ 色码表示前编织，摇床一个针距，然后旧线圈翻针至后针床。

②第二组：

61~67号色，表示前编织，翻针至后，且翻针至前（左移1~7针）；

71~77号色，表示前编织，翻针至后，且翻针至前（右移1~7针）；

81~87号色，表示后编织，翻针至前，且翻针至后（左移1~7针）；

91~97号色，表示后编织，翻针至前，且翻针至后（右移1~7针）。

这一组的特点是先翻针后摇床，以61号色为例，▨ 色码表示先在前针床编织，翻针到后针床，针床横移一个针距，旧线圈再翻针至前针床。

（5）移圈交叉编织（索股）：移圈交叉编织主要用于两种花型：绞花和阿兰花。

系统中移圈交叉编织的色码也分为两组，绞花和阿兰花一般都是采用几个色码形成，因此色码搭配时只能使用同组的色码。在同一行中连续使用多组索股色码时，为了让系统能自动识别每一组独立的索股色码，需要不同组的索股色码。

①第一组：18号色（下索股，无编织），28号色（前编织，下索股），29号色（前编织，上索股），38号色（后编织，下索股），39号色（上索股，无编织）。

②第二组：19号色（下索股，无编织），48号色（前编织，下索股），49号色（前编织，上索股），58号色（后编织，下索股），59号色（上索股，无编织）。

注意：使用时同组色码配合使用，不同组色码不能混用；18号色与39号色，19号色与59号色为偷吃色码，不能在一起使用。

（6）其他色码：

⊟——68号（/69号）色码：前、后床编织，再翻针到后（/前）床。

⊟——78号（/79号）色码：先翻针到后（/前）床，然后前、后床编织。

↑——100号（/110号）色码：线圈从前床（/后床）翻到后床（/前床）。

⊞——111号（/112号）色码：前度目（/后度目）增加。

⊞——116号（/117号）色码：前度目增加，右移1针（左移1针）。

⊞——118号（/119号）色码：后度目增加，右移1针（左移1针）。

在作图时，每种组织使用的色码并不唯一，可以有多种搭配方式，常用的只是其中的部分色码。

（八）功能线介绍

功能线作图区是描述主作图区辅助信息的。如：花型编织时的工艺参数（度目、机速、牵拉等），做提花花型程序时织物反面组织的设置，还有嵌花、成形衣片开领处使用纱嘴的设置等，功能区与主作图区在行上是一一对应的，即每一编织行都要有相应的功能线指令。

功能线作图区有30项内容，对应有30条功能线，分别定义为L201~L230。做花型程序时，并不是每一项功能线都需要填，下面介绍常用功能线的用法。

1. L201节约

L201节约即循环，表示主作图区的当前行至某一行循环执行。节约开始行必须是CNT的奇数行，结束行必须是偶数行（图6-53），其中第1列为小循环，第2列为大循环。

2. L202使用者巨集

L202使用者巨集即设置使用者动作点击图标🔧或菜单栏中"查看"→"使用者巨集"，出现使用者具体对话框。使用者巨集是把单一针位的织针动作进行编辑，可适当减少制板过程中烦琐的拆行，使画板看起来更简洁。其色码范围是120~183号色。进行使用者巨集设置后，自动生成动作文件，使用者色码会自动编译为拆分的动作。控制列"使用者巨集"功能调用（图6-54）。

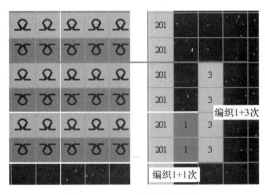

图6-53 L201节约功能线

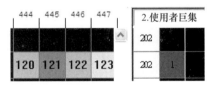

图6-54 L202使用者巨集调用

3. L203取消编织

L203取消编织表示在当前行作图区有无编织色码，只执行翻针动作，不执行编织动作（图6-55）。

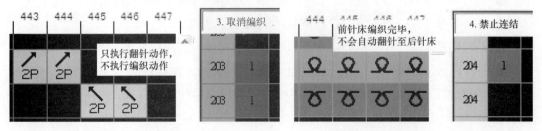

图6-55　取消编织功能线　　　　　　　图6-56　L204禁止连结功能线

4. L204禁止连结

L204禁止连结表示该行与下一行无连结关系（图6-56），在作图区的当前行的上、下行若有自动翻针动作信息，在L204处使用"禁止连结"，则取消当前行的自动翻针功能。

5. L207度目

度目即密度。花型从下到上不同部段的密度可以用不同的色码进行分组，然后根据不同的段数在上机时设置其实际大小。度目可分为编织度目（度目1）和翻针度目（度目2）（图6-57）。

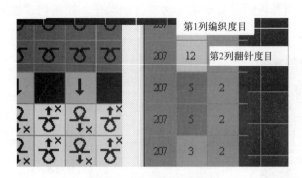

图6-57　L207度目功能线

图6-58　L208摇床功能线

6. L208摇床

L208摇床表示当前行前、后针床位置的相对横移，前、后针床位置向左移动或向右移动。有的机器是后针床移动，有的机器是前针床移动。L208功能线可对摇床方向、针数等进行设置，点击右键出现的菜单，即可选择具体的参数值。

摇床各控制列（图6-58），摇床方向："0"表示前床向右移，"1" 表示前床向左移；摇床针数：针床横移的针数；摇床控制："0"，前、后针床相错，即针对齿；"*"，前、后针床相对，即针对针；"+"，前、后针床靠近*位3/4的位置；"－"，前、后针床靠近0位1/4的位置；摇床超过针数："1"为超过1针，"2"为超过1/2针；摇床速度："0"为标准速度，"1"为中速度，"2"为小速度（低速）。

7. L209速度

L209速度表示当前行机头运行速度，花型从下到上不同部段可以用不同的色码进行分组，然后根据不同的段数在上机时设置不同的速度值。速度可分别设置为编织时速度和翻针时速度。用法参照L207度目。

8. L210卷布

L210卷布表示当前行主牵拉拉力的大小，花型从下到上不同部段可以用不同的色码进行分组，然后根据不同的段数在上机时设置不同的牵拉值。卷布可分别设置为编织时卷布和翻针时卷布。用法参照L207度目。

9. L211副卷布

L211副卷布表示当前行辅助牵拉拉力的大小，花型从下到上不同部段可以用不同的色码进行分组，然后根据不同的段数在上机时设置不同的辅助牵拉值。副卷布可分别设置为编织时副卷布和翻针时副卷布。用法参照L207度目。

10. L213回转距

L213回转距表示当前行机头回转时，纱嘴与编织区之间的距离。一般在第一行填色码""。

11. L214编织形式

L214编织形式是在做提花、嵌花花型、V领成形程序时使用，用于设置各横列编织时的编织形式。设置时右击214导航条对应编织横列，弹出选择框，在下一级菜单中选择"空针"，则是单面提花，其他都是编织双面提花。选择"全选"，编织的双面提花织物反面呈横条效应；选择"1×1-A""1×1-B""鹿子"编织的双面提花织物反面呈芝麻点效应；选择"袋"，编织的两色双面提花织物正反面颜色呈互补的色彩效应（空气层提花）；选择"袋（鹿子）"编织的三色空气层提花织物反面呈芝麻点效应；选择"天竺"，编织天竺提花织物，天竺提花即为反面抽针空气层双面提花组织，它是在空气层双面提花织物基础上，在反面按一定规律抽针得到的。根据反面抽针数目的不同可以分为1×1天竺、1×2天竺、1×3天竺等。

12. L215纱嘴

L215纱嘴表示当前行编织时使用的纱嘴号（功能线215、216、217、218都是用来设置纱嘴系统的）。

13. L220结束

L220结束表示设定工艺结束点，在编织结束行设"1"，表示工艺结束。

14. L222分别翻针

L222分别翻针表示同一行有翻针动作时，分两行翻针，即两次翻完。

（九）状态栏

状态栏即信息指示区，用于显示当前制板状态。

提示：0. 空针（无编织）——表示当前制板用色号为0，0色号绘制的色块代表的编织状态为"空针"（无编织）。

当前位置：8，8——表示当前光标在绘图区所处的位置为第8横列、第8纵行。

圈选区大小：0，0——表示当前圈选区大小为0横列、0纵行，无选区。

二、龙星制板系统基本操作

电脑横机绝大多数是用来编织成形衣片，在电脑横机的编织过程中，主要有起口、空转、翻针、放针、减针（收针或拷针）、套针、落片等基本操作。下面介绍基本操作的工艺方法。

（一）起口、空转

为了防止起口线圈的脱散和便于牵拉，在编织每一片衣片时，首先要编织一横列起始线圈，这一工作称为起口，根据织物组织的不同起口有多种方式。

在完成起口操作后，按照工艺要求编织几个横列的管状组织的操作，俗称打空转。在实际操作中，前、后针床编织幅内的工作织针轮流进行单面编织进行空转编织，空转的横列数根据要求而定。一般织物的正面空转应比反面多一个横列。如2：1、3：2，也有采用1：1、2：2、3：1和3：3空转编织的。织有空转的起口衣片，可使起口边具有圆滑、饱满、光洁、平整、美观、坚牢等特点，可防止起口时起口横列纱线的断裂，及在穿着过程中出现荷叶边现象。

1. 圆筒起底

圆筒起底制板方法（图6-59），根据衣片下摆或袖口尺寸的要求确定参加编织的织针数。在圆筒组织的起口前要编织其相应的废纱牵拉及废纱分离横列，以便牵拉。L208功能线摇床要求针对齿。

2. 四平起底

四平起底制板方法（图6-60），先编织其相应的废纱牵拉及废纱分离横列后起口，再编织2：1空转，前针床2个横列、后针床1个横列，然后编织四平组织。L208功能线摇床要求针对齿。

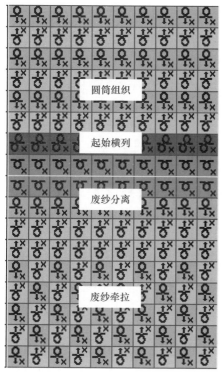

图6-59 圆筒起底方法

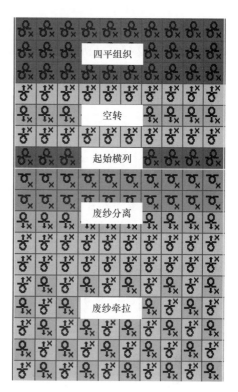

图6-60 四平起底方法

3. 1+1罗纹起底

1+1罗纹起底制板方法：先编织相应的废纱牵拉及废纱分离横列，再编织1+1罗纹组织的起口，然后编织2：1空转，前针床2个横列、后针床1个横列，最后编织1+1罗纹组织，L208功能线摇床要求针对针。

4. 2+1罗纹起底

2+1罗纹起底制板方法：先编织相应的废纱牵拉及废纱分离横列，再编织2+1罗纹组织的起始横列，然后编织2：1空转，起口、空转时208摇床要求针对齿，移动1个针距，编织2+1罗纹组织时原先移动的1个针距要复位，L208功能线摇床要求针对齿。

5. 2+2罗纹起底

2+2罗纹起底制板方法：先编织其相应的废纱牵拉及废纱分离横列，再编织2+2罗纹组织的起始横列，然后编织2：1空转，前针床2个横列、后针床1个横列，起口、空转时208摇床要求针对齿，移动2个针距，编织2+2罗纹组织时原先移动的2个针距要复位，L208功能线摇床要求针对针。

6. 3+2罗纹起底

3+2罗纹起底制板方法：先编织其相应的废纱牵拉及废纱分离横列，再编织3+2罗纹组织的起始横列，然后编织2：1空转，前针床2个横列、后针床1个横列，起口、空转时208摇床要求针对齿，移动2个针距，编织3+2罗纹组织原先移动的2个针距要复位，L208功能线摇床要求针对齿。

编织2+1、2+2、3+2罗纹组织起底需将针床移位使两针床织针成交叉位置，才能完成正常的起口动作。这样移动机头时，才能使两针床上处于工作位置的舌针单独钩住纱线，完成起口横列的编织。因此，2+1、2+2、3+2罗纹的起口［图6-61（a）（b）（c）］，由排针状态通过移针床变成起口时的状态，才能正常起口。否则，直接编织会形成近似于二倍（三倍）正常线圈大小的1×1罗纹，并且在编织过程中很难正常编织。

2+1罗纹排针　　　　　　　　2+1罗纹起口

(a) 2+1罗纹排针及起口方法

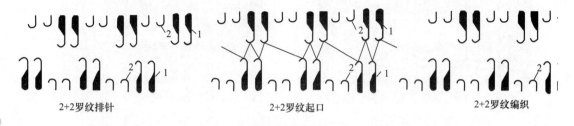

2+2罗纹排针　　　　2+2罗纹起口　　　　2+2罗纹编织

(b) 2+2罗纹排针及起口方法

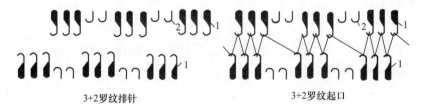

3+2罗纹排针　　　　　　　3+2罗纹起口

(c) 3+2罗纹排针及起口方法

图6-61　常用罗纹排针及起口方法
1—参加编织的织针　2—不参加编织的织针

对于2+1、3+2罗纹的起口，在织好空转后，需将针床移位至原来的排针位置状态，才能进行正常的2+1、3+2罗纹的编织。2+2罗纹的起口织完空转后，需复位后再移动针床到针对针排针位状态才能进行罗纹的编织。

（二）翻针

成形针织服装的下摆常采用罗纹组织，而大身则常用单面组织。因此，在织完下摆后，将后针床织针所编织的线圈转移到前针床的对应织针上，或者将前针床织针所编织的线圈转移到后针床的对应织针上，然后进行单面组织的编织，这一转移线圈的过程称为翻针。另外，织物在编织过程中组织结构发生变化也需要翻针。电脑横机制板时可采用翻针色码或具有自动翻针功能的编织色码（图6-62）。

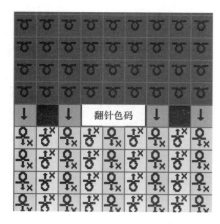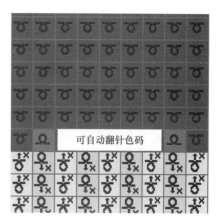

图6-62　翻针的制板方法

（三）放针

放针又称加针或添针，利用增加工作针数来完成增宽衣片门幅的过程称为放针。放针有暗放针和明放针之分。

1. 暗放针

将原先不参加编织的织针，不进行移圈直接加入编织的放针方法称为暗放针。放针后的线圈结构见图6-63，制板方法见图6-64。

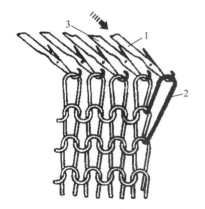

图6-63　暗放针线圈结构
1—新放的织针　2—新编的起始线圈　3—边针

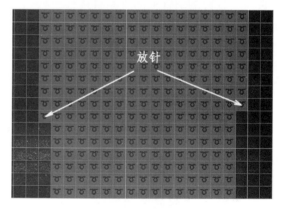

图6-64　暗放针制板图

暗放针一般机头横移一次放1针，机头向右移动，在织片左面放1针，机头向左移动，在织片右面放1针。

2. 明放针

将衣片边缘织针的一组线圈，整列地横移，使被放的针挂上旧线圈的放针方法称为明放针，明放1针后的线圈结构如图6-65所示，制板工艺如图6-66所示。明放针后，会在空针处产生小小的孔眼，可将空针所对应的前一横列线圈的圈弧，套在空针上以消除孔眼。明放针的方法由于操作较复杂、效率低，一般只在高档服装上采用。

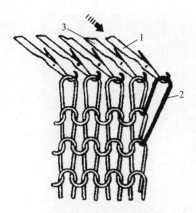

图6-65 明放针线圈
1—明放针的织针 2—进行移圈的横列
3—被移去线圈的空针

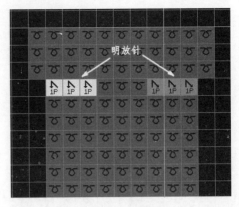

图6-66 明放针制板图

（四）收针

收针是利用减少工作针数使衣片幅宽变窄的过程。收针的实质是移圈，将衣片横向相连的边缘针圈，按照工艺要求进行并合移圈，再将并合移圈后的空针退出编织，使衣片的横向编织针数逐渐减少，以达到减幅的目的。收针可分为暗收针和明收针两种。

1. 暗收针

将需要收针的织针上的线圈直接移于相邻的织针上，使其成为重叠线圈的收针过程称为暗收针。暗收3针后的线圈结构形态如图6-67所示，制板工艺如图6-68所示。

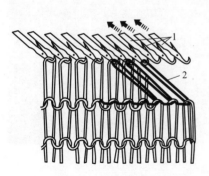

图6-67 暗收针线圈
1—移去线圈后的织针 2—被移位的线圈

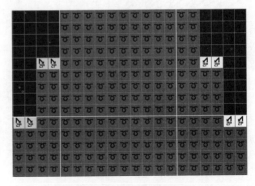

图6-68 暗收针制板工艺

2. 明收针

将需要收针的织针上的线圈连同边部其他织针上的线圈一起平移，使收针后衣片最边缘织针上不呈现重叠线圈的收针方式，称为明收针。

明收针常用"n支边"或"收针辫子n条"来表示，n代表收针的织针上的线圈连同边部其他织针上的线圈一起平移后边缘不重叠线圈数。明收针后的线圈结构形态如图6-69所示，制板工艺如图6-70所示。

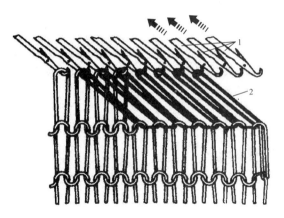

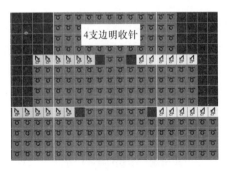

图6-69　明收针线圈

1—被移去线圈后的空针　2—被移圈的线圈

图6-70　明收针制板工艺

明收针衣片边部平整、美观、留有收针辫子，但其操作比暗收针复杂，因此，只在中、高档羊毛衫产品中使用。

（五）套针

套针即平收，其收针过程是从一端2针（或1针）编织成圈后向里移1针，平收掉1针，依次一针一针地收掉，直至平收针结束，在电脑横机上一般编织2针移1针的为多。制板工艺，为了使套针便于操作，往往套针前在边缘多织1针，套针结束后再放掉。

（六）拷针

根据工艺要求使需减针的织针上的旧线圈脱落，不进行线圈的转移，并将这些织针退出工作的操作称为拷针。拷针后的线圈结构形态如图6-71所示，制板工艺如图6-72所示。

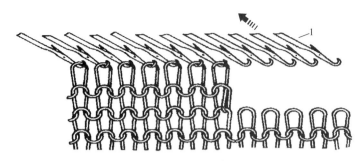

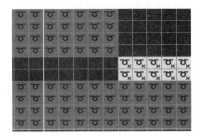

图6-71　拷针线圈

1—被脱去线圈后的空针

图6-72　拷针制板工艺

拷针的编织工艺，一般在细针横机上采用较广泛，其下机衣片大部分需要经过裁剪后成衣。拷针比收针方便，产量高，同样能达到减幅的目的，但其原料消耗比收针大。

（七）落片

落片又称塌片，即通过脱套来落取衣片。移动机头，进行一次无垫纱的编织，使织针上的线圈全部从针钩上脱下来，完成落片工作。

第二节　成形设计

一、成形设计界面与功能介绍

通过成形设计用户可按工艺单上的工艺输入，即可自动生成衣片的BMP花样图，并且软件自动给出基本的功能线设置，可以直接编译。

（一）工艺单图标及参数说明

新建一个花样，点击成形设计图标█后会弹出成形工艺窗口。

（二）机器类型

在机型项部分单击系统类型可进行单系统、多系统的选择。

（三）起底板设置

选择机型后将自动更换起底设置。在起底组织中可选择起底板和非起底板。

（1）若选择起底板，则会生成起底纱嘴的带入、带出、夹线及放线功能线。

（2）单系统时会设置纱嘴（1）中单口锁定功能线。

（3）起底板的废纱采用落布方式处理，非起底板则是编织方式。

（四）起底组织设置

起底组织部分，当选择起底板时，在起底组织部分有起底板组织1×1、2×2、3×3、4×4等模板。除此之外，还可以在起底组织部分设计起底组织的罗纹类型、转数、排列、空转转数、罗纹过渡行和落布方式。

（五）外形选项

1. 大身对称、领子对称

在外形选项部分选择大身和领子是否对称。系统自动默认大身对称及领子对称，如果不对称时可以把钩去掉，在工艺单输入中出现右身、右领输入项。

2. 起始针数

起始针数为整个衣片的起始宽度，即最下面罗纹的排针数。在罗纹接大身不收针也不加针的情况下，大身针数应与总针数一致，否则画出的衣片将出错。

3.　**收针方式**

在外形项部分可以设置收针方式。

（1）同行状态：收针时，左右在同一行收针（图6-73）。

（2）分行状态：收针时，左右错开一行收针（图6-74）。

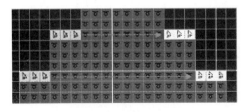 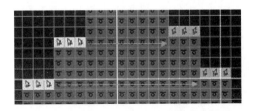

　　　图6-73　同行收针　　　　　　　　　　　　　图6-74　分行收针

除了这些基本设置，还可对收针进行更详细的设置，"设置"→"收针方式"。

大身和领子的收针方式分为普通和阶梯两种方式，还可对收加针的其他项进行设置。

（3）起始针偏移：成形工艺的起始针偏移针数，一般在左右单片收针超过中心线的情况下使用。

①中心线在花样外部时，通过设置该偏移量将中心线移到花样内部来。

②具体的偏移量可以通过检查中的左右袖窿留针来确定。

③负数向左偏移，正数向右偏移。

4.　**单片**

（1）可以生成V领和圆领的左、右单片。

（2）领子中保留部分超过2针时按平收处理。

（六）衣领设置

1.　**领子选择**

有V领、假领（吊目）、假领（移针）、圆领、袖子等选项。

（1）V领成形：如图6-75所示。

（2）假领（吊目）成形：如图6-76所示。

（3）假领（移针）成形：如图6-77所示。

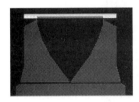  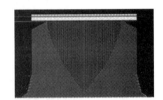

　图6-75　V领成形　　　　图6-76　假领（吊目）成形　　　图6-77　假领（移针）成形

（4）袖子成形：如图6-78所示。

图6-78 袖子成形

2. V领拆行、V领引塔夏

V领工艺单成形后，可以选择V领自动拆行或引塔夏的做法。V领拆行后会进行纱嘴方向判别，单系统、双系统都可使用。

3. 衣领拆行行数

衣领拆行时，可以设定拆行的行数，通常单系统拆分成6～8行，双系统拆分成2行，系统默认为2行。

4. 领底拆行

当中留针大于2时，对于圆领底的进行处理。

圆领底拆行方式：设置圆领底拆行的方式。

（1）编织：圆领领底编织。

（2）主纱落布1：圆领领底主纱落布1（图6-79）。

（3）主纱落布2：圆领领底主纱落布2（图6-80）。

图6-79 圆领领底主纱落布1

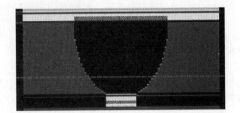

图6-80 圆领领底主纱落布2

（4）废纱落布：圆领领底废纱落布（图6-81）。

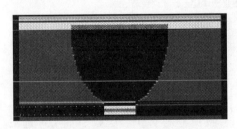

图6-81 圆领领底废纱落布

（5）单针1：圆领领底单针编织1（图6-82）。

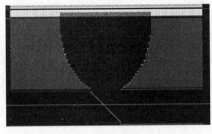

(a) 整体图

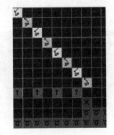

(b) 细节图

图6-82 圆领领底单针编织1

（6）单针2：圆领领底单针编织2（图6-83）。

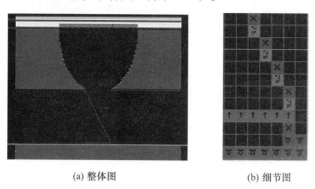

(a) 整体图　　　　　　　　(b) 细节图

图6-83　圆领领底单针编织2

（7）双针2：圆领领底双针编织2（图6-84）。

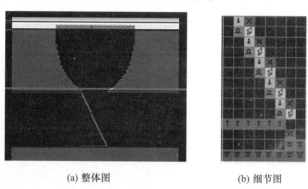

(a) 整体图　　　　　　　　(b) 细节图

图6-84　圆领领底双针编织2

（8）隔针：圆领领底隔针编织（图6-85）。

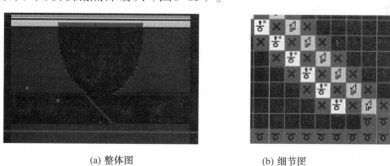

(a) 整体图　　　　　　　　(b) 细节图

图6-85　圆领领底隔针编织

5. 领底宽度

衣片最中间开领需留的领底针数，只用于收领衣片制板图；开领中领底宽度留两针的领子制板图。

6. 领子偏移

衣领设置，领子默认为居中。如果是不对称情况，可以在此处输入，向右偏移为正向，左偏移为负，单位为针数。

注：负数向左偏移，正数向右偏移，偏移数必须小于中留针数的1/2。

7. 开领位

若勾自动开领，则领底从大身顶部按工艺单输入的数据向下开领。若未勾选自动开领，则从大身底部至开领位置开始开领，在工艺单数据转数不足的情况下，自动加平摇补齐。

（七）花样保留

花样保留设置如图6-86所示。

（1）若勾选"保留花样"，可以将工艺单在保留花样的基础上成形，如先在作图区作一花样图，取花样中心点X轴、Y轴坐标，花样中心点以开领中点为坐标，以领子坐标为原点在保留的花样上进行覆盖。

选择衣片上任意一点，单击鼠标左键后可拖动衣片选择花样区域，选定范围后，可使用方向键进行微调确定范围，确定后按［Enter］键，生成衣片效果图（图6-87）。

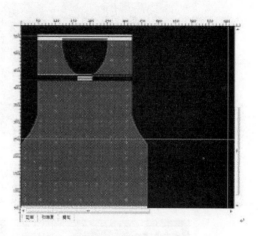

图6-86　花样保留设置　　　　　　图6-87　花样衣片生成

（2）保留引塔夏操作不使用。

（3）左右留边、上下留边：在保留花样的情况下对花样留边（图6-88），以方便提花作图。

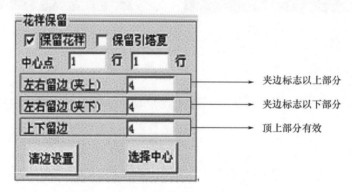

图6-88　花样保留边设置

（4）清边设置：软件右键菜单中的"清边"，移至此处，设置成形的结果直接清边。清除花样左右两边指定的动作，使用清边后色码替换清除位置的动作，清边设置对话框。

（八）罗纹设置

1. 罗纹类型

设定罗纹类型（图6-89），软件预设了七种罗纹：1×1、2×1、2×2、3×2、3×3、四平罗纹、空气层罗纹，并可以根据需要设置罗纹的排列式样。

2. 罗纹过渡行

用于设定罗纹过渡行（图6-90），根据大身是普通编织还是不同的提花类型来变更过渡方式。

3. 罗纹排列方式

罗纹的排列方式有面1支包、面2支包、面3支包、底1支包、底2支包、底3支包等，空气层时不需要设置排列方式。

4. 前落布、后起底空转

根据工艺需要可以选择拆线废纱的落布方式以及起底空转方式（图6-91）。

图6-89　罗纹类型选择

图6-90　罗纹过渡行选择

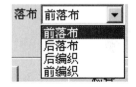
图6-91　落布方式设置

（九）检查

工艺单输入完成后，可以点击［检查］按钮来检查当前工艺单的相关参数，用于和原始的工艺数据进行比较核对。

如果是非对称的花样，那么总行数、夹上行数、夹下行数、领子行数则分别显示左右两边的数据。

（十）输入

输入工艺单数据以及基本操作。

1. 大身工艺单

在对话框中输入大身工艺。

（1）转：该段工艺的转数。

（2）针：加针、收针的针数，收针时需输入负数，加针时输入正数。

（3）次：该段工艺的循环次数。

（4）类型：用于设定特殊类型的标示，如平收、挑孔、拉线、记号、棉纱、齐加等。

①平收：收针时用此类型做夹边。

②挑孔：做标记，用此类型时做平摇，针表示为挑孔的位置，从边上向里针数挑孔。

③拉线：做标记，用此类型时做平摇，针表示为挑孔的位置，从边上向里针数拉线。

④记号：做标记，用此类型时做平摇，针表示为挑孔的位置，从边上向里针数做记号。记号的色码可在高级设置中的"收针方式"中设置。

⑤棉纱：用引返的方式做肩斜时使用，在开始设置肩斜时，设置类型为棉纱。

⑥齐加：一次加针较多时（如蝙蝠衫）使用，用此类型时将在加针处加废纱辅助加针。

（5）边：收针的留边数。

（6）偷吃：收针留边时的偷吃针数。

（7）有效：当收针针数小于等于有效值时，花样中使用收针色码，否则使用编织色码，有效为零表示使用默认的有效针数，如收针时收2针，则将有效针数设置为1针即可。

（8）编织：该段的编织色码，可用多个编织色码填充，中间用逗号隔开。点击［确定］按钮填入色码，则衣片全部生成所填入的色码。若在"编织"钮下面对应的每行填入色码，则只是对应的部分行生成相应的色码（图6-92）。

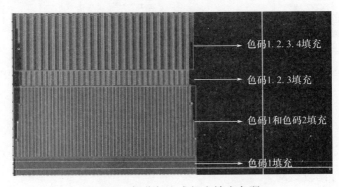

图6-92 部分行生成相应填充色码

（9）高度：到当前的工艺总转数。

（10）度目1：表示该段工艺使用的编织时度目，只在自定义参数模式时有效。

（11）度目2：表示该段工艺使用的翻针时度目，只在自定义参数模式时有效。

（12）速度1：表示该段工艺使用的编织时速度，只在自定义参数模式时有效。

（13）速度2：表示该段工艺使用的翻针时速度，只在自定义参数模式时有效。

（14）纱嘴1：表示该段工艺使用的主纱，只在自定义参数模式时有效。

（15）纱嘴2：表示该段工艺使用的宽纱嘴，只在自定义参数模式时有效。

①可以通过上下左右箭头移动输入框。

②可以双击鼠标通过输入键盘输入工艺值。

③类型选项可以通过快捷键来设定。

④本工艺中都是先编织后收针。

2. **领子工艺单**

在对话框内输入领子工艺。输入领子部分的工艺单时要对应输入"左V领"。

（1）转：该段工艺的转数。

（2）针：加针、收针的针数，默认收针为正数，加针为负数。

（3）次：该段工艺的循环次数。

（4）边：收针的留边数。

（5）偷吃：收针留边后的偷吃针数。

（6）有效：当收针针数小于等于有效值时，花样中使用收针色码，否则使用编织色码。有效为零表示使用默认的有效针数。

（7）高度：到当前的工艺总转数。

3. **右键菜单**

在工艺单输入栏中点击鼠标右键会出现编辑部分项。

（1）复制：复制本行数据，可以一次性选择多行来复制。

（2）粘贴：粘贴复制数据，有以下三种粘贴方式：

①插入方式：在当前行前批量插入复制的工艺行。

②改写方式：从当前行开始批量修改为复制的工艺行。

③追加方式：将复制工艺行批量追加在最后。

（3）剪切：剪切本行数据。

（4）插入：在该行前面插入一行。

（5）删除：删除该行。

（6）追加：在最后插入5行空行。

（7）镜像复制：当工艺单左右不对称时，可以使用修改功能将另外一片的工艺单数据复制过来。具体表现为：

①输入工艺单为左身时，将右身的数据复制到左身。

②输入工艺单为右身时，将左身的数据复制到右身。

③输入工艺单为左领时，将右领的数据复制到左领。

④输入工艺单为右领时，将左领的数据复制到右领。

⑤只有工艺单不对称时才支持镜像复制功能。

（8）左右翻转：在左右不对称时可用。将左、右大身的工艺数据对换，将左、右领子的工艺数据对换；在生成非对称的袖子时，输入袖子的左片工艺数据，翻转后即可得到袖子的右片工艺数据［图6-93（a）（b）］。

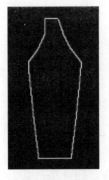
(a) 翻转前的袖子轮廓

(b) 左、右翻转

图6-93 左、右翻转形成对称袖子

（十一）设置

成形工艺单高级参数设置主要为：收针方式、段数、纱嘴及收加针等。

1. 收针方式

高级参数设定窗口，设置界面分为几个区域。

（1）前编织：收针的前一行使用前编织时的收针色码，序号表示收针数，即需要收多少针。

"左边""右边"正对下来的数字表示所用的收针色码。

"标记"表示成形工艺单中前编织情况下做记号的色码。收针色码可以填多个色码，中间用逗号隔开。切换色码支持61~64及101~104之间的转换。

（2）后编织：选择后编织时的收针色码，编织色码及操作可参考"前编织"。切换色码支持91~94及105~108之间的转换。

（3）收针设置：设置大身、领子在收2针、3针时可选择是否使用阶梯收针。阶梯收针仅在边为0时有效，即进行暗收针时有效。

以收2针为例，当收针方式选择"普通"时，无论收几针，一次性收针；当收针方式选择"阶梯"时，收针方式为分行收针（图6-94）。

(a) 普通收针

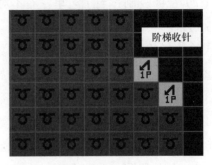
(b) 阶梯收针

图6-94 不同收针方式制板

（4）设置平收的方式：单针（1）、单针（2）、双针（1）、双针（2）、隔针、主纱落布。

①套针方式：单针（1）［图6-95（a）］。

②套针方式：单针（2）［图6-95（b）］。

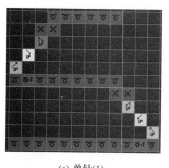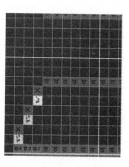

(a) 单针(1)　　　　　　　　　　　　　　　(b) 单针(2)

图6-95　单针制板

③套针方式：双针（1）［图6-96（a）］。

④套针方式：双针（2）［图6-96（b）］。

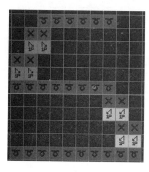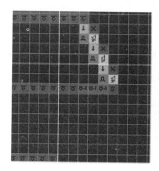

(a) 双针(1)　　　　　　　　　　　　　　　(b) 双针(2)

图6-96　双针制板

⑤套针方式：隔针（图6-97）。

⑥套针方式：主纱落布（图6-98）。

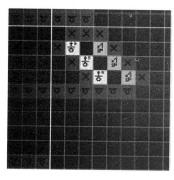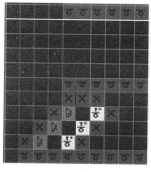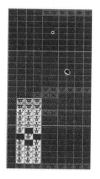

(a) 右侧　　　　　　　　(b) 左侧　　　　　　　(a) 左侧　　　　　(b) 右侧

图6-97　隔针制板　　　　　　　　　　图6-98　主纱落布制板

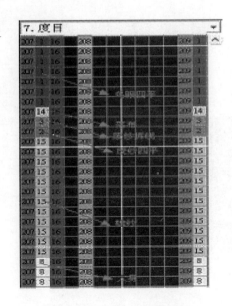

图6-99 自动生成段数值

2. 纱嘴和段数

工艺单成形后的各分段段数及主纱、废纱的默认纱嘴号，为制板系统中默认，用户可根据使用习惯自行修改。

（1）段数：当选择"参数模式1"时，成形界面工艺单中的度目、速度、纱嘴项将被隐藏，而根据花样组织对应的段数则自动生成功能线中的度目、速度、卷布、副卷布、副卷布开关段数值（图6-99）。

当选择"自定义参数"时，根据工艺单中输入的值生成对应花样行的功能线中的纱嘴、度目、速度、卷布、副卷布、副卷布开关的段数。

当选择"无参数"功能线不生成任何参数。

（2）纱嘴：纱嘴设置对话框见图6-100。

纱嘴

主纱纱嘴1	3	主纱纱嘴2	5	☐ 2#纱嘴在左侧
废纱纱嘴1	1	废纱纱嘴2	1	☑ 大身使用一把纱嘴
V领废纱纱嘴	7	罗纹纱嘴2	0	
橡筋纱嘴	8	PP线纱嘴	1	

图6-100 纱嘴设置

①主纱纱嘴2：在选择双系统或V领时使用。

②V领废纱纱嘴：指V领的棉纱部分使用的纱嘴号。

③罗纹纱嘴2：指在编织罗纹时采用两把纱嘴，0表示不使用第二把罗纹纱嘴。

默认情况下，纱嘴1在左边，纱嘴2在右边；也可通过设置"2#纱嘴在左边"来设定主纱纱嘴2、废纱纱嘴2都在左边。

对于双系统，默认纱嘴采用1、2交替编织，可通过设置"大身使用一把纱嘴"来设定，仅仅使用纱嘴1进行编织。

④橡筋纱嘴：橡筋抽纱纱嘴，一般使用8号纱嘴。

⑤PP线纱嘴：在编织完成后用来抽掉废纱的纱嘴。

3. 其他

在其他设置对话框里，可以进行废纱、收加针、带纱选项的设置。

（1）废纱：废纱模式有直接编织、加针编织（1）、加针编织（2）、加针编织（3）、加针编织（4）、加针编织（5）（图6-101）。

图6-101　废纱模式

① 直接编织：如图6-102所示。

②加针编织（1）：如图6-103所示。

图6-102　废纱直接编织

图6-103　废纱加针编织（1）

③加针编织（2）：编织过程中1隔1编织，节约纱线常用的方式。

④加针编织（3）：用于假领或者袖子编织。

⑤加针编织（4）、加针编织（5）：用于废纱加针编织。

棉纱转数：衣片上面封口纱的转数。

废纱转数：封口纱之后的废纱转数。

"废纱一把纱嘴"勾选的话，即废纱只用一把纱嘴编织。

（2）收加针：

吊针最小针数：平收针数大于该最小针数时，边上进行吊一针处理，当小于等于该最小针数时，不进行吊针和落布处理。

有效针数：用于工艺单中的默认值。

加针方式：纱嘴方向（仅在单系统时有效）、偷吃1次（1）、偷吃1次（2）、偷吃2次。

①偷吃1次（1）：如图6-104（a）所示。

②偷吃1次（2）：如图6-104（b）所示。

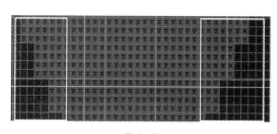

(a) 偷吃1次(1)

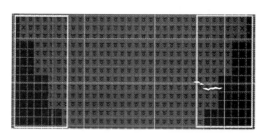

(b) 偷吃1次(2)

图6-104　偷吃1次加针

③偷吃2次：如图6-105所示。

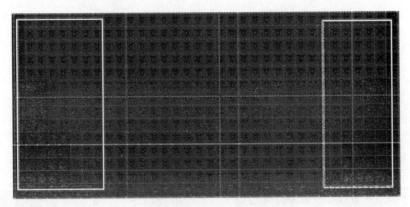

图6-105 偷吃2次加针

偷吃色码用16号色。

（3）带纱选项：

①带纱不处理针数：当带纱针数小于等于该针数时，不作带纱处理。

②单纱嘴开领领深：未使用V领引塔夏、V领拆行时，若领深小于该数值，则使用一把纱嘴开领。

③带纱回踢针数：带纱进时，当大于该针数时，作回踢处理。

（十二）工艺单的保存、加载和新建

输入完成的工艺单可以完成保存和加载，工艺单的保存格式为.gye。

1. 工艺单的保存 单击成形设计单界面的 [保存] 按钮，出现保存界面，输入文件名并点击 [保存] 即可将工艺单文件保存。

2. 工艺单的打开

单击成形设计界面的 [打开] 按钮，在打开界面中点击所需工艺单名称即可打开。

3. 工艺单的新建

单击成形设计界面的 [新建] 按钮，生成新的工艺单输入表。新建时工艺单信息都被设置成默认值，请按需要设置。

二、成形设计举例

以一款女式V领长袖套衫为例进行成形工艺设计的应用说明，该款羊毛衫所用机器为12针双系统电脑横机，大身组织为纬平针组织，所用纱线18.22×2tex纯棉纱2根入。前片工艺单见图6-106。

（一）机器设置

该款羊毛衫所用机器为双系统电脑横机，在系统类型里选择多系统。

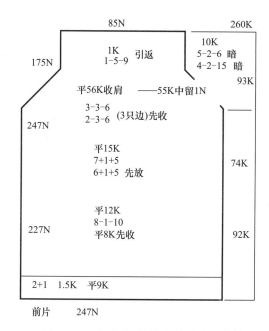

图6-106　女式V领长袖套衫前片工艺单

（二）起底组织设定

根据工艺单，罗纹类型选择罗纹2×1，罗纹转数输入9，空转数1.5转，采用无起底板机器，由于大身组织为纬平针组织，罗纹过渡行选择普通编织，罗纹排列为面1支包，落布方式可任意，这里选择前落布起底组织设定（图6-107）。

图6-107　起底组织设定

（三）外形选项设置

该羊毛衫前片为对称衣片，对大身对称和衣领对称打钩，起始针数输入139，收针方式可同行或分行，无偏移，左右衣片选择整片。

（四）衣领设置

根据工艺单款式，领子选择圆领，领子编织方式可选择拆行或引塔夏方式，这里选择拆行方式，所用机器为双系统机器，V领拆行一般为2，领底采用落纱方式，选择废纱落布1。

（五）花样保留

由于此款羊毛衫的大身采用纬平针组织，花样保留部分不予设置。

（六）左大身工艺参数输入

按照工艺单的参数依次输入各段的转数、收针数、收针次数、收针类型、收针留边数、是否偷吃、编织初始色码的参数值等。

（七）左领工艺参数输入

按照工艺单上领子部分工艺参数依次输入各段的转数、收/放针针数、收/放针次数、留边数、是否偷吃等。

（八）设置

1. 收针方式设置

设置大身前编织左、右收针色码分别为71、61，领子左、右收针色码分别为61、71，根据收针针数依次递增，套针方式选择双针（1），收针方式选择普通即可。

2. 纱嘴和段数设置

根据常用的度目、速度、牵拉力段数进行设置，设置主纱纱嘴1为3号，主纱纱嘴2为5号，废纱纱嘴为1号和7号。

3. 其他设置

在其他设置里进行废纱、收加针、带纱选项的设置。

（九）工艺预览

各项参数设置完成后会出现工艺预览图（图6-108），可参照预览图初步检查输入是否有误。

（十）检查

点击［检查］按钮，出现检查结果。

（十一）保存

点击［保存］按钮，输入工艺名可将工艺保存为.gye文件。

（十二）生成制板图

点击［确定］，成形制板图会出现在主绘区（图6-109），并且功能线已自动设置好，编译之后即可上机编织。

图6-108　工艺预览图

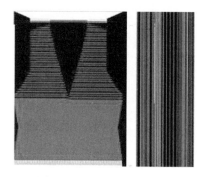

图6-109　成形衣片制板图

本章小结

1. 介绍龙星电脑横机制板系统的功能及使用方法。

2. 制板流程主要包括以下七部分内容：新建花型、绘制图形、配置导纱器、设置或修改工艺参数、自动工艺处理、编译程序、存盘编织。

3. 通过运用电脑横机制板系统提供的编辑、工具列、设置、选择、模块、成形设计等项目中的命令或工具，用不同的色码绘制横机产品的上机工艺图形，包括组织结构、花型图案、衣片结构；并用制板系统提供的功能线功能设置电脑横机编织时的摇床情况、弯线深度、牵拉力、速度、导纱嘴的转换等基本工艺参数，以及应用功能线功能设置提花、嵌花等编织方式。

4. 编译制板工艺并将其转换为电脑横机可执行的上机文件，即可存盘上机。

思考题

1. 简述制板系统界面的组成及功能。

2. 工具箱中各工具的使用方法有哪些？

3. 色码的含义是什么？

4. 各功能线的含义及设置方法是什么？

5. 制板系统的基本操作有哪些？

6. 电脑横机起底组织的种类及其制板方法有哪些？

7. 简述成形设计系统的界面及功能。

8. 根据羊毛衫工艺单制订电脑横机制板图。

专业知识与实践——

羊毛衫的染色与后整理

课程名称：羊毛衫的染色与后整理

课程内容： 1. 羊毛衫的染色与印花

　　　　　　 2. 羊毛衫的后整理

　　　　　　 3. 羊毛衫的功能整理

课程时间：6课时

教学目的：通过对本章内容的学习，使学生了解羊毛衫染色与印花的目的意义，掌握关键工艺参数对羊毛衫染色与印花的影响，掌握羊毛衫后整理的目的和原理、羊毛衫后整理的流程和与传统毛织物整理的不同点，了解各工序设备的作用，掌握影响后整理效果的各种工艺因素。

教学方式：理论教学与现场教学相结合。

教学要求： 1. 掌握染料与颜料的概念、染色的基本理论，了解各种染料的结构与性能及各种染料的工艺原理与作用过程。

　　　　　　 2. 掌握各种羊毛衫用纺织纤维和与其适用的染料。

　　　　　　 3. 掌握印花的基本概念、印花的设备及方法，了解涂料印花工艺和方法，掌握羊毛衫印花的理论；了解各种功能整理的目的，以及各种功能整理的基本原理及方法。

课前（后）准备：要求先修课开设纺织品染整工艺学，使学生对后整理的基础知识有所了解和掌握，课后安排学生进行实践教学。课前需要学生对染料基础知识有所了解，需要对羊毛衫成衣工艺有所掌握，课后提供学生到企业进行现场教学，重点对羊毛衫印花工艺进行现场讲解，使学生掌握羊毛衫染色与印花的生产关键技术，对羊毛衫功能整理的基础知识有所了解。

第七章　羊毛衫的染色与后整理

第一节　羊毛衫的染色与印花

染色是将纤维材料染上颜色的加工过程。它是借助染料与纤维发生物理或化学的结合，或者用化学方法在纤维上生成染料而使整个纺织品成为有色物体。染色产品不但要求色泽均匀，而且必须具有良好的染色牢度。

根据染色加工的对象不同，染色方法可分为织物染色、纱线染色和散纤维染色三种。其中织物染色应用最广，纱线染色多用于色织物和针织物，散纤维染色则主要用于混纺或厚密织物的生产，大都以毛纺织物为主。

一、染色概述

（一）染色基本过程

按照现代染色理论的观点，染料之所以能够上染纤维，并在纤维、织物上具有一定牢度，是因为染料分子与纤维分子之间存在着各种引力的缘故。各类染料的染色原理和染色工艺，因染料和纤维各自的特性而有较大差别，但就其染色过程而言，大致可分为三个基本阶段。

1. 吸附

当纤维投入染浴以后，染料先扩散到纤维表面，渐渐地由溶液转移到纤维表面，这个过程称为吸附。随着时间的推移，纤维上的染料浓度逐渐增加，而溶液中的染料浓度逐渐减少，经过一段时间后，达到平衡状态。吸附的逆过程为解吸，在上染过程中吸附和解吸是同时存在的。

2. 扩散

吸附在纤维表面的染料向纤维内部扩散，直到纤维各部分的染料浓度趋向一致。由于吸附在纤维表面的染料浓度大于纤维内部的染料浓度，促使染料由纤维表面向纤维内部扩散。此时，染料的扩散破坏了最初建立的吸附平衡，溶液中的染料又会不断地吸附到纤维表面，吸附和解吸再次达到平衡。

3. 固着

固着是染料与纤维结合的过程。随染料和纤维不同，其结合方式也各不相同。

上述三个阶段在染色过程中同时存在，不能截然分开，只是在染色的某一段时间某个过程占优势而已。

染料在纤维内固着，是染料保持在纤维上的过程。不同的染料与不同的纤维，其二者之间固着的原理也不同，一般来说，染料被固着在纤维上存在着物理化学性固着与化学性固色等类型。

（二）染料基础

按染料性质及应用方法，可将染料进行以下分类。

1. 直接染料

这类染料因不需依赖其他药剂而可以直接染着于棉、麻、丝、毛等各种纤维上而得名，其染色方法简单，色谱齐全，成本低廉。但其耐洗和耐晒色牢度较差，如果采用适当后处理的方法，能够提高染色成品的色牢度。

2. 不溶性偶氮染料

这类染料实质上是染料的两个中间体，在织物上经偶合而生成不溶性颜料。因为在印染过程中要加冰，所以又称冰染料。由于它的耐洗、耐晒色牢度一般都比较好，色谱较齐，色泽浓艳，价格低廉，所以目前广泛用于纤维素纤维织物的染色和印花。

3. 活性染料

活性染料称为反应性染料。这类染料是20世纪50年代才发展起来的新型染料。它的分子结构中含有一个或一个以上的活性基团，在适当条件下，能够与纤维发生化学反应，形成共价键结合，可用于棉、麻、丝、毛、黏胶、锦纶、维纶等多种纤维的染色。

4. 还原染料

这类染料不溶于水，在强碱溶液中借助还原剂还原溶解进行染色，染后氧化重新转变成不溶性的染料而牢固地固着在纤维上。由于染液的碱性较强，一般不适宜羊毛、蚕丝等蛋白质纤维的染色。这类染料色谱齐全，色泽鲜艳，色牢度好，但价格较高，且不易均匀染色。

5. 可溶性还原染料

可溶性还原染料由还原染料的隐色体制成硫酸酯钠盐后，变成能够直接溶解于水的染料，所以称为可溶性还原染料，可用作多种纤维染色。这类染料色谱齐全，色泽鲜艳，染色方便，色牢度好。但价格比还原染料还要高，同时亲和力低于还原染料，所以一般只适用于染浅色织物。

6. 硫化染料

这类染料大部分不溶于水和有机溶剂，但能溶解在硫化碱溶液中，溶解后可以直接染着纤维。但也因染液碱性太强，不适宜染蛋白质纤维。这类染料色谱较齐，价格低廉，色牢度较好，但色泽不鲜艳。

7. 硫化还原染料

硫化还原染料的化学结构和制造方法与一般硫化染料相同，染色牢度和染色性能介于硫化和还原染料之间，所以称为硫化还原染料。染色时可用烧碱—保险粉或硫化碱—保险粉溶解染料。

8. 酞菁染料

酞菁染料往往作为一个染料中间体，在织物上产生缩合和金属原子络合而成色淀。目前这类染料的色谱只有蓝色和绿色，但由于色牢度极高，色泽鲜明纯正，应用前景十分广阔。

9. 氧化染料

某些芳香胺类的化合物在纤维上进行复杂的氧化和缩合反应，就成为不溶性的染料，称为氧化染料。实质上，这类染料只能说是坚牢地附着在纤维上的颜料。

10. 缩聚染料

缩聚染料是用不同种类的染料母体，在其结构中引入带有硫代硫酸基的中间体而成的暂溶性染料。在染色时，染料可缩合成大分子聚集沉积于纤维中，从而获得优良的染色牢度。

11. 分散染料

这类染料在水中溶解度很低，颗粒很细，在染液中呈分散体，属于非离子型染料，主要用于涤纶的染色，其染色牢度较高。

12. 酸性染料

这类染料具有水溶性，大都含有磺酸基、羧基等水溶性基团。可在酸性、弱酸性或中性介质中直接上染蛋白质纤维，但湿处理色牢度较差。

13. 酸性媒介及酸性含媒染料

这类染料包括两种。一种染料本身不含有用于媒染的金属离子，染色前或染色后将织物经媒染剂处理获得金属离子；另一种是在染料制造时，预先将染料与金属离子络合，形成含媒金属络合染料，这种染料在染色前或染色后不需进行媒染处理，这类染料的耐晒、耐洗色牢度较酸性染料好，但色泽较为暗深，主要用于羊毛染色。

14. 碱性及阳离子染料

碱性染料早期称盐基染料，是最早合成的一类染料，因其在水中溶解后带阳电荷，故又称阳离子染料。这类染料色泽鲜艳，色谱齐全，染色牢度较高，但不易匀染，主要用于腈纶的染色。

目前，世界各国生产的各类染料已有七千多种，常用的也有两千多种。由于染料的结构、类型、性质不同，必须根据染色产品的要求对染料选行选择，以确定相应的染色工艺条件。

（三）染料应用与选择

1. 根据纤维性质选择染料

各种纤维由于本身性质不同，在进行染色时需要选用相适应的染料。如棉纤维染色时，由于它的分子结构上含有许多亲水性的羟基，易吸湿膨化，能与反应性基团起化学反应，并较耐碱，故可选择直接、还原、硫化、冰染料及活性等染料染色。涤纶疏水性强，高温下不耐碱，一般情况下不宜选用以上染料，应选择分散染料进行染色。

2. 根据被染物用途选择染料

由于被染物用途不同，故对染色成品的色牢度要求也不同。例如用于窗帘的布是不经常洗的，但要经常受日光照射，因此染色时，应选择耐晒色牢度较高的染料。作为内衣和夏天穿的浅色织物染色，由于要经常水洗、日晒，所以应选择耐洗、耐晒、耐汗色牢度较高的染料。

3. 根据染料成本选用染料

在选择染料时，不仅要从色泽和色牢度上考虑，同时要考虑染料和所用助剂的成本、货源等。如价格较高的染料，应尽量考虑用能够染得同样效果的其他染料代替，以降低生产成本。

4. 拼色时染料的选择

在需要拼色时，选用染料应注意它们的成分、溶解度、色牢度、上染率等性能。由于各类染料的染色性能有所不同，在染色时往往会因温度、溶解度、上染率等的不同而影响染色效果。因此进行拼色时，必须选择性能相近的染料，并且越相近越好，有利于工艺条件的控制及染色质量的稳定。

5. 根据染色机械性能选择染料

由于染色机械不同，对染料的性质和要求也不相同。如果用于卷染，应选用直接性较高的染料；用于轧染，则应选择直接性较低的染料，否则就会产生前深后浅、色泽不匀等不符合要求的产品。

（四）常用染色设备

在染色过程中，要提高劳动生产率，获得匀透坚牢的色泽而不损伤纤维的纺织品，首先应有先进的加工方法。需根据不同的产品、不同的染料，合理选择和制订染色工艺过程，所用染色设备必须符合工艺要求。染色机械的种类很多，按机械运转性质可分为间歇式染色机和连续式染色机；按染色方法可分为浸染机、卷染机、轧染机等；按被染物状态可分为散纤维染色机、纱线染色机、织物染色机等。合理选用染色机械设备对改善产品质量、降低生产成本、提高生产效率有着重要的作用。

1. 针织物染色机

针织物由线圈构成，容易拉伸变形、损伤或脱散，所以必须选用在染色过程中针织坯布承受张力较小的染色机械，除广泛采用通用性较强的绳状浸染机和液流染色机等间歇式绳状染色设备外，也少量采用平幅的经轴染色机，目前又发展了针织坯布专用的连续轧染机。对于纯棉、腈纶、锦纶等针织坯布，一般采用常温常压染色机；对涤纶及其混纺或交织的针织坯布，则采用高温高压染色机。

圆筒针织物的连续染色是采用浸轧染液后直接汽蒸的方法，适用于纯棉针织物用还原染料或活性染料等的连续染色。可提高染色均匀性和染色牢度，改善手感，重现性好。图7-1所示为圆筒针织物连续染色机的一种类型。

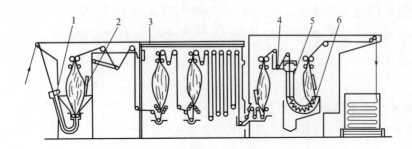

图7-1　圆筒针织物连续染色机
1—染槽　2—充气装置　3—汽蒸箱　4—氧化剂槽
5—高速冲洗　6—氧化J形箱

2. 成衣染色设备

成衣染色一般在成衣染色机或工业洗衣机内进行（图7-2）。

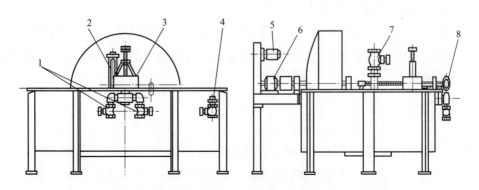

图7-2　成衣染色机
1—进水阀　2—温度计　3—加料斗　4—溢流阀　5—电动机
6—减速器　7—进汽阀　8—排液拉杆

成衣染色机主要由染槽、叶轮、减速器电机结合件、配用电动机、直接蒸汽接管、进水管、排污装置、加料斗等组成。其工作原理为染缸内叶轮通过减速电动机的运动，在染缸中以18~20r/min的转速作单向循环运动。成衣投入染缸后，即随染液（漂液）以单向循环旋涡式运动，同时叶轮不断把浮在液面的成衣毫无损伤地压向染液内，以避免色花，达到染色或漂白的目的。此机染色方法简单，机械性能好，工作效率高，操作简便。

二、羊毛衫染色工艺

（一）工艺流程

羊毛衫衣坯（本白）→洗衫→缩绒→（漂白）→清洗→脱水→染色→清洗→脱水→烘干→蒸烫定形。

（二）染色工艺

1. 强酸性浴酸性染料染色

（1）配方：

酸性染料：浅色1%以下，中色1%~3%，深色3%以上；

硫酸：2%~4%；

结晶元明粉：10%~20%；

染液pH：2~4；

浴比：1:30~1:40。

（2）升温曲线：强酸性浴酸性染料染色升温曲线见图7-3。

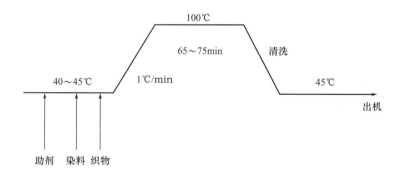

图7-3 强酸性浴酸性染料染色升温曲线

2. 弱酸性浴酸性染料染色

（1）配方：

酸性染料：浅色1%以下，中色1%~3%，深色3%以上；

匀染剂：<0.5%；

冰醋酸：1%~2%；

结晶元明粉：5%~10%；

染液pH：4~6；

浴比：1:30~1:40。

（2）升温曲线：弱酸性浴酸性染料染色升温曲线见图7-4。

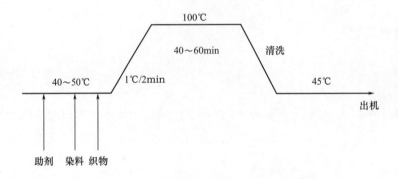

图7-4　弱酸性浴酸性染料染色升温曲线

3. 中性浴酸性染料染色

（1）配方：

酸性染料：浅色1%以下，中色1%～3%，深色3%以上；

硫酸铵：2%～4%；

红矾钠：0.2%～0.5%；

染液pH：6～7；

浴比：1：30～1：40。

（2）升温曲线：中性浴酸性染料染色升温曲线见图7-5。

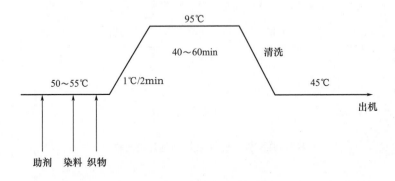

图7-5　中性浴酸性染料染色升温曲线

三、羊毛衫染色发展新技术

　　随着社会的进步和人们生活质量的提高，越来越重视环境和自身的健康水平。穿用"绿色纺织品""生态纺织品"成为当今世界人们的生活需求。绿色染色技术是今后纺织品染色的重点发展方向。

　　绿色染色技术的主要特点在于应用无害染料和助剂，采用无污染或低污染工艺对纺织品进行染色加工。染色用水量少，染色后排放的有色污水量少且易净化处理，耗能低，染色产品是"绿色"或生态纺织品。为此，近年来国内外进行了大量的研究，提出和推广应用一些污染少或符合生态要求的新型染色工艺。

（一）天然染料染色

随着合成染料中的部分品种受到禁用，天然染料染色备受关注，大多数天然染料与环境生态相容性好，可生物降解，且毒性较低。而合成染料的原料是石油和煤化工产品，这些资源目前消耗很快，因此，开发天然染料也有利于生态保护。虽然天然染料有一定的缺点，不可能完全替代合成染料，但作为合成染料的部分替代或补充是有价值的。

（二）低浴比、低给液染色

采用低浴比或低给液染色，不仅可节约用水，而且染料利用率高，废水排放少。例如，目前一些新型的缓流和气体喷射染色机染色的浴比极小，织物保持快速循环，染色废水很少。

采用喷雾、泡沫及单面给液辊系统给液，可极大程度地降低给液率，特别适合轧染时施加染液或其他化学品，如活性染料固色的碱液。这样不仅可减少用水和污水，也可提高固色率，节省蒸汽或热能。

同理，应用高效轧液机和真空吸液系统，可提高浸轧和脱液效果，并可节能、节水和减少污染。

（三）应用计算机的受控染色

应用计算机来控制染色以达到最佳的染色过程。例如，目前根据活性染料的染色特征值和上染及固色动力学参数，利用计算机优化和控制整个染色过程，不仅可以高效地进行"第一次正确"染色，且产品质量好，生产周期短，成本低，用水耗能少，废水少。这种工艺也可以用于其他类染料，如分散染料等染色。

（四）非水和无水染色

非水和无水染色是减少染色废水的一种重要途径，在20世纪60~70年代曾研究和推广溶剂染色。溶剂染色虽然有许多优点，但有些溶剂，如卤代烃本身就污染环境，而且要增加溶剂回收设备，所以未能推广应用。近年来，已有应用超临界CO_2流体作为染色介质染色，其最大特点是染色不用水，染后一般情况下可以不经水洗或只轻度水洗，且CO_2汽化后再变成超临界流体仍可反复利用，被认为是较理想的染色工艺。目前工业化生产的主要问题是生产设备成本高，只适用于非离子型染料，如用分散染料染合成纤维，而且染料品种不够齐全。

（五）应用"绿色"染色助剂

染色纺织品上的重金属除了来自纤维材料和纺织加工用料外，主要来自染色加工用料。如一些染料或颜料可能含有重金属离子，一些染色用的媒染剂（如六价铬盐）和固色剂（如二价铜盐）也含有有害的重金属离子。近年来，研究开发了不用或代用含有害重金属离子的染料、媒染剂和固色剂。特别是酸性媒染染料不用重铬酸盐作媒染剂，直接染料不用铜盐作固色剂。研究开发的一些新型媒染剂和固色剂中不含有甲醛等有害物质，如无甲醛固色剂。有害染色助剂还包括一些含有卤代芳烃的载体及高温匀染剂，这些助剂也应用无害的助剂来代用。

（六）低温染色

通常染色都需在近100℃下进行，分散染料高温高压染色温度高达130℃左右。染色温度高不仅耗能多，且纤维和染料也容易发生损伤或破坏。因此，国内外都在积极开发低温染色工艺，例如，羊毛纺织品于80~90℃下低温染色；活性染料冷轧堆染色；应用特种染色助剂的增溶染色，可降低分散染料、酸性染料等的染色温度；应用物理化学或化学方法对纺织品改性后也可以降低染色温度，进行低温染色。通过低温等离子体处理提高染料对羊毛的上染速率，甚至在氟碳气体等离子体中处理，纤维表面润湿性降低的情况下上染速率也会提高。

（七）微胶囊化技术

目前世界各国都存在水资源枯竭的问题，节约用水，减少污水排放具有重要意义。传统染色加工用水量大，近几十年来，许多从业人员都在研究、开发非水系染色。采用染料微胶囊进行非水系染色是有效的途径之一。目前这项技术仍处于试验阶段，尚未大规模推广。染料微胶囊非水系染色有两种方法：一种是用有机溶剂等介质代替水制成微胶囊，然后通过一定的加工方法，使微胶囊中的染料转移到纤维或织物上，并上染和固着。另一种是不用溶剂，制成染料微胶囊后，通过染料升华，发生气相转移和固着。例如，可以通过制成磁性染料微胶囊，在磁力场作用下使微胶囊先吸附到纤维和织物表面，然后通过加热升华，使染料对纤维上染并固着，残留的微胶囊其他成分则通过物理方法使它们从织物上分离出来。在整个染色过程中不需要使用水，真正做到了无水染色。这种微胶囊主要是用丙烯酸类树脂作壁材，热易升华性染料和强磁性粉末作芯材，用适当的方法分散聚合而制成。

四、羊毛衫印花

（一）印花理论概述

羊毛衫的印花指在羊毛衫上直接印上一定色彩图案的工艺。印花羊毛衫具有花型变化多、色泽鲜艳、图案逼真、手感柔软的特点，具有提花羊毛衫所未有的或难于达到的优点，因此，印花羊毛衫越来越受到消费者的青睐。羊毛衫既可实现局部印花，也可进行全身印花。

羊毛衫印花是通过一定的方式将染料或涂料印制到织物上形成花纹图案的方法。织物的印花也称织物的局部染色。当染色和印花使用同一染料时，所用的化学助剂的属性是相似的，染料的着色机理是相同的，织物上的染料在服用过程中各项色牢度要求是相同的。但染色和印花有很多不同的方面。

1. 加工介质不同

染色加工是以水为介质，一般情况下，不加任何增稠性糊料或只加少量作为防泳移剂。印花加工则需要加入糊料和染化料一起调制成印花色浆，以防止花纹的轮廓不清或花型失真而达不到图案设计的要求，以及防止印花后烘干时染料的泳移。

2. 后处理工艺不同

染色加工的后处理通常是水洗、皂洗、烘干等工序。染色加工过程中，织物上的染液有较长的作用时间，染料能较充分地渗透扩散到纤维内，所以不需要其他特殊的后处理。而印花后烘干的糊料会形成一层膜，阻止了染料向纤维内部渗透扩散，有时还必须借助于汽蒸使染料从糊料内转移到纤维上（即提高染料的扩散速率）来完成着色过程，然后再进行常规的水洗、皂洗、烘干等工序。

3. 拼色方法不同

染色很少用两种不同类型的染料进行拼色（染混纺织物时例外），而印制五彩缤纷的图案，有时采用一类染料会达不到要求，所以印花时通常使用不同类型的染料进行共同印花或同浆印花。除此之外，印花和染色对半成品质量要求也不同，如得到同样浓淡颜色的织物，印花所用染料量要比染色用量大得多，因此有时要加入助溶剂加快溶解等。

将染料或涂料在织物上印制图案的方法有很多种，主要有以下几种。

（1）直接印花：将各种颜色的花型图案直接印制在织物上的方法即为直接印花。在印制过程中，各种颜色的色浆不发生阻碍和破坏作用。印花织物中大约有80%~90%采用此法。该法可印制白地花和满地花图案。

（2）拔染印花：染有地色的织物用含有可以破坏地色的化学品的色浆印花，这类化学品称为拔染剂。拔染浆中也可以加入对化学品有抵抗力的染料，因此拔染印花可以得到两种效果，即拔白和色拔。

（3）防染印花：先在织物上印制能防止染料上染的防染剂，然后轧染地色，印有花纹处可防止地色上染，这种方法即为防染印花。该方法可得到三种效果，即防白、色防和部分防染。

采用何种方法印制花纹图案受很多因素的影响，如图案的要求、产品质量及成本的高低等。因此，选好一种图案时，在保证产品质量的前提下宜采用最简单、最低成本的方法来进行印制。

羊毛衫印花通常有平板筛网印花和圆筒筛网印花两种。前者适宜于片段性的印花，后者适宜于连续性的印花。羊毛衫印花中，除小部分圆机产品采用圆筒筛网印花外，大多数羊毛衫产品都采用平板筛网印花。在平板筛网印花中，又以手工刮板印花为主。筛网上花纹的制作过程是在花型设计确定后，绘制各分色花型的黑白稿，通过在筛网上涂感光液、感光及花纹修理后，即可应用。

（二）羊毛衫印花原糊

染色和印花虽然在染料的上染机理方面是相同的，但在印花过程中，必须将染液加入增稠性糊料中，染料借助于糊料的作用在织物上形成原样所需图案。

糊料种类很多，其性能也不一样，因此，不同的染料需选用不同的糊料进行印花，以达到最佳的效果和最优的经济效益。原糊可分为无机类、蛋白质类、天然高分子类、合成高分子类和乳化糊等。现将常用糊料介绍如下。

1. 淀粉及其衍生物

淀粉是高分子化合物，是由很多葡萄糖通过甙键连接而成的。淀粉颗粒外层是支链淀粉（又称胶淀粉），里层是直链淀粉。各类淀粉中所含直链淀粉为14%~25%，支链淀粉为86%~75%。淀粉的分子结构不同，分子量有大小之分，所以它们的性质也不同。胶淀粉由于分子量较大，又有支链结构，在水中呈膨化状态悬浮在水中，其成糊率高，黏度较大，渗透性较好，不易产生结晶，成糊后也比较稳定。直链淀粉分子量小，在水中呈胶体溶液，成糊率低，稳定性差，容易形成结晶，冷却后有析水现象。

2. 海藻酸钠

海藻酸钠又称海藻胶。海藻是由海水中生长的马尾藻中提取的，将其经烧碱处理后，即可得到海藻酸钠。因含有羧酸钠盐，可溶于水，并且有较强的阴荷性。由于活性染料也是阴荷性的，染料分子便和其具有相斥作用，不会发生反应，这就是活性染料用海藻酸钠糊作为糊料具有给色量高的原因。硬水中的钙镁离子能使之生成海藻酸钙或镁沉淀，使其阴荷性降低，即降低原糊分子与染料分子间相互排斥的作用，故染料容易和原糊反应，降低了得色量，同时生成色斑。海藻酸钠遇重金属离子会析出凝胶，所以通常在原糊调制时，加入少量的六偏磷酸钠，以络合重金属离子并软化水。

五、羊毛衫印花工艺

（一）涂料直接印花

涂料印花是使用高分子化合物作为黏合剂，将颜料机械地黏附于织物上，经后期处理获得有一定弹性、耐磨、耐手搓、耐褶皱的透明树脂花纹的印花方法。涂料固着在纤维上的机理与染料不同，它是靠黏合剂在织物上形成坚牢、无色透明的膜，将涂料机械地覆盖在织物上。因此，用涂料印花不存在直接性等问题，对所有纤维都适合，特别是对混纺织物则更显示出其优越性。

1. 涂料印花色浆组成

涂料印花色浆由涂料、黏合剂、增稠剂三部分组成，此外还有其他一些助剂，如交联剂、消泡剂、柔软剂等，用以提高印制效果和牢度。

（1）涂料：涂料印花色浆中重要的组成成分。涂料是一种不溶性的有色物质，常称颜料。涂料浆是由颜料同一定比例的润湿剂、乳化剂和保护胶体等物质混合后，研磨制成浆状，即成涂料商品。

（2）黏合剂：为成膜性的高分子物质，由单体聚合而成，是涂料印花色浆的主要组成之一。印花织物的手感、鲜艳度及各项牢度等指标在很大程度上取决于黏合剂的品种和质量，因此黏合剂在涂料印花中的作用非常重要。

（3）交联剂：又称为固色剂或架桥剂，主要和黏合剂发生交联形成网状结构。交联剂一般分为两类：一类是树脂整理剂，有DMU、DMEU、DMDHEU等；另一类为含有活性多官能团化合物，商品有阿克拉菲克斯FH、交联剂EH、交联剂101、海立柴林固色剂等。

（4）增稠剂：织物涂料印花时，为把颜料、化学助剂等传递到织物上，并获得清晰的花纹轮廓，印花色浆要有一定的黏度，但又不能使色浆的含固量太高，需在调配色浆时加入增稠剂。而涂料印花中黏合剂生成的皮膜厚为$1 \sim 5 \mu m$，因此印花色浆在调制时不能使用染料印花时所用的原糊作为增稠剂，因为它们和黏合剂混在一起成膜后难以洗净，造成手感发硬和色牢度下降，故一般采用乳化糊或合成高分子电解质糊料。

（5）柔软剂：涂料印花的缺点之一就是由于黏合剂成膜而影响织物的手感，特别是印制大面积的花型。因此可选用成膜较软的黏合剂，并在印花色浆中加入柔软剂来改善织物的手感，如加入聚二甲基硅烷及其他柔软剂等。

2. 印花工艺

（1）工艺处方：印花工艺处方见表7-1。

表7-1　印花工艺处方

白涂料（kg）	色涂料（kg）	荧光涂料（kg）
黏合剂（含固量40%）	40	30~50
交联剂	3	2.5~3.5
涂料	30~40	0.5~1.5
乳化糊	x	x
尿素	0	5
水	y	y
合成	100	100

（2）工艺流程：印花→烘干→固着（蒸化温度102~104℃，时间5~6min；或焙烘温度140~150℃，时间3~5min）。

（二）喷墨印花

随着计算机辅助设计技术（CAD）用于纺织品印花的图案设计和雕刻后，纺织品印花有了快速的发展。喷墨印花通过各种数字输入手段把花样图案输入计算机，经计算机分色处理后，将各种信息存入计算机控制中心，再由计算机控制各色墨喷嘴的动作，将需要印制的图案喷射在织物表面上完成印花。其电子、机械等的作用原理与计算机喷墨打印机的原理基本相同，其印花形式完全不同于传统的筛网印花和滚筒印花，对使用的染料也有特殊要求，要求纯度高，且还需加入特殊的助剂。

1. 喷墨印花机类型和印花工艺

喷墨印花机按照喷墨印花原理可分为连续喷墨印花（CIJ）和按需滴液喷墨印花（DOD）两种。

（1）连续喷墨（CIJ）式：连续喷墨印花的墨滴是连续喷出的，形成墨滴流。墨水由泵或压缩空气输送到一个压电装置，对墨水施加高频震荡电压，使其带上电荷，从喷嘴中喷出连续均匀的墨滴流，喷孔处有一个与图形光电转换信号同步变化的电场，喷出的墨滴便会有选择性地带电，当墨流经过一个高压电场时，带电墨滴的喷射轨迹会在电场的作用下发生偏转，打到织物表面，形成图案，而未带电的墨滴则被捕集器收集重复利用。

连续式喷墨印花机目前主要应用于地毯和装饰布的生产，这种印花机印花精度相对比较低，但印花速度较快。

（2）按需喷墨（DOD）式：按需滴液喷墨印花按印花要求喷射墨滴，目前分热脉冲式、压电脉冲式、电磁阀式和静电式四大类型。应用最多的是热脉冲式喷射印花和压电脉冲式印花两种类型。

①热脉冲式喷射印花机：热脉冲式喷射印花机能够根据计算机发出的信号瞬间将喷嘴处的加热元件加热到高温，使墨水迅速达到高温（约400℃）状态，导致墨水中的挥发性组分汽化形成气泡，使墨滴从喷嘴孔喷出，并由加热器冷却气泡收缩，释放出墨水液滴。同时墨室重新被储墨器充满，因此，这种印花方式也称微气泡式喷射印花。

热脉冲式喷头升温、降温的频率可达每秒钟数千次，喷出的墨滴极其细微，且由于气泡产生的冲击力很大，墨滴的喷射速度可达到10~15m/s。热脉冲式喷射印花机的缺点是喷头的寿命短（一个喷头能够喷50~500mL墨水）；大于350℃的高温容易使射水中的某些成分分解，破坏墨水的稳定性和颜色的鲜艳度，并容易使喷嘴阻塞。热脉冲式喷射印花机的主要优点是喷头的造价低。

②压电脉冲式印花机：压电脉冲式喷墨印花机是利用压电传感器对墨水施加冲击。当计算机控制的变化电压施加在压电传感器上时，它会随电压的变化发生体积的收缩和膨

胀，体积变化的方向取决于压电材料的结构和形状。当传感器收缩时会对喷嘴内的墨水施加一个直接的高压，使其从喷嘴高速喷出。电压消失后，压电材料恢复到原来的正常尺寸，喷墨孔依靠毛细作用被储墨器充满。

2. 印花油墨

迄今为止，尚无普遍适用于纺织品数码喷射印花的标准油墨配方，但所有油墨配方必须满足总体的要求，如黏度、表面张力、密度、蒸汽压、电导性、热稳定性、毒性、易燃性、染料纯度和溶解性、机械适应性、给色量、腐蚀性、储存稳定性、颜色鲜艳度和耐光、耐洗色牢度等，其中黏度、表面张力、稳定性、颜色鲜艳度和各项色牢度是最重要的指标。

喷墨印花的油墨配方包括色素（染料或涂料）、载体（黏合剂/树脂）和添加剂（包括黏度调节剂、引发剂、助溶剂、分散剂、消泡剂、渗透剂、保湿剂等），其中添加剂应根据需要分别使用。

喷墨印花与传统印花相比，数码喷射印花墨水的黏度要低得多，因此，常采用合成增稠剂作为糊料，这些糊料的杂质含量比较少，而其结构黏度又较高。当染料溶液或墨水流经阀门和阀门板的各种通道时，因受较高的压力染液变稀，黏度下降。在达到织物表面后，黏度又恢复到比较高的水平，可防止花纹渗化，保持比较高的轮廓清晰度。此外，这类增稠剂在染料固色的汽蒸条件下，可保持较高的黏度，而许多糊料在高温下黏度会下降很多，引起花纹渗化。

喷墨印花与传统印花不同的是喷墨印花在织物上施加的墨水量非常小，最高时只能喷印$20g/m^2$的墨水，这就要求喷墨印花的墨水给色量要高，即使用量很低也能显示出浓艳的颜色，因此，在选用染料时要特别注意其的上染和发色性能。

目前，用于喷墨印花的染料主要是活性染料、分散染料和酸性染料。在地毯和羊毛及丝绸纺织品的印花中，选用酸性染料，需对其溶解性、稳定性和相溶性等方面应进行合理选择。涤纶织物喷墨印花采用分散染料，对染料的溶解度、稳定性、相容性、颗粒大小有比较高的要求。喷墨印花应用较多的是纤维素纤维和蚕丝织物印花，所用的染料是活性染料。

3. 喷墨印花工艺

（1）工艺流程（以活性染料为例）：织物前处理→烘干→喷射印花→烘干→汽蒸（120℃，8min，使活性染料固色）→水洗→烘干。

（2）织物印前处理：为了保证染料能充分上染纤维，并固着在纤维上，要求喷墨印花的油墨或色浆的黏度应较低。但这样染料溶液又容易渗化，形成星形色点，印花拼色效果和精细度降低。因此，印花时需要加入具有较高假塑性流变特性的高分子或增稠剂溶液，或用这些增稠剂预先对印花织物进行浸轧前处理。

对织物进行特殊的前处理是减少渗化，提高印制效果的主要措施，不同染料喷墨印花的前处理不同，应根据具体情况选用前处理剂。

总之，喷墨印花这一高新技术，随着它的发展，在纺织品印花中的应用会越来越广，给印花技术带来一次新的革命，CAD在VDU（视频显示装置）上显现的图像，都可以通过喷墨印花技术控制（青、品红、黄和黑色）印花头，最终在纺织品上印制所需的颜色，再在紫外光下，快速完成上染、固色，而不需水洗，即可得到像彩色照片一样的图像。

近几年来，随着计算机技术在印花上的应用，出现了机电一体化的数码喷射印花技术。数码喷射印花是与计算机辅助设计（CAD）系统相结合，将图案或照片通过扫描仪或数码相机数字化输入到计算机进行处理，或采用CAD系统设计图案，在显示屏上确认满意后，生成数字信息，然后将染料浆按花型图案的要求，用数码喷射印花机直接喷射到羊毛衫衣片上形成花型图案。该技术清洁性、环保性好，适应高品质、小批量及多品种的生产。

第二节　羊毛衫的后整理

羊毛衫的后整理工艺包括常规整理和特种整理。近几年来，随着人们崇尚自然，追求健康，向往绿色的消费潮流，羊毛衫染整行业发生了巨大的变化，从软件到硬件都有较大的提升。各类新技术、新工艺、新设备、新型染料助剂、新的控制手段、新的品质标准得到应用，提高了羊毛衫的档次，出现了大量的功能性、绿色环保产品。羊毛衫的后整理工艺通常是指将衣片缝合成衣后，到达成品前所需经过的整理工艺，主要包括缩绒、拉毛、印花、特种整理、整烫定形等工艺。

一、羊毛衫缩绒

羊毛纤维在湿热条件下，经机械外力的反复作用，纤维集合体逐渐收缩紧密，并相互穿插纠缠、交编毡化，这一性能称为羊毛纤维的缩绒性。利用这一特性来处理羊毛衫的加工工艺称为羊毛衫缩绒。羊毛衫缩绒的目的主要是为了改善和提高羊毛衫产品的内在质量（使织物质地紧密、强力提高、弹性和保暖性增强）和外观效果（外观优美、手感丰厚柔软及色泽柔和）。羊毛衫缩绒整理的效果主要有以下几个方面：

（1）缩绒使织物质地紧密、长度缩短，平方米重量与厚度增加，强力提高，弹性与保暖性增强。

（2）缩绒使织物表面露出一层绒毛，可获得外观优美，手感丰满、柔软、滑糯的效果。

（3）缩绒使织物表面露出一层绒毛，这些绒毛能覆盖羊毛衫表面的轻微疵点，使其不至于明显地暴露在织物表面。

总之，缩绒整理是提高羊毛衫的品质、改善质量和增加羊毛衫外观美感的主要手段。

（一）缩绒机理

羊毛衫缩绒，主要是因为动物毛纤维具有缩绒性，这是内因；而一定的温湿度条件、化学助剂与外力作用等是促进羊毛纤维缩绒的外因。在湿热和缩绒剂条件下，羊毛纤维受机械外力反复的搓揉作用时，具有指向纤维根端单向运动的趋向。同时，羊毛纤维优良的延伸性、回弹性以及空间卷曲，使羊毛纤维更易于运动，在机械外力的反复作用下，羊毛纤维便相互穿插纠缠、交编毡化，纤维毛端逐渐露出于织物表面，织物获得外观优良、手感丰厚柔软及保暖性良好的效果。其他动物毛纤维的缩绒机理与此类似。

（二）影响缩绒的工艺因素

影响羊毛衫缩绒的工艺因素主要有：缩绒剂、浴比、温度、pH、机械作用力及时间等。

1. 缩绒剂

在干燥状态下的羊毛衫缩绒比较困难。如果加入一种缩绒剂（助剂和水），以加强纤维之间的润滑性，使纤维容易产生相对运动，纤维润湿与膨胀，鳞片张开，有利于纤维互相交错；湿纤维具有较好的延伸性和弹性，容易变形，也容易快速恢复原形，增加了纤维之间的相对运动，因此，有利于羊毛纤维的缩绒。

缩绒剂中的助剂应具有较大的溶解度，对纤维的湿润、渗透性能要好，易产生纤维表面的定向摩擦效应，缩绒后应易洗。目前，羊毛衫缩绒中常用的助剂有：净洗剂209、净洗剂105、中性皂粉、净洗助剂和柔软剂。在高档羊绒衫（羊毛衫、绵羊绒衫、驼绒衫、牦牛绒衫等）上采用进口净洗助剂和柔软剂较多，净洗剂和柔软剂的用量一般为羊毛衫重量的0.3%~5%，当缩绒效果不理想时，可加入0.1%左右的平平加、硫酸钠等来提高缩绒效果。

2. 浴比

羊毛衫缩绒时的浴比应适当。浴比过小，纤维之间的摩擦增加，且摩擦不均匀，会使绒面分布不均匀，甚至产生露底现象；浴比过大，则会减少机械作用，降低助剂浓度，使缩绒时间太长。采用软水进行缩绒其效果较硬水好，合适的缩绒浴比为1：25~1：35。

3. 温度

温度较高一些，纤维容易膨湿，缩绒时间短、效果好。但温度过高，不易控制缩绒效果，且易损伤纤维，一般缩绒温度为30~45℃。

4. pH

pH对羊毛衫缩绒影响较大。pH较低，则缩绒后手感差，主要是由于过低的pH使纤维盐式键断裂，降低了纤维的强度；pH过高，不仅造成纤维的盐式键断裂，且会使纤维的二硫键断裂，使纤维受到严重损伤。缩绒时，一般要求缩绒液的pH为6~8。

5. 机械作用力

一定的机械作用力是缩绒的必要条件。机械作用力过大时，将使羊毛衫受损并且缩绒不匀；作用力过小，则缩绒过慢，耗时较长。羊毛衫缩绒一般在专门的缩绒机中进行，缩绒机确定时，其机械作用力是一定的。

6. 时间

在一定的机械作用力条件下，缩绒时间越长、毡缩越强。羊毛衫缩绒时间过短，则达不到缩绒效果；缩绒时间过长，则缩绒过度。一般羊毛衫的缩绒时间为3~15min；兔羊毛衫的缩绒时间较长，一般为20~35 min。

7. 其他因素

（1）原料方面：

①羊毛纤维的缩绒性大于其他动物毛纤维的缩绒性。

②细毛比粗毛的鳞片多，细毛比粗毛的缩绒性好。

③短毛比长毛的缩绒性好。

④经过处理的羊毛如炭化毛、染色毛、回收毛等不及原毛的缩绒性好。

（2）纺纱工艺方面：

①捻度大的毛纱易缩绒。

②合股纱捻向与单纱捻向相同，则捻度增加，缩绒困难；合股纱捻向与单纱捻向相反，则捻度降低，易缩绒。不同捻度的单纱合股时，由合股时捻度的增加或减少来决定其缩绒性。

③夹花毛纱比天蓝色、黑色等单色毛纱易缩绒。

④毛纱含油率越高，缩绒越困难。

⑤密度小、结构松的织物易缩绒。

（3）染整工艺方面：

①经过染色等整理的毛纱，其缩绒性下降。

②缩绒前经过拉毛的羊毛衫，其缩绒性增加。

（三）缩绒方法与工艺

羊毛衫的缩绒可以在弱碱性、中性或弱酸性溶液中进行，其中应用最多的为中性缩绒。羊毛衫缩绒主要有洗涤剂缩绒法和溶剂缩绒法两种，其中以洗涤剂缩绒法应用最为普遍。

1. 洗涤剂缩绒法

（1）工艺流程：羊毛衫衣坯→（浸泡）→缩绒→（浸泡）→漂洗→脱水→柔软处理→脱水→烘干。

（2）常用工艺：按缩绒的浴比、温度与助剂量配好缩绒液后，将羊毛衫放入浸泡10~30min后开始缩绒，缩绒完后，根据需要可浸泡10~15min，之后进行漂洗、脱水，再浸泡于柔软剂中进行柔软处理，脱水、烘干。羊毛衫衣坯经浸泡后的缩绒为湿坯缩绒，衣坯不经过浸泡直接缩绒为干坯缩绒。湿坯缩绒比干坯缩绒的起绒均匀，且羊毛纤维损伤小，因此湿坯缩绒应用较多。

2. 溶剂缩绒法

（1）工艺流程：羊毛衫衣坯→清洗→缩绒→脱液→柔软处理→脱水→烘干

（2）常用工艺：在缩绒前，一般在25~30℃的温度下用全氯乙烯洗剂对羊毛衫进行清洗，清洗时间为5min左右；进行脱液和抽吸溶剂，各需2min左右；再进行缩绒，缩绒在全氯乙烯、乳化剂和水作缩剂条件下进行，温度为30~40℃，时间为5min左右。缩绒完后，进行脱液，再浸泡于柔软剂中进行柔软处理，脱水、烘干。溶剂缩绒一般在溶剂整理机中进行。

二、拉毛

拉毛（又称拉绒）也是羊毛衫的后整理工艺之一。经过拉毛工艺，可使羊毛衫表面产生细密的绒毛，手感柔软、蓬松，外观丰满，保暖性增强。拉毛可在织物正面或反面进行。拉毛与缩绒的区别在于拉毛只在织物表面起毛，而缩绒则是在织物两面和内部同时出毛；拉毛对织物的组织有损伤，而缩绒不损伤织物的组织。目前羊毛衫圆机坯布拉绒一般采用钢针拉绒机，其结构与棉针织内衣绒布拉绒机基本相同。横机生产的羊毛衫产品一般进行成衣拉绒，为了不使纤维损伤过多和简化工艺流程，通常不采用钢针拉毛机，而用刺果拉毛机。

三、羊毛衫的脱水与烘干

（一）脱水

经过缩绒、漂洗后的羊毛衫，需经过脱水（俗称甩干）后，才进行烘干。漂洗完毕应当即脱水，尤其是夹色、多色、绣花等产品，更需立即脱水，否则容易沾色。羊毛衫脱水后的含水率应控制在20%~30%。夹色产品含水率可稍低，白色产品含水率可偏高一点，以防止起皱。目前羊毛衫生产中采用的脱水设备主要是悬垂式离心脱水机。

（二）烘干

由于羊毛衫经脱水后含水率仍为20%~30%，因此，一般在脱水后还需进行烘干。羊毛衫的烘干工艺，应根据原料、组织等来选定烘干设备、烘干温度和时间。羊绒衫、绵羊绒衫、驼绒衫、牦牛绒衫、普通羊毛衫、羊仔羊毛衫等产品的烘干，一般可采用圆筒型烘干机。羊毛衫在烘干机内翻滚，在滚动干燥的同时，可使部分游离的短纤维脱落，并吸入集绒斗。产品经烘干后绒茸丰满，手感蓬松，符合产品全松弛收缩的要求。但必须注意，对不同色泽、不同原料的羊毛衫，不可同机烘干，以避免游离纤维沾附于羊毛衫上，影响产品外观质量；同时，应注意烘干机还可促进起毛，如果温度低、湿度高，滚筒滚动时间过长，便会出现起毡现象。羊毛衫生产中常用的烘干设备为圆筒型烘干机。

烘干的工艺参数即烘干温度和烘干时间的控制，应根据具体情况而定。一般情况下，烘干温度通常控制在60~100℃，其中绒衫类一般采用70℃左右，非绒衫类一般采用85℃左右，烘干时间一般为15~30 min。

四、羊毛衫的整烫与定形

整烫是羊毛衫后整理的最后一道工序，也是影响质量的重要环节。整烫的目的使羊毛衫具有持久、稳定的标准规格，其外形美观、表面平整，具有光泽、绒面丰满，手感柔软，富有弹性并有身骨。

羊毛衫的整烫定形一般需要经过加热、给湿、加压和冷却四个过程。只有各过程配合得当，才能使羊毛衫获得理想的定形效果。

羊毛衫的整烫定形分蒸、烫、烘三大类。烫即为熨烫，使用较为普遍。通常由蒸汽熨斗或蒸烫机来完成，适用于各类羊毛衫及衣片的定形。纯毛类产品一般按规格套烫板或熨衣架，用蒸汽熨斗或蒸汽机蒸汽定形，定形温度一般为100～160℃，蒸汽压力控制在290k~330kPa。腈纶等化纤类产品常用低温蒸汽定形，温度在60~70℃，蒸汽压力控制在250kPa左右。熨烫应按产品的款式、规格与平整度要求进行，确保产品的风格与质量。

第三节　羊毛衫的功能整理

羊毛是天然蛋白质纤维，以其蓬松、丰满、保暖的特性深受消费者的青睐，享有"纤维宝石"的美称。羊毛衫的后整理加工从20世纪90年代后期得到了很大发展，特别是羊毛成衣丝光防缩技术的应用，使羊毛衫的品质和附加值有了明显的提高。随着经济的发展和人们生活水平的提高，近年来羊毛衫的颜色、成分，款式及辅料多样化趋势明显。不再单一地追求保暖、机洗防缩、手感滑糯的传统要求，而是更注重衣服的色彩艳丽、款式个性化、健康环保、易于护理、多功能等。这些要求给羊毛衫功能整理带来了新的机遇和挑战。

羊毛衫的特种整理包括功能整理和智能整理两大类。功能整理指通过一定的整理工艺，使羊毛衫获得一种或多种的功能；智能整理指通过一定的整理工艺，使羊毛衫具有感知外界环境的变化或刺激（如机械、热、化学、光、湿度、电和磁等），并作出反应能力的整理。羊毛衫的新型后整理工艺，能较好地满足消费者对羊毛衫服用性能的特殊需求。目前，国际上羊毛衫的功能整理主要有抗起球、防缩、防蛀、芳香、纳米、防水、阻燃、抗静电、防紫外线、防霉、防污、抗菌、抗病毒、防螨、自清洁整理。其中最常用的是抗起球、防缩、防蛀和防污整理。羊毛衫的智能整理主要有变色、调温及调湿整理等。

近年来，随着新技术的发展，尤其是纳米技术、生物工程技术和信息技术的发展，为羊毛衫向功能化、智能化方向发展提供了新的途径。

一、抗起球整理

（一）影响起球的因素

1. 纱线的影响

纤维的卷曲波形越多，在加捻时，纤维越不容易伸展，在摩擦过程中纤维容易松动滑移，在纱线表面形成毛茸。为此，纤维卷曲性越好，越易起球。纤维越细，显露在纱线表面的纤维头端就越多，纤维柔软性也越好，因此细纤维比粗纤维易于纠缠起球。对于纤维长度来讲，短纤维比长纤维更易于起毛起球，长纤维之间的摩擦力及抱合力大，纤维难以滑到织物表面，因此不易纠缠起球。纱线的捻度和表面光洁程度对起球也有较大影响，捻度大的纱线，纤维间的抱合紧密，纱线在受到摩擦时，纤维从纱线内滑移相对少，起球现象减少；但过高的捻度会使织物发硬，因此不能靠提高捻度来防止起球。纱线光洁度的影响，纱线越光洁，表面毛茸则短而少，纱线不易起球。

2. 织物组织结构的影响

织物组织结构疏松的比紧密的易起毛起球。高机号织物一般比较紧密，因此低机号织物比高机号织物易起毛起球。表面平整的织物不易起毛起球，表面凹凸不平的织物易起毛起球。提花织物、普通花色织物、罗纹织物、平针织物的抗起毛起球性是逐渐增加的。

3. 染整工艺的影响

纱线或织物经染色及整理后，对抗起球性将产生较大影响，这与染料、助剂、染整工艺条件有关，绞纱染色的纱线比散毛染色或毛条染色的纱线易起球；成衣染色的织物比纱线染色所织的织物易起球，织物经过定形，特别是经树脂整理后，其抗起毛起球性大大增强。

4. 穿着条件的影响

羊毛衫在穿着时，经受的摩擦越大，摩擦的次数越多，起球现象越严重。

（二）防起球整理的方法及工艺

羊毛衫是成形产品，对其采用烧毛或剪毛的方法来防起球有一定的困难。目前，常用的防起球整理工艺主要有轻度缩绒法和树脂整理法两种，树脂整理法效果较好。

1. 轻度缩绒法

经过轻度缩绒的羊毛衫，其羊毛纤维的根部在纱线内产生轻度毡化，纤维间相互纠缠，因此，增强了纤维之间的抱合力，使纤维在经受摩擦时不易从纱线中滑出，使羊毛衫的起球现象减少。对正面不需较长绒面的羊毛衫，可将其反面朝外进行浸泡、缩绒、脱水、烘干，使羊毛衫正面的绒面保持短密、柔软。需要注意的是，羊毛衫正面缩绒绒面的毛茸不宜太长，否则易起球。目前，对精纺羊毛衫一般通过轻度缩绒来提高其抗起球效果。

轻度缩绒法的缩绒工艺为：浴比1：25~1：35，助剂量0.59%左右，pH为7，温度为27~35℃，时间2~8min，经过轻度缩绒后的羊毛衫，防起球级别可提高0.5~1级。

2. 树脂整理法

树脂是一种聚合物。利用树脂在纤维表面交链成膜的功能，使纤维表面包覆一层耐磨的树脂膜，降低了羊毛纤维的定向摩擦效应，使纤维的滑移因素减少；同时，树脂均匀地交链凝聚在纱线的表层，使纤维端黏附于纱线上，增强了纤维间的摩擦因数，减少了纤维的滑移，因而有效地改善了羊毛衫的起球现象。

（1）工艺流程：羊毛衫衣坯→浸液→柔软→脱液→烘干。

（2）常用工艺：防起球整理所采用的树脂种类较多，其中较常采用的为丙烯酸交联型树脂。常用配方为：丙烯酸甲酯36%，丙烯酸丁酯60%，羧甲基丙烯酰胺4%。合成后，取30%，加水70%配成乳液状的树脂，加入渗透剂·JFC0.3%左右。树脂整理后，羊毛衫的抗起球性可提高1~2级。

二、防缩整理

鳞片是羊毛纤维的一个主要特点，使羊毛纤维具有缩绒性，防缩整理的实质是对鳞片进行处理，以减弱或失去定向摩擦效应。主要是利用化学试剂与鳞片发生作用，损伤和软化鳞片；或利用树脂均匀地扩散在纤维表面，形成薄膜。从而有效地限制了鳞片的作用，使羊毛纤维失去缩绒性，达到防缩的目的。

（一）氧化处理法

氧化处理法常用的氧化剂有高锰酸钾、次氯酸钠、二氯三聚异氰酸盐及双氧水等。

氧化处理法的作用原理：动物毛纤维按其化学组成主要是角朊，角朊是由多种氨基酸缩合而成的，其中有二硫键、盐式键和氢键，羊毛纤维的物理、化学特性主要是由二硫键来决定的。所以当用氯或其他氧化剂对羊毛衫进行处理时，羊毛纤维鳞片中的二硫键断裂，变成能与水相结合的磺酸基，使羊毛纤维的鳞片尖端软化、钝化，即羊毛的鳞片角质层受到侵蚀，但不损伤羊毛纤维的本质，从而降低纤维间的摩擦，使羊毛表层发生变化，不易毡缩，使羊毛纤维吸收更多的水分而变柔软，羊毛纤维间的定向摩擦效应降低，达到防缩的目的。

工艺流程：羊毛衫衣坯前处理→氧化→脱氯→漂白→柔软处理→脱液→烘干。

（二）树脂处理法

树脂处理法又称树脂涂层处理法。羊毛衫防缩整理中所用的树脂品种和整理方法很多，其中防缩效果较好的为溶剂型硅酮树脂整理。硅酮树脂是高分子化合物，且相对分子质量大，可与催化剂、交链剂一起使用，使其先预聚，络合结成网状系统，因此，防缩效果显著，可使羊毛衫满足"机可洗"标准。但单纯的树脂处理，由于羊毛纤维表面张力较小，树脂表面张力较大，树脂在羊毛纤维表面沉积扩散不均匀，会影响整理质量。

工艺流程：羊毛衫衣坯→清洗→树脂整理→脱液→烘干。

（三）氧化树脂结合法

树脂在羊毛纤维表面均匀分布，需对羊毛纤维进行预处理，如氧化处理，以提高羊毛纤维的表面张力，因此，便产生了氧化树脂结合法。此法克服了前述两种方法的缺点。氧化树脂结合法是国外经常采用的效果很好的防缩方法。在羊毛衫树脂整理时，预先进行氧化处理，使纤维鳞片层有一定的破坏，提高羊毛纤维的表面张力，使树脂能均匀地扩散到纤维表面，同时树脂中的活性基团与羊毛纤维在氧化过程中产生的带电基团形成化学键结合，获得优良的防缩效果，同时也可获得较好的防起球效果。采用此防缩方法可使羊毛衫达到"超级耐洗"的标准。

工艺流程：羊毛衫衣坯→前处理→氧化→脱氯→水洗→树脂整理→柔软处理→烘干→定形。

三、防蛀整理

羊毛衫在存储过程中，会发生虫蛀现象，通过防蛀整理使蛀虫不能在织物上生存，达到防蛀的目的。防蛀整理所用助剂应高效低毒，对人体无副作用，不影响织物的色泽和染色牢度，不损伤羊毛纤维的手感和强力，并具有耐洗、耐晒、耐持久的特点。常用的防蛀整理方法有以下几种。

（一）物理性预防法

物理性预防法是用物理手段防止害虫附着在羊毛纤维上，通常采用刷毛、真空储存、加热、紫外线照射、冷冻储存、晾晒和保存于低温干燥阴凉通风场所等方法。

（二）羊毛纤维化学改性法

通过化学改性形成稳定的交链结构，可干扰和阻止害虫幼虫对羊毛纤维的侵蚀，提高羊毛衫的防蛀功能。

羊毛纤维的化学改性方法通常有两种。一种是将羊毛纤维的二硫键经巯基醋酸还原为还原性羊毛纤维，然后与亚烃基二卤化物反应，使羊毛纤维的二硫键被二硫醚交链取代；

另一种是双官能团—不饱和醛与还原性羊毛纤维反应，形成在碱性还原条件下稳定的新交链。

（三）抑制蛀虫生殖法

抑制蛀虫生长繁殖的方法很多，有金属螯合物处理、γ射线辐射、应用引诱剂杜绝蛀虫繁殖能力及引入无害菌类控制蛀虫的生长等。

（四）防蛀剂化学驱杀法

防蛀剂化学驱杀法是使化学试剂直接侵入害虫皮层；或通过呼吸器官和消化器官给毒而使之死亡。防蛀剂应高效低毒，不伤人体，不影响织物的色泽和染色牢度，不损伤羊毛纤维的手感和强力，并具有耐洗、耐晒、使用方便等特点。此法主要使用熏蒸剂、喷洒剂和浸染性防蛀整理剂来实现。目前，常采用浸染型防蛀整理剂来进行羊毛衫的防蛀整理。

四、芳香整理

芳香整理使羊毛衫在固有的防护、保暖和美观的功能外，又增加了嗅觉上的享受和净化环境的作用，对羊毛衫产品进行芳香整理的关键是保证香味的持久性。整理方法主要有两类，即普通浸轧法和微胶囊法。普通浸轧法的方法简单且前期香味较浓，但香味只能保持1个月左右，因此，对于高档的羊毛衫产品大多采用微胶囊法。微胶囊法是将芳香剂包裹在微胶囊中，在羊毛衫浸泡芳香整理剂后，微胶囊包裹着芳香剂与织物结合，只有在穿着过程中人体运动时微胶囊的囊壁受到摩擦或压力破损后才将香味释放出来，因此，可以保证香味的持久性。

五、纳米整理

21世纪的三大高新技术为纳米技术、生物工程和信息技术。近年来，纳米技术的发展非常迅速，在全世界兴起了一股"纳米热"。纳米材料指粒度在1~100nm的材料。当材料的粒度小到纳米尺寸后，可产生许多特殊的效应，主要有量子尺寸效应、小尺寸效应、表面效应、宏观量子隧道效应、介电限域效应及光催化效应等。综合上述效应，纳米粒子的力、热、光、电、磁、化学性质与传统固体相比有显著的不同，显示出许多奇异的特性。把某些具有特殊效应的纳米级粉体（如纳米级的TiO_2、ZnO、Al_2O_3、SnO_2、SiO_2）和纳米碳管等加入羊毛衫中，可开发出功能性的羊毛衫。目前主要有远红外、防紫外线、防菌、防螨、负离子、吸波、抗静电、防水拒油、自清洁等纳米功能性纺织品。总之，纳米技术的出现为功能性纺织品的开发开辟了一条新的途径。随着新技术的发展，未来的纺织品还可能集多种功能于一身，如同时具有防菌、远红外、负离子、自清洁等功能，可以获得更多的功能性要求。

六、防水整理

防水整理按加工方法不同可分为两类：一类是用涂层方法，在织物表面施加一层不溶于水的连续性薄膜，这种产品不透水，但也不透气，不宜用作一般衣着用品，而适用于制作防雨篷布、雨伞等，如我国早就使用的用桐油涂敷的油布，近年多采用橡胶和聚氨酯类作为涂层剂，以改善整理的手感、弹性和耐久性；另一类整理方法是改变纤维表面性能，使纤维表面的亲水性转变为疏水性，而织物中纤维间和纱线间仍保留着大量孔隙，这样的织物既能保持透气性，又不易被水润湿，只有在水压相当大的情况下才会发生透水现象，适宜制作风雨衣类的织物，这种防水整理也称为拒水整理。

七、阻燃整理

织物经阻燃整理后，并不能达到如石棉般的不可燃程度，但能够阻遏火焰蔓延，当火源移去后不再燃烧，并且不发生残焰阴燃。阻燃整理织物可用于军事部门、工业交通部门、民用产品，如地毯、窗帘、幕布、工作服、床上用品及儿童服装等。

选用阻燃剂时，除了必须考虑阻燃效果和耐久程度外，还必须注意对织物的强度、手感、外观、织物染料色泽及色牢度有无不良影响；对人体皮肤有无刺激，阻燃剂在织物受热燃烧时有无毒气产生，以及与其他整理剂的共容性等。

八、抗静电整理

印染后整理加工中常使用耐久性、外施型静电防止剂。这类静电防止剂要求具有耐久性防静电效果，且不影响织物的风格、染印织物的色光及各项染色牢度，与其他助剂有相容性，无臭味，对人体皮肤无毒害等。常规抗静电性能都是利用增加纤维表面吸湿性，以抑制电荷积累。

九、防紫外线整理

减少紫外线对皮肤的伤害，必须减少紫外线透过织物的量。防紫外线整理可以通过增强织物对紫外线的吸收能力或增强织物对紫外线的反射能力来减少紫外线的透过量。在对织物进行防紫外线整理时，可选用紫外线吸收剂或反光整理剂，如两者联合处理效果会更好，可根据产品的要求而定。目前应用的紫外线吸收剂主要有金属离子化合物、水杨酸类化合物、苯酮类化合物和苯三唑类化合物等类型。

随着针织产业的发展和羊毛衫个性化消费的推进，需要考虑原料、染色、纺纱及成衫过程中诸多因素的变化，在加工技术上不断完善创新，提高各工序的加工质量，使羊毛衫整体质量更加稳定，不断提升产品附加值，实现羊毛衫产业健康可持续发展。

本章小结

1. 本章重点介绍了羊毛衫成衣后加工的主要内容，列举了典型羊毛衫的后整理工艺。

2. 重点对羊毛衫染色理论和染色工艺加以阐述；针对近几年印花工艺的快速发展，重点介绍了羊毛衫的印花工艺及最新的发展动态。

3. 介绍了羊毛衫功能整理的意义、目的及方法。

思考题

1. 羊毛衫的成衣工艺包括哪些步骤？

2. 羊毛衫的染色原理及方法有哪些？

3. 羊毛衫后整理包含哪些内容？

4. 羊毛衫染色时对染料有什么特殊要求？

5. 羊毛衫可以采用哪些印花工艺？

6. 羊毛衫功能整理的目的及类型？

专业知识与实践——

羊毛衫的检验

课程名称： 羊毛衫的检验

课程内容： 1. 原料检验与评等

2. 半成品检验

3. 成品检验与评等

4. 进出口羊毛衫的检验程序

5. 羊毛衫的保养

课程时间： 10课时

教学目的： 通过对本章内容的学习，使学生全面学习羊毛衫检验的理论知识，培养学生在从事羊毛衫检验实际工作中的能力。重点掌握羊毛衫的质量检测方法，并能够应用科学的检验技术和检验方法，对羊毛衫质量进行全面检验和科学评价，确定羊毛衫质量是否符合规定标准，为羊毛衫生产企业和贸易企业提供可靠的质量信息。

教学方式： 理论授课与实验相结合。

教学要求： 1. 根据羊毛衫生产工艺流程，确定羊毛衫的质量检验环节，分析和研究羊毛衫的质量属性。

2. 确定羊毛衫检验的质量指标、检验方法和判定依据。

3. 能够根据羊毛衫质量检测结果，进行综合判定，确定羊毛衫品质等级。

4. 能够总结羊毛衫选购知识、洗涤技巧和保养要点。

课前（后）准备： 1. 课前要求学生掌握羊毛衫生产工艺流程和羊毛衫主要质量指标。

2. 课后要求学生根据羊毛衫检验的项目检索对应的纺织标准。

3. 课后要求学生能够按照理论授课内容开展羊毛衫检验所需的相关检测试验。

4. 课后要求学生总结怎样辨别真假羊毛衫、羊毛衫的洗涤技巧以及如何正确保养羊毛衫。

第八章 羊毛衫的检验

羊毛衫的质量检验根据检验主体及其目的的不同，可分为生产企业检验、验收检验和第三方检验。生产企业检验，指羊毛衫生产企业为控制和提高羊毛衫质量，根据羊毛衫生产工艺流程，分析各工序质量控制的方法，建立自检、互检和专检的质量监督体制，及时对各工序的检验记录进行汇总和分析，维护企业信誉所进行的自我约束检验，主要分为原料检验、半成品检验和成品检验。验收检验，指羊毛衫购货方（如国外贸易公司或用户）为杜绝不合格羊毛衫进入流通、消费领域，防止自己和消费者利益受到侵害所进行的质量检验，通过委托专业的检测机构进行的羊毛衫质量检验。第三方检验，指由上级行政主管部门、质量监督与认证部门以及消费者协会等第三方，为维护消费者或买卖双方利益所作的质量检验。国家质检总局依法组织有关省级质量技术监督部门和产品质量检验机构对生产、销售的羊毛衫，依据有关规定开展定期的国家监督抽查和不定期的国家监督专项抽查，并对抽查结果依法公告和处理。

第一节 原料检验与评等

为满足针织类羊毛衫用纱的要求，及时发现和弥补毛纱存在的质量问题，提高原料的利用率及生产效率，保证羊毛衫产品的质量，必须对羊毛衫的原料（即毛纱）进行检验。凡未经检验或经检验后不符合针织用纱标准的原料，不能用于羊毛衫生产。

一、羊毛纱质量检验

羊毛衫的原料检验即羊毛纱质量检验，主要对羊毛纱的物理指标、染色牢度和外观质量三方面进行检验。具体包括物理指标中的绞纱重量、纤维含量、线密度、捻度、单纱强力、含油脂率、圈长等，染色牢度中的耐光、耐洗、耐水、耐汗渍、耐摩擦等，外观质量中的外观疵点、手感、色泽等方面进行检验。

（一）物理指标

1. 绞纱重量检验

（1）仪器与用具：天平（感量0.01g）、八篮烘箱等。

（2）试验步骤：将待检绞纱或团绒试样展开放置在温度20℃±2℃，相对湿度65%±3%的标准大气中，进行调湿平衡至少24h。取10大绞（筒）或5包团绒，逐绞（筒）或逐团称重，测得试样的实际重量并计算平均值。取接近平均重量的一绞（筒）或一团绒，按回潮率试验测定试样的实际回潮率。

（3）绞纱重量计算：

①公定回潮重量：按式（8–1）计算大绞（筒子纱）或团绒的公定回潮重量，精确至0.1g。

$$G_0 = \frac{G_1 \times (1+R_0)}{1+R_1} \qquad (8–1)$$

式中：G_0——公定回潮重量，g；

G_1——平均实际重量，g；

R_0——公定回潮率；

R_1——实际回潮率。

②实际回潮率：按式（8–2）计算试样的实际回潮率，精确至0.1%。

$$R_1 = \frac{G_1 - G_2}{G_2} \times 100\% \qquad (8–2)$$

式中：R_1——试样实际回潮率；

G_1——试样烘前重量，g；

G_2——试样烘干重量，g。

③重量偏差率：按式（8–3）计算大绞（筒子纱）或团绒的重量偏差率，精确至0.1%。

$$D_G = \frac{G_0 - G}{G} \times 100\% \qquad (8–3)$$

式中：D_G——重量偏差率；

G_0——公定回潮重量，g；

G——规定重量，g。

2. 纤维含量检验

（1）二组分纤维混纺产品定量化学分析方法：

①测试原理：混纺产品的组分经定性鉴定后，选择适当试剂溶解去除一种组分，将不溶解的纤维烘干、称重，从而计算出各组分纤维的百分含量。

②仪器和试剂：

a. 试剂：石油醚、蒸馏水或去离子水、专用试剂等。

b. 仪器与用具：索氏萃取器、恒温水浴锅、真空抽气泵、分析天平、电热鼓风烘箱、干燥器、具塞三角烧瓶、玻璃砂芯坩埚、称量瓶、量筒、烧杯、温度计、抽气滤瓶等。

③试样：

a. 试样预处理：有以下两种处理方法，一般预处理和特殊预处理。

一般预处理：取试样5g左右，放在索氏萃取器中，用石油醚萃取1h，每小时至少循环6次，待试样中的石油醚挥发后，把试样浸入冷水中，浸泡1h，再在65℃±5℃的水中浸泡1h，水与试样之比为100：1，并时时搅拌溶液，然后抽吸或离心脱水、晾干。

特殊预处理：试样上的水不溶性浆料、树脂等非纤维物质，如不能用石油醚和水萃取掉，则需用特殊的方法处理，同时要求这种处理对纤维组成没有影响。虽然一些未漂白的天然纤维，用石油醚和水的正常预处理是不能将所有天然的非纤维物质全部除去，但也不采用附加的预处理，除非试样上具有在石油醚和水中都不溶的保护层。

b. 试样制备：纱线剪成1cm长，每个试样至少两份，每份试样不少于1g。

④试验步骤：

a. 烘干：将试样放入烘箱内，在105℃±3℃温度下烘4～16h，如烘干时间小于14h，则需烘至恒重（连续两次称得试样重量的差异不超过0.1%）。

试样的烘干：把试样放入称量瓶内，瓶盖放在旁边，烘干后盖上瓶盖，迅速移入干燥器中冷却、称重，直至恒重。

玻璃砂芯坩埚与不溶纤维的烘干：玻璃砂芯坩埚连同盖子（放在旁边），放入烘箱内烘干后盖上盖子，迅速移入干燥器内冷却、称重，直至恒重。

b. 冷却：在干燥器中冷却，干燥器放在天平边，冷却时间以试样冷至室温为限（一般不能少于30min）。

c. 称重：冷却后，从干燥器中取出称量瓶、玻璃砂芯坩埚等，在2min内称完，精确至0.0002g。

注：在干燥、冷却、称重操作中，不能用手直接接触玻璃砂芯坩埚、试样、称量瓶等。

d. 试样干重测定：把试样放入已恒重的称量瓶内，在105℃±3℃烘箱中烘干后盖上瓶盖，移入干燥器中冷却、称重，重复上述操作直至恒重。

⑤结果分析计算：

a. 净干重量百分率的计算：

$$P_1 = \frac{100 m_1 d}{m_0} \qquad (8-4)$$

$$P_2 = 100 - P_1 \qquad (8-5)$$

式中：P_1——不溶解纤维的净干含量百分率，%；

P_2——溶解纤维净干含量百分率，%；

m_0——预处理后试样干重，g；

m_1——剩余的不溶纤维干重，g；

d——不溶纤维在试剂处理时的重量修正系数。

d值按式（8-6）求得：

$$d = \frac{m_0}{m_1} \qquad (8-6)$$

式中：m_0——已知不溶纤维干重，g；

　　　m_1——试剂处理后不溶纤维干重，g。

b. 结合公定回潮率含量百分率的计算：

$$P_m = \frac{P_1\left(1+\dfrac{a_1}{100}\right)}{P_1\left(1+\dfrac{a_1}{100}\right) + P_2\left(1+\dfrac{a_2}{100}\right)} \times 100 \qquad （8-7）$$

$$P_n = 100 - P_m \qquad （8-8）$$

式中：P_m——不溶解纤维结合公定回潮率的含量百分率，%；

　　　P_n——溶解纤维结合公定回潮率的含量百分率，%；

　　　P_1——不溶解纤维净干含量百分率，%；

　　　P_2——溶解纤维净干含量百分率，%；

　　　a_1——不溶解纤维的公定回潮率，%；

　　　a_2——溶解纤维的公定回潮率，%。

c. 包括公定回潮率、预处理中纤维损失和非纤维物质除去量的含量百分率的计算：

$$P_A = \frac{P_1\left(1+\dfrac{a_1+b_1}{100}\right)}{P_1\left(1+\dfrac{a_1+b_1}{100}\right) + P_2\left(1+\dfrac{a_2+b_2}{100}\right)} \times 100 \qquad （8-9）$$

$$P_B = 100 - P_A \qquad （8-10）$$

式中：P_A——不溶解纤维结合公定回潮率和预处理损失的含量百分率，%；

　　　P_B——溶解纤维结合公定回潮率和预处理损失的含量百分率，%；

　　　P_1——不溶解纤维净干含量百分率，%；

　　　P_2——溶解纤维净干含量百分率，%；

　　　a_1——不溶解纤维的公定回潮率，%；

　　　a_2——溶解纤维的公定回潮率，%；

　　　b_1——预处理中不溶解纤维的重量损失和（或）不溶解纤维中非纤维物质的去除率，%；

　　　b_2——预处理中溶解纤维的重量损失和（或）溶解纤维中非纤维物质的去除率，%。

⑥试验结果：以两次试验的平均值表示，若两次试验测得的结果绝对差值大于1%时，应进行第三个试样的试验，试验结果以三次试验平均值表示。

（2）三组分纤维混纺产品定量化学分析方法：

①测试原理：混纺产品的组分经定性检测后，选择适当的试剂，把混纺产品中的某一个或几个组分纤维溶解，从溶解失重或不溶解纤维的重量计算出各组分纤维的百分含量。

②试剂和仪器：

a．试剂：测试所用的试剂都为化学纯，所用的水为蒸馏水或去离子水。

石油醚、二甲基甲酰胺、80%甲酸溶液、丙酮、二氯甲烷、甲酸/氯化锌溶液、二硫化碳/丙酮溶液、碱性次氯酸钠溶液、75%硫酸溶液等。

b．仪器与用具：索氏萃取器、玻璃砂芯坩埚、恒温水浴锅、真空抽气泵、分析天平、电热鼓风烘箱、干燥器、具塞三角烧瓶、称量瓶、量筒、烧杯、温度计、抽气滤瓶、机械振荡器等。

③试样：纱线剪成1cm长，每个试样至少两份，每份试样不少于1g。

④分析步骤：

a．一般说明：

烘干：将试样放入烘箱中，在105℃±3℃温度下烘4～16h，如烘干时间小于14 h，则需烘至恒重（将试样再烘1h，连续两次称得的试样重量差异不超过0.1%）。试样的烘干：把试样放在称量瓶内，瓶盖放在旁边，烘干后盖上瓶盖，迅速移入干燥器内冷却、称重，直至恒重。玻璃砂芯坩埚与不溶解纤维的烘干：玻璃砂芯坩埚连同盖子（放在旁边）放入烘箱中，烘干后盖上盖子，迅速移入干燥器内冷却、称重。

冷却：在干燥器中冷却，干燥器放在天平旁边，冷却时间以试样冷至室温为限（一般不少于30min）。

称重：冷却后，从干燥器中取出称量瓶、玻璃砂芯坩埚等，在2 min内称完，精确至0.0002g。

b．试样干重测定：将试样放入已恒重的称量瓶内，在105℃±3℃烘箱中烘干后盖上瓶盖，移入干燥器中冷却、称重，重复上述操作直至恒重。

c．各组分纤维的溶解和分离：根据组成纤维的种类，取两个试样，第一个试样将A纤维溶解，第二个试样将B纤维溶解，分别对未溶解部分称重，根据溶解失重，算出每一溶解纤维的百分含量。C纤维百分含量可从差值中求得。

⑤结果分析计算：混纺织物中各组成纤维的百分含量计算先以净干重百分含量为基准，然后用公定回潮率作校正。根据需要还可从预处理中重量损失来计算。不同的溶解方案有各自的计算公式。试验结果以两次试验的平均值表示，若两次试样测得结果的绝对值大于1%时，应进行第三个试样的试验，试验结果以三次试验平均值表示。具体如下：

a．纤维净干重百分率计算：

$$P_1 = \left[\frac{d_2}{d_1} - d_2 \times \frac{r_1}{m_1} + \frac{r_2}{m_2} \times \left(1 - \frac{d_2}{d_1} \right) \right] \times 100 \qquad （8-11）$$

$$P_2 = \left[\frac{d_4}{d_3} - d_4 \times \frac{r_2}{m_2} + \frac{r_1}{m_1} \times \left(1 - \frac{d_4}{d_3} \right) \right] \times 100 \qquad （8-12）$$

$$P_3 = 100 - （ P_1 + P_2 ） \qquad （8-13）$$

式中：P_1——A纤维的净干含量百分率（第一个试样溶解在第一种试剂中的纤维），%；

P_2——B纤维的净干含量百分率（第二个试样溶解在第二种试剂中的纤维），%；

P_3——C纤维的净干含量百分率（在两种试剂中都不溶解的纤维），%；

m_1——第一个试样经预处理后的干重，g；

m_2——第二个试样经预处理后的干重，g；

r_1——第一个试样经第一种试剂溶解A纤维后，不溶解纤维的干重，g；

r_2——第二个试样经第二种试剂溶解B纤维后，不溶解纤维的干重，g；

d_1——重量损失修正系数（第一个试样中，B纤维在第一种试剂中的重量损失）；

d_2——重量损失修正系数（第一个试样中，C纤维在第一种试剂中的重量损失）；

d_3——重量损失修正系数（第二个试样中，A纤维在第二种试剂中的重量损失）；

d_4——重量损失修正系数（第二个试样中，C纤维在第二种试剂中的重量损失）。

b. 各组分结合公定回潮率和预处理重量损失的含量百分率：

$$A = 1 + \frac{a_1 + b_1}{100} \tag{8-14}$$

$$B = 1 + \frac{a_2 + b_2}{100} \tag{8-15}$$

$$C = 1 + \frac{a_3 + b_3}{100} \tag{8-16}$$

$$P_A = \frac{P_1 A}{P_1 A + P_2 B + P_3 C} \times 100 \tag{8-17}$$

$$P_B = \frac{P_2 B}{P_1 A + P_2 B + P_3 C} \times 100 \tag{8-18}$$

$$P_C = \frac{P_3 C}{P_1 A + P_2 B + P_3 C} \times 100 \tag{8-19}$$

式中：P_A——A纤维结合公定回潮和预处理重量损失的含量百分率，%；

P_B——B纤维结合公定回潮和预处理重量损失的含量百分率，%；

P_C——C纤维结合公定回潮和预处理重量损失的含量百分率，%；

P_1——A纤维的净干含量百分率，%；

P_2——B纤维的净干含量百分率，%；

P_3——C纤维的净干含量百分率，%；

a_1——A纤维公定回潮率，%；

a_2——B纤维公定回潮率，%；

a_3——C纤维公定回潮率，%；

b_1——A纤维在预处理中重量损失百分率，%；

b_2——B纤维在预处理中重量损失百分率，%；

b_3——C纤维在预处理中重量损失百分率，%。

（3）特种动物纤维与绵羊毛混合物含量的测定：

①测试原理：特种动物纤维、绵羊毛混合物含量的测定，是根据特种动物纤维与绵羊毛的鳞片结构特征，在投影显微镜下分辨出各类纤维，并分别记录其根数，同时测量其直径，通过公式计算出特种动物纤维与绵羊毛的重量百分比。

②仪器与试剂：

a. 仪器与用具：投影显微镜、哈氏切片器或双刀片、载玻片、盖玻片、剪刀、镊子、丝绒布、绒板、烘箱、天平等。

b. 试剂：液体石蜡或甘油。

③试样：将试验样品均匀分成三份，每份用哈氏切片器或双刀片切断，每根纱线只能切一次，不得重复切取，切得的0.4mm左右长纤维片段全部放置于载玻片上，不得丢失。滴入适量液体石蜡或甘油，用镊子搅拌，使之均匀分布在介质内，然后盖上盖玻片。盖时注意，应先去除多余的介质混合物，保证盖上盖玻片后不会有介质从中挤出，以免纤维流失，每个试样所测纤维根数不少于1500根。

④测量：将待测的试样放在投影显微镜的载物台上，盖玻片面对显微镜物镜，调整到纤维图像清晰，载物台水平方向及垂直方向以0.5mm间隔移动，观察进入屏幕的各类纤维。根据纤维的形态结构特征鉴别其类型，按GB/T 10685—2007测量各类纤维直径，并分别记录各类纤维的根数。每个载玻片共数1500根以上纤维。

山羊绒纤维直径大于30μm，牦牛绒纤维直径大于35μm，驼绒纤维直径大于40μm，兔毛纤维直径大于30μm的观测纤维，分别测量平均直径和纤维根数。上述各类纤维的根数占样品被检根数的比例小于3‰的，可忽略不计。

⑤试验结果计算：

a. 平均直径：

$$\bar{d} = A + \frac{\sum (F \times D)}{\sum F} \times I \qquad (8\text{-}20)$$

$$S = \sqrt{\frac{\sum (F \times D^2)}{\sum F} \left[\frac{\sum (F \times D)}{\sum F} \right]^2 \times I} \qquad (8\text{-}21)$$

$$CV = \frac{S}{\bar{d}} \times 100 \qquad (8\text{-}22)$$

式中：$\bar{d}$——纤维平均直径，μm；

A——假定平均直径，μm；

F——纤维直径测量根数；

D——相对假定算术平均数之差；

I——组距，2.5μm；

S——标准差，μm；

CV——变异系数，%。

b. 各组分纤维重量百分比计算：

$$P_i = \frac{N_i\,(\,d_i^2 + S_i^2\,) + \rho_i}{\sum\,[\,N_i\,(\,d_i^2 + S_i^2\,)\,\rho_i\,]} \times 100 \qquad (8\text{-}23)$$

式中：P_i——某组分纤维重量百分比，%；

$\quad N_i$——某组分纤维的计数根数；

$\quad d_i$——某组分纤维平均直径，μm；

$\quad S_i$——某组分纤维平均直径标准差，μm；

$\quad \rho_i$——某组分纤维的密度，g/cm^3。

试验结果以两次计算结果的平均值表示，若两次计算结果的差异大于3%时，应测量第三个试样，最终结果取三个试样计算结果的平均值。

3. 线密度检验

（1）仪器与用具：缕纱测长器（纱框周长1m）、纱架、缕纱圈长量长仪、八篮烘箱、天平（感量0.01g）。

（2）试样：试样取样长度规定为：91tex及以上（11公支及以下）、45.5tex×2及以上（22/2公支及以下10m）（圈），91tex以下（11公支以上）、45.5 tex×2以下（22/2公支以上）20m（圈）。

（3）试验步骤：将已调湿的试样卷装插在缕纱测长器的纱架上，以正常的速度退绕纱线，按规定的张力0.25cN/tex±0.25cN/tex摇取所需长度，打结留头不超过1cm，将摇取的纱样上端套于缕纱圈长量长仪的挂杆上，使线圈逐根平行排列，将试样下端套于加有规定重锤的滑板上，使其自然下降，至静止状态0.5min内测得实际圈长，精确至0.1cm，悬挂重量（包括滑板自重120 g）。称取试样重量（称重前应剪去绞纱接头），测得试样实际回潮率。

（4）计算：

①公定回潮线密度：按式（8-24）或式（8-25）计算公定回潮线密度，精确至0.1tex。

$$N_0 = \frac{G_1 \times (\,1 + R_0\,) \times 1000}{L_1 \times K \times n \times (\,1 + R_1\,)} \qquad (8\text{-}24)$$

$$N_0 = \frac{G_2 \times (\,1 + R_0\,) \times 1000}{L_1 \times K \times n} \qquad (8\text{-}25)$$

式中：N_0——公定回潮线密度，tex；

$\quad G_1$——试样平均重量，g；

$\quad L_1$——试样平均圈长，m；

$\quad K$——试样圈数；

$\quad n$——纱线股数；

$\quad R_0$——公定回潮率；

$\quad R_1$——试样实际回潮率；

G_2——试样烘干重量，g。

②线密度偏差率：按式（8-26）计算线密度偏差率，精确至0.1%。

$$D_N = \frac{N_0 - N}{N} \times 100\%$$ （8-26）

式中：D_N——线密度偏差率；

$\quad\quad N_0$——公定回潮线密度，tex；

$\quad\quad N$——规定线密度，tex。

③线密度变异系数：按式（8-27）计算线密度变异系数，精确至0.1%。

$$CV = \frac{\sqrt{\frac{\sum_{i=1}^{n}(X_i - \overline{X})^2}{n-1}}}{\overline{X}} \times 100$$ （8-27）

式中：CV——线密度变异系数，%；

$\quad\quad X_i$——各缕纱试样重量，g；

$\quad\quad \overline{X}$——试样重量平均值，g；

$\quad\quad n$——试验次数。

4. 捻度检验

（1）测试原理：在规定的张力下，夹住一定长度试样的两端，旋转试样一端，退去纱线试样的捻度，直到被测纱线的构成单元平行。根据退去纱线捻度所需转数求得纱线的捻度。

（2）仪器：捻度试验仪。

（3）试样：

①短纤维单纱：试样长度应尽量长，但应小于纱线中短纤维的平均长度。

②复丝：当名义捻度＞1250捻/m时，隔距长度为250mm±0.5mm；当名义捻度＜1250捻/m时，隔距长度为500mm±0.5mm。

③股线与缆线：当名义捻度＞1250捻/m时，隔距长度为250mm±0.5mm；当名义捻度＜1250捻/m时，隔距长度为500mm±0.5mm。

（4）试验步骤：

①选样：应以实际能做到的最小张力从卷装的尾端或者侧面引出试样。为了避免不良纱段，舍弃卷装的始端和尾端各数米长。如果从同一个卷装中取两个及以上的试样时，各个试样之间至少有1m以上的随机间隔。如果从同一卷装中取两个以上的试样时，则应把试样分组，每组不超过5个，各组之间有数米的间隔。

②捻向的确定：握持纱线的一端，并使其一小段（至少100mm）悬垂，观察此垂直纱段的构成部分的倾斜方向，与字母"S"中间部分一致的为S捻，与字母"Z"中间部分一致的为Z捻。

③捻度的测定：以实际能达到的最小张力从纱线卷装的尾端或侧面退绕纱线。注意：在退绕和拿放样品过程中要避免其原始捻度的改变。取第一个试样前，退绕并舍弃约5m纱线。在将试样固定在捻度试验仪的夹钳中之后，方可从卷装上剪下试样。如需从该卷装继续取另外的试样，则应使用固定夹头或重物压住纱头，以避免捻度损失。

（5）计算：

①试样捻度：

$$t_{\mathrm{s}}=\frac{1000x}{l} \qquad\qquad （8-28）$$

式中：t_{s}——试样捻度，捻/m；

　　　l——试样初始长度，mm；

　　　x——试样捻回数。

②样品平均捻度：

$$t=\frac{\sum t_{\mathrm{s}}}{n} \qquad\qquad （8-29）$$

式中：t——样品平均捻度；

　　　$\sum t_{\mathrm{s}}$——全部试样捻度的总和；

　　　n——试样数量。

③捻度的变异值：如有需要，按照标准统计方法计算捻度变异系数和95%的置信区间。

④退捻长度变化率：以伸长率或收缩率报告。

$$\Delta l=\frac{l_{\mathrm{u}}-l}{l} \qquad\qquad （8-30）$$

式中：l——试样退捻后长度；

　　　l_{u}——试样退捻前长度。

如果Δl为正值，退捻伸长率为｜Δl｜；如果Δl为负值，退捻收缩率为｜Δl｜。

⑤捻系数：

$$\alpha=t（T/1000）^{1/2} \qquad\qquad （8-31）$$

式中：α——捻系数；

　　　t——捻度，捻/m；

　　　T——纱线线密度，tex。

5. 单纱强力检验

（1）测试原理：使用专用的仪器设备拉伸试样直至断裂，同时记录断裂强力和断裂伸长，采用100%（相对于试样原长度）每分钟的恒定速度拉伸试样。根据协议，自动试验仪允许采用更高的拉伸速度，允许采用两种隔距长度，通常为500mm（拉伸速度为500mm/min），特殊情况为250mm（拉伸速度为250 mm/min）。

（2）仪器：等速伸长（CRE）试验仪。

（3）试验步骤：通常采用500 mm；仪器拉伸动程不适应500 mm的试样，或者按照协议采用250 mm长度。隔距长度500mm采用500mm/min的拉伸速度，隔距长度250mm采用250 mm/min的拉伸速度。此外，仅对自动试验仪，根据协议允许较高的拉伸速度，建议采用每分钟400%隔距长度或者每分钟1000%隔距长度的拉伸速度。按常规方法从卷装上退绕纱线。在夹持试样前，检查钳口准确地对正和平行，以保证施加的力不产生角度偏移。在试样嵌入夹持器时施加预张力，调试试样为0.5cN/tex ± 0.10cN/tex，湿态试样为0.25cN/tex ± 0.05cN/tex。变形纱施加既能消除纱线卷曲又不使之伸长的预张力。最后，夹紧试样。在试验过程中，检查钳口之间的试样滑移不能超过2mm，如果多次出现滑移现象需更换夹持器或钳口衬垫。舍弃出现滑移时的试验数据，并舍弃纱线断裂点在距钳口或闭合器5mm以内的试验数据，自动记录断裂强力和断裂伸长率值。

（4）计算：强力变异系数，精确至0.1%。

$$CV = \sqrt{\dfrac{\sum\limits_{i=1}^{n}\left(F_i - \overline{F}\right)^2}{n-1}} \times 100 \qquad (8\text{--}32)$$

式中：CV——强力变异系数，%；

$\quad$ F_i——各试样强力，cN；

$\quad$ $\overline{F}$——试样强力平均值，cN；

$\quad$ n——试验次数。

纱线断裂强度（cN/tex），精确至0.1 cN/tex。

$$断裂强度（cN/tex）= \frac{平均断裂强度（cN）}{平均线密度（tex）} \qquad (8\text{--}33)$$

6. 含油脂率检验

（1）测试原理：试样在索氏萃取器中用乙醚进行萃取，随后使萃取溶剂蒸发，得到残留的油脂重量，从而求出含油脂量对试样干重的百分率。

（2）仪器与设备：索氏萃取器、分析天平、恒温水浴锅、恒温烘箱、干燥器、称量盒、定性滤纸等。

（3）试样：称取两份试样，每份重5 ~ 10g。

（4）试验步骤：将每份试样用定性滤纸包好，不可过松，也不宜过紧。在恒温水浴锅上安装索氏萃取器，连接冷却管，通入冷却水，加热水浴锅。将两份包有定性滤纸的试样分别放入已知接收烧瓶重量的索氏萃取器的浸抽器内，注意滤纸包的高度不能超过虹吸管。然后从浸抽器的上部倒入乙醚，使其浸没试样并越过虹吸管产生回流，接上冷凝器。保持水浴加热温度，使接收烧瓶中的乙酸微沸，保证每小时回流6次或7次，共回流2h。回流完毕，取下冷凝器，用夹子小心从浸抽器中取出试样，挤干溶剂，放入已知重量的称量盒中。再接上冷凝器，回收乙醚。将已基本挥发尽乙醚的试样和接收烧瓶放在105℃ ± 3℃的烘箱中烘燥，冷却至室温，称重，重复烘燥0.5h，冷却、称重，直至达到恒重。

（5）计算：

$$\alpha=\frac{W_1}{W_1+W_2}\times 100 \qquad (8-34)$$

式中：α——试样的含油脂率，%；

$\quad W_1$——油脂的干燥重量，g；

$\quad W_2$——脱脂后试样的干燥重量，g。

计算两个试样的算术平均值，修正到小数点后两位。

7. 圈长检验

（1）仪器：绒线圈长量长仪。

（2）试样：取完整的10小绞试样，试验前勿经任何拉伸。

（3）试验步骤：将调湿平衡后的试样上端套在绒线圈长量长仪的上刀形挂板上，使线圈均匀铺开；将试样下端套在绒线圈长量长仪的下刀形挂板内，挂上规定重锤，使下挂板徐徐下降，至静止状态。0.5min内记录刻度尺读数，精确至0.1cm。悬挂重锤（包括下刀形挂板自重1.4kg）规定：50g绞—2.4 kg；62.5g绞—3.0 kg；125g绞—6.0 kg。

（4）计算：按试验结果计算平均圈长，精确至0.1cm。

$$D_L=\frac{L_1-L}{L}\times 100\% \qquad (8-35)$$

式中：D_L——圈长偏差率；

$\quad L_1$——平均圈长，cm；

$\quad L$——规定圈长，cm。

（二）染色牢度

1. 耐光检验

将待检纱线紧密卷绕于硬卡上，或平行排列固定于硬卡上，按照羊毛衫成品质量检验中的耐光检验内容进行检验。

2. 耐水洗检验

将毛纱编织成10cm×4cm的织物，按照羊毛衫成品质量检验中的耐水洗检验内容进行检验。

3. 耐水检验

将毛纱编织成40cm×100cm的织物，按照羊毛衫成品质量检验中的耐水检验内容进行检验。

4. 耐汗渍检验

取毛纱约为贴衬织物总量的1/2，按照羊毛衫成品质量检验中的耐汗渍检验内容进行检验。

5. 耐摩擦检验

将毛纱编织成织物，试样尺寸不小于50cm×140cm，或沿纸板的长度方向将纱线平行缠绕于与试样尺寸相同的纸板上，并使纱线在纸板上均匀地铺成一层。按照羊毛衫成品质量检验中的耐摩擦检验内容进行检验。

（三）外观质量说明及计量方法

1. 精梳毛针织绒线

（1）斑疵：纱线局部沾有污渍，包括黄斑、白斑、色斑、锈渍、油渍、胶糊渍等。

（2）外观疵点：毛片、小辫纱、多股、缺股、双纱、紧捻纱、泡泡纱、弓纱、轧毛、毡并、段松紧、草屑、色花、毛粒等疵点说明按GB/T 5706—1985执行。

（3）大肚纱：局部纱线直径粗于正常纱两倍以上，形成枣核状者。

（4）羽毛纱：由于飞毛夹入，纱线表面形成羽状者。

（5）异形纱：包括多股、缺股、双纱、松紧纱、泡泡纱、弓纱、卷捻纱等。异形纱不满一圈者按一圈计。

（6）卷捻纱：合股捻度局部过紧，形成卷曲状态者。

（7）杂质：如皮屑、丙纶丝等。

（8）异形卷曲：由于化学纤维纺纱后定型不良，染色后产生局部集中卷曲。

（9）杆印：染色时杆距调节不当或其他因素造成纱线与染杆接触处有上色不良或压印。

（10）异色纤维混入：其他颜色的纤维混入纱线。

（11）露底：素色的混纺绒线，单元纤维色泽深浅不一。

（12）膨体不匀：化纤膨体纱局部显体不匀。

（13）色档：在织片上呈现色泽不一的档子。

（14）混色不匀：不同颜色纤维混合不匀。

（15）条干不匀：纱线条干短片段粗细不匀，织片后出现深浅不一的云斑。

（16）厚薄档：纱线条干长片段不匀，粗细差异过大，织片后形成明显的厚薄片段。

（17）色差：纱线的色泽有差异。

（18）结头个数：优、一等品一小绞内的结头数不得超过大绞所允许数的一半。

2. 粗梳毛针织绒线

（1）斑疵：纱线局部沾有污渍，包括黄斑、白斑、色斑、锈渍、油渍、胶糊渍等。

（2）外观疵点：多股、缺股、双纱、紧捻纱、弓纱、毡并、色花、毛粒等疵点说明按GB/T 5706—1985执行。

（3）大肚纱：局部纱线直径粗于正常纱三倍以上，形成枣核状者。

（4）羽毛纱：由于飞毛夹入，纱线表面形成羽状者。

（5）异形纱：包括多股、缺股、双纱、松紧纱、弓纱等，以绞纱半圈为一处，累计计算。

（6）色档：在织片上呈现色泽不一的档子。

（7）混色不匀：不同颜色纤维混合不匀。

（8）粗细节、紧捻纱：3cm为一处。

（9）条干不匀：纱线条干短片段粗细不匀，织片后出现深浅不一的云斑。

（10）厚薄档：纱线条干长片段不匀，粗细差异过大，织片后形成明显的厚薄片段。

（11）色差：纱线的色泽有差异。

（12）结头个数：优、一等品一小绞内的结头数不得超过大绞所允许数的一半。

（13）错纱：筒子纱纱线用错，包括错支、错捻、错批、错原料等。

3. 精梳毛型化纤针织绒线

（1）斑疵：纱线局部沾有污渍，包括黄斑、白斑、色斑、锈渍、油渍、胶糊渍等。

（2）外观疵点：毛片、小辫纱、多股、缺股、双纱、松紧纱、泡泡纱、弓纱、轧毛、毡并、露底、色花、毛粒等疵点说明按GB/T 5706—1985执行。

（3）大肚纱：局部纱线直径粗于正常纱两倍以上，形成枣核状者。

（4）羽毛纱：由于飞毛夹入，纱线表面形成羽状者。

（5）异形纱：包括多股、缺股、双纱、松紧纱、泡泡纱、弓纱、卷捻纱。异形纱不满一圈者按一圈计。

（6）卷捻纱：合股捻度局部过紧，形成卷曲状态者。

（7）杂质：如皮屑、丙纶丝等。

（8）乱线：绞纱成形紊乱，造成倒纱困难者。

（9）化纤产品局部异形卷曲：由于化学纤维纺纱后定型不良，染色后产生局部集中卷曲。

（10）杆印：染色时杆距调节不当或其他因素造成纱线与染杆接触处有上色不良或压印。

（11）异色纤维混入：其他颜色的纤维混入纱线。

（12）膨化不匀：膨体纱局部显体不匀。

（13）色档：在织片上呈现色泽不一的档子。

（14）混色不匀：不同颜色纤维混合不匀。

（15）条干不匀：纱支条干短片段粗细不匀，织片后出现深浅不一的云斑。

（16）厚薄档：纱支条干长片段不匀，粗细差异过大，织片后形成明显的厚薄片段。

（17）色差：纱线的色泽有差异。

（18）结头、断头：一等品一小绞内的结头和断头数均不得超过大绞所允许数的一半。

（19）结头、断头、毛片、大肚纱、小辫纱、羽毛纱、杂质的总个数，一等品不得超过10个。

二、羊毛纱品质评等

羊毛衫选用的毛纱根据生产工艺分为精梳毛纱和粗梳毛纱，毛纱品质检验的主要标准有：FZ/T 71001—2003精梳毛针织绒线、FZ/T 71002—2003粗梳毛针织绒线、FZ/T 71003—1991精梳毛型化纤针织绒线、FZ/T 71004—2003精梳编结绒线、FZ/T 71006—2009羊绒针织绒线。

羊毛衫的毛纱品质检验以内在质量和外观质量的检验结果综合评定，并以其中最低一项定等，分为一等品、二等品，低于二等品者视为三等品。内在质量按物理指标和染色牢度的检验结果综合评定，判定该批毛纱的内在质量合格与否（其中染色牢度按不同色号分别判定）；毛纱外观质量按外观实物质量和外观疵点综合评定。外观质量不符品等率在5%及以下时，该批产品外观质量为合格；不符品等率在5%以上时，该批毛纱外观质量为不合格。

（一）内在质量评等

1. 物理指标评等

（1）精梳毛针织绒线物理指标评等：见表8-1。

（2）粗梳毛针织绒线物理指标评等：见表8-2。

（3）精梳毛型化纤针织绒线物理指标评等：见表8-3、表8-4。

（4）羊绒针织绒线物理指标评等：见表8-5。

表8-1　精梳毛针织绒线物理指标评等

项目		限度	优等品	一等品	二等品	备注
纤维含量（%）	纯毛产品含毛量	—	100			
	混纺产品纤维含量允许偏差（绝对百分比）	—	±3.0			成品中某一纤维含量低于10%时，其含量偏差绝对值应不高于标注含量的30%
大绞重量偏差率（%）		—	−2.0			
线密度偏差率（%）		—	±2.0	±3.5	±5.0	
线密度变异系数CV（%）		不高于	2.5	—		
捻度变异系数CV（%）		不高于	10.0	12.0	15.0	
单纱断裂强度（cN/tex）		不低于	4.5			（27.8×2）tex及以下为4.0
强力变异系数CV（%）		不高于	10.0	—		
起球（级）		不低于	3~4	3	2~3	
条干均匀度变异系数CV（%）		不高于	—	—		

注：表中线密度、捻度、强力均为股纱考核指标。

表8-2 粗梳毛针织绒线物理指标评等

项目		限度	优等品	一等品	二等品	备注
纤维含量（%）	纯毛产品含毛量	—	100			成品中某一纤维含量低于10%时，其含量偏差绝对值应不高于标注含量的30%
	混纺产品纤维含量允许偏差（绝对百分比）	—	±3.0			
线密度偏差率（%）		—	±3.0	±4.0	±5.5	83.3 tex及以上放宽1%
线密度变异系数CV（%）	单纱	不高于	4.5	6.0	8.0	
	股纱		3.5	5.0	7.0	
捻度偏差率（%）	股纱	—	±5.0	±7.0	±10.0	单纱放宽2%
捻度变异系数CV（%）	单纱	不高于	12.0	15.0	17.5	
	股纱		10.0	12.0	16.0	
单纱断裂强度（cN/tex）	单纱	不低于	2.2			
	股纱		2.5			
强力变异系数CV（%）	单纱	不高于	13.5		—	
	股纱		12.0			
起球（级）		不低于	3~4	3	2~3	
含油脂率（%）		不高于	1.5		—	

表8-3 精梳毛型化纤针织绒线物理指标评等（一）

项目		试验方法	考核指标或允许偏差			
			限度	一等品	二等品	三等品
圈长偏差率（%）		FZ 71003	—	±5.0	±10.0	±15.0
大绞重量偏差率（%）			—	-2.0	-3.0	-5.0
线密度偏差率（%）	正规纱		—	±4.0	±6.0	±10.0
	膨体纱		—	±5.0	±7.0	±10.0
捻度不匀率（%）	（23.8×2）tex以下（42/2以上）	GB 2543	不高于	12.0	14.0	16.0
	（45.5×2）tex~（8×2）tex（22/2~42/2）			10.0	12.0	14.0
	（45.5×2）tex以上（22/2以下）			8.0	10.0	12.0
混纺产品中毛纤维含量的减少或性能最差纤维含量的增加（绝对百分比）（%）		GB/T 2910 GB/T 2911	不高于	3	5	8
含油脂率（%）		FZ/T 20002	不高于	1.5		

表8-4 精梳毛型化纤针织绒线物理指标评等（二）

项目	线密度，tex（Nm）	一、二、三等品考核指标，cN（gf）
单根纱线平均断裂强力不低于	27.8×2及以下（36/2及以上）	226（230）
	29.4×2（34/2）	265（270）
	31.2×2（32/2）	304（310）
	33.3×2（30/2）	343（350）
	35.7×2（28/2）	372（380）
	38.5×2（26/2）	412（420）
	41.7×2（24/2）	451（460）
	45.5×2（22/2）	490（500）
	50×2（20/2）	519（530）
	55.6×2（18/2）	559（570）
	62.5×2及以上（16/2及以下）	598（610）

注：试验方法按GB/T 3916—2013内容执行。

物理指标试验用的样品，批量在1000kg及以下的每批抽取10大绞，批量在1000kg以上的每1000kg试验一次。试样应在同一品种、同一批号的不同部位、不同色号中随机抽取。染色牢度试样应包括该批的全部色号。

表8-5 羊绒针织绒线物理指标评等

项目	限度	精梳			粗梳			备注
		优等品	一等品	二等品	优等品	一等品	二等品	
纤维含量允差（%）	—	按FZ/T 01053标准执行						—
羊绒纤维平均细度（μm）	≤	15.5	—		15.5	—		只考核纯羊绒产品
线密度偏差率（%）	—	± 2.0	± 3.0	± 5.0	± 2.5	± 3.5	± 5.5	考核股纱
线密度变异系数CV（%）	≤	3.0	—	—	4.0	4.5	5.5	
捻度偏差率（%）	—	± 6.0			± 8.0			考核股纱
捻度变异系数CV（%）	≤	8.5	10.0	12.5	10.0	12.5	17.5	
单根纱线平均断裂强度（cN/tex）	≥	5.5 4.0			3.0 2.5			考核股纱
强力变异系数CV（%）	≤	10.0			12.5			
起球（级）	≥	3~4	3	2~3	3~4	3	2~3	—
含油脂率（%）	≤	1.5	—		1.5	—		—

2. **染色牢度评等**

（1）精梳毛针织绒线染色牢度评等：见表8-6。

（2）粗梳毛针织绒线染色牢度评等：见表8-7。

（3）精梳毛型化纤针织绒线染色牢度评等：见表8-8。

（4）羊绒针织绒线染色牢度评等：见表8-9。

表8-6 精梳毛针织绒线染色牢度评等

项目		限度	优等品	一等品
耐光（级）	>1/12标准深度（深色）	不低于	4	3-4
	<1/12标准深度（浅色）		3	3
耐洗（级）	色泽变化	不低于	3-4	3
	毛布沾色		4	3
	棉布沾色		3-4	3
耐汗渍（级）	色泽变化	不低于	3-4	3-4
	毛布沾色		4	3
	棉布沾色		3-4	3
耐水（级）	色泽变化	不低于	3-4	3
	毛布沾色		4	3
	棉布沾色		3-4	3
耐摩擦（级）	干摩擦	不低于	4	3-4（深色3）
	湿摩擦		3	2-3

注：毛混纺产品，棉布沾色应改为与混纺产品中主要非毛纤维同类的纤维布沾色；非毛纤维纯纺或混纺产品毛布沾色应改为其他主要非毛纤维布沾色。

表8-7 粗梳毛针织绒线染色牢度评等

项目		限度	优等品	一等品
耐光（级）	>1/12标准深度（深色）	不低于	4	3-4
	≤1/12标准深度（浅色）		3	3
耐洗（级）	色泽变化	不低于	3-4	3
	毛布沾色		4	3
	棉布沾色		3-4	3
耐汗渍（级）	色泽变化	不低于	3-4	3-4
	毛布沾色		4	3
	棉布沾色		3-4	3
耐水（级）	色泽变化	不低于	3-4	3
	毛布沾色		4	3
	棉布沾色		3-4	3
耐摩擦（级）	干摩擦	不低于	4	3-4（深色3）
	湿摩擦		3	2-3

注：毛混纺产品，棉布沾色应改为与混纺产品中主要非毛纤维同类的纤维布沾色；非毛纤维纯纺或混纺产品毛布沾色应改为其他主要非毛纤维布沾色。

表8-8　精梳毛型化纤针织绒线染色牢度评等

项目		试验方法	一等品考核指标		
			限度	化纤	混纺
耐光（级）	>1/12标准深度（深色）	GB 8427（方法4）	不低于	3-4	3-4
	<1/12标准深度（浅色）			3	3
耐洗（级）	色泽变化	GB 3921（皂片法）	不低于	4	3-4
	腈纶布沾色			4	3-4
	棉布沾色			4	3-4
耐汗渍（级）	色泽变化	GB 3922（碱液法）	不低于	3-4	3-4
	腈纶布沾色			3-4	3-4
	棉布沾色			3-4	3
耐水（级）	色泽变化	GB 5713	不低于	4	3-4
	腈纶布沾色			3-4	3-4
	棉布沾色			3-4	3-4
耐摩擦（级）	干摩擦	GB 3920	不低于	4	2-3
	湿摩擦			3-4	2-3

表8-9　羊绒针织绒线染色牢度评等

项目		限度	优等品	一等品、二等品
耐光（级）	>1/12标准深度（深色）	≥	4	4
	<1/12标准深度（浅色）		3	3
耐洗（级）	色泽变化	≥	3-4	3
	毛布沾色		4	3
	其他贴衬沾色		3-4	3
耐汗渍（酸性）（级）	色泽变化	≥	3-4	3
	毛布沾色		4	3
	其他贴衬沾色		3-4	3
耐汗渍（碱性）（级）	色泽变化	≥	3-4	3
	毛布沾色		4	3
	其他贴衬沾色		3-4	3
耐水（级）	色泽变化	≥	3-4	3
	毛布沾色		4	3
	其他贴衬沾色		3-4	3
耐摩擦（级）	干摩擦	≥	4	3-4（深色3）
	湿摩擦		3	3

（二）外观质量评等

1. 精梳毛针织绒线外观质量评等

精梳毛针织绒线外观质量的评等包括实物质量和外观疵点的评等。

（1）实物质量评等：实物质量指外观、手感、条干和色泽。实物质量评等以批为单位，检验时逐批比照封样进行评定，符合优等品封样者为优等品；符合一等品封样者为一等品；明显差于一等品封样者为二等品；严重差于一等品封样者为等外品。

（2）外观疵点评等：分为绞纱外观疵点评等和筒子纱外观疵点评等两种。

①绞纱外观疵点评等：以大绞250g为单位，逐绞检验，按表8-10规定评等。

表8-10　绞纱外观疵点评等

疵点名称	优等品	一等品	二等品	备注
结头	2个	4个	8个	
断头	不允许	1个	3个	
大肚纱	不允许	1个	3个	
小辫纱、羽毛纱	1个	3个	5个	
异形纱	不允许	1圈	3圈	
异色纤维混入	不允许	不明显	轻微	
毛片	不允许	2	4	
草屑、杂质	不允许	不明显	轻微	
斑疵	不允许	不明显	轻微	
轧毛、毡并	不允许	不允许	轻微	
异形卷曲	不允许	15 cm以内轻微	25 cm以内轻微	毛混纺及纯化纤产品
杆印	不允许	不明显	轻微	
段松紧（逃捻）	不允许	不明显	轻微	
露底	不允许	不明显	轻微	
膨体不匀	不允许	不明显	轻微	化纤产品

②筒子纱外观疵点评等：以每个筒子为单位，逐筒检验。各品等均不允许成形不良、斑疵、色差、色花、错纱等疵点出现。外观质量检验光源以天然背光为准，如采用灯光检验则用40W日光灯两支，上面加灯罩，灯管与检验物距离为80cm±5cm。

2. 粗梳毛针织绒线外观质量评等

粗梳毛针织绒线外观质量的评等分为绞纱外观疵点评等和筒子纱外观疵点评等两种。

（1）绞纱外观疵点评等：以250g为单位，逐绞检验，按表8-11规定评等。

表8-11　绞纱外观疵点评等

疵点名称	优等品	一等品	二等品
结头	2	4	8
断头	不允许	1	3
斑疵	不允许	不明显	轻微
大肚纱	不允许	1个	3个
异形纱	不允许	1处	4处
毡并	不允许	不明显	轻微

（2）筒子纱外观疵点评等：以每个筒子为单位，逐筒检验。各品等均不允许成形不良、斑疵、色差、色花、错纱等疵点出现。

供物理指标试验用的样品，批量在500kg及以下的每批抽取10只筒子（大绞）；批量在500kg以上的每500kg试验一次，试样应在同一品种、同一批号的不同部位、不同色号中随机抽取。染色牢度应包括该批的全部色号。检验光源以天然背光为准，如采用灯光检验则用40W日光灯两支，上面加灯罩，灯管与检验物距离为80cm±5cm。

3. 精梳毛型化纤针织绒线外观质量评等

绞纱外观疵点评等以250g为单位，逐绞检验，按表8-12规定评等。

表8-12　精梳毛型化纤针织绒线外观质量评等

项目		疵点限度		
		一等品	二等品	三等品
结头	（45.5×2）tex以上（22/2以下）Nm	6	8	15
	（45.5×2）tex及以下（22/2及以上）Nm	10	16	30
断头	（45.5×2）tex以上（22/2以下）Nm	3	6	14
	（45.5×2）tex及以下（22/2及以上）Nm	6	12	28
斑疵		不允许	轻微	较明显
毛片		3	6	10
大肚纱		2	8	18
小辫纱、羽毛纱		5	12	25
异形纱	多股、缺股、双纱	不允许	12圈	40圈
	松紧纱、泡泡纱、弓纱、卷捻纱	1圈	12圈	40圈
轧毛、毡并		轻微	较明显	明显

项目	疵点限度		
	一等品	二等品	三等品
杂质	7	15	30
乱线	不允许	不允许	轻微
化纤产品局部异形卷曲	15cm以内轻微	25cm以内轻微	45cm以内轻微
杆印	轻微	较明显	明显
异色纤维混入	轻微	较明显	明显
段松紧（逃捻）	轻微	较明显	明显
露底	轻微	较明显	明显
膨化不匀	轻微	较明显	明显

4. 羊绒针织绒线外观质量评等

羊绒针织绒线外观质量的评等分为绞纱外观质量评等、筒子纱外观疵点评等和织片外观疵点评等。绞纱外观疵点评等以250g为单位，逐绞检验，按表8-13规定评等。

表8-13　羊绒针织绒线外观质量评等

疵点名称	优等品	一等品	二等品
结头	2	4	8
断头	不允许	1	3
斑疵	不允许	不允许	轻微
大肚纱	不允许	1个	3个
异形纱	不允许	1处	4处
毡并	不允许	不允许	轻微

第二节　半成品检验

无论是横机还是圆机羊毛衫产品，下机后的衣片或坯布都会发生变形，为使圆机产品下机坯布的幅宽、横机衣片的规格符合成衣工艺要求，必须将这些半成品在进行成衣工序之前进行检验和定形处理，以保证成品的质量。

一、横机羊毛衫的半成品检验

横机上生产的羊毛衫，衣片下机后必须经过测量衣片的规格和单片的重量以及目测衣片外观质量等是否符合工艺规定的毛坯质量要求，符合要求的方能交付成衣工序。

（一）衣片的回缩

测量下机羊毛衫衣片的规格，看其是否符合工艺规定的毛坯规格要求，必须使下机羊毛衫衣片达到毛坯密度状态。但由于羊毛衫衣片在横机的编织过程中，受到穿线板、挂锤的纵向拉伸，其纵向变长、横向变窄，羊毛衫织物内纱线的内应力较大，当羊毛衫衣片下机后将团起，逐渐消除内应力，以达到或接近自然状态，此时方为毛坯密度状态。但羊毛衫衣片自然回缩的时间较长，为加快羊毛衫衣片的回缩，以便尽快达到毛坯密度状态，一般采用人工对下机衣片进行蒸缩、揉缩、掼缩、卷缩等。

1. 蒸缩

将下机衣片通过汽蒸的方法，使之回缩，粗、细针型均适宜，可分为湿蒸和干蒸两种方法。

（1）湿蒸：将衣片放入温度为100℃左右的蒸箱内，蒸5~10min，此法适用于毛织物。

（2）干蒸：将衣片放在温度为70℃左右、不含水蒸气的钢板上烤5min左右，此法适用于腈纶织物。

2. 揉缩

将下机的羊毛衫产品团在一起，加以揉、捏，使织物迅速回缩，适宜粗纺毛纱的纬平针织物及其他单面织物。

3. 掼缩

将下机的编织物横向对折，再折成方形，在平台上进行掼击，使其回缩，此法适用于各种原料的双面织物。

4. 卷缩

将下机的产品横向卷起，然后轻轻地向两端稍拉（也可边卷边向两端抹开），使线圈处于平衡状态。这种方法适用于粗、细针型的纬平组织织物。

以上四种缩片方法中，以蒸缩法效果最好，但需要蒸箱等设备，因此在生产中，揉缩、掼缩、卷缩这三种缩片方法的应用更为普遍。在羊毛衫中，较多的织物组织常采用"先揉缩，后掼缩"的方法来达到较好的回缩效果。

（二）衣片检验

羊毛衫衣片检验有两个方面，首先是操作工自查，即将下机后的羊毛衫衣片进行人工回缩，再量其衣片规格、单片称重及目测其外观质量，把符合要求的羊毛衫衣片交给衣片库。在衣片库收衣片时，需经过专职检验组检验，即所谓"验片"。"验片"原则上应逐件检验。

1. 外观检验

工艺规定的收、放针次数与转数，密度及密度均匀度，罗纹长度，漏针、破洞、豁边、单丝等。

2. 规格检验

一般除采用抽取一定数量复对工艺要求的各部位尺寸外，还可用"叠齐法"进行批量检验羊毛衫衣片的重量，可用单品各抽10件成批称重相结合来进行检验。在"验片"过程中，不符合织片工艺要求的需退回挡车工返修或专职修补人员修补。

二、圆机羊毛衫的半成品检验

（一）坯布检验

圆机编织的下机坯布在进行定形之前，一般需经过检验工序。主要检验坯布的下机密度、幅宽及坯布密度的外观质量，如密度均匀度、漏针等，用于控制质量和进行生产管理。另外，对检验中发现的疵点应做出标记，以便在裁剪中将其裁掉。

（二）坯布定形

由于圆机坯布在织造过程中受卷取张力的作用，因此，坯布下机后必须有一个长时间的回缩过程。然后再经过排料、裁剪再缝制成衣。生产中为尽快使下机坯布的线圈达到基本稳定的状态，常采用对下机坯布进行定形处理，这样不仅使织物平整挺括，同时可控制坯布的回缩和幅宽，有利于裁剪和缝纫，确保成品规格。此外，应根据不同的原料、织物进行不同条件的定形，以产生不同风格的织物。

圆机坯布定形通常有湿热定形和干热定形两类。

1. 湿热定形

坯布在给定的高温蒸汽下吸湿吸热，消除毛纱在编织过程中所受的张力，从而达到定形的目的。

（1）羊毛织物：由于羊毛具有热塑性，在温度100℃左右的状态下，可使织物基本稳定不变形。

（2）腈纶织物：腈纶织物可根据不同织物结构来确定其定形温度，若温度过高，则坯布无身骨（偏烂）、泛色；温度过低，达不到定形要求。为此，需根据定形设备和织物结构选择最佳温度，以符合工艺设计要求。

2. 干热定形

干热定形采用圆筒型热定形机，以碳化硅远红外线电热方式使坯布处于高温热空气中。定形时，对化纤织物扩幅，并加一定张力，使化学纤维的大分子被拉伸而进行重新排列，然后抽风迅速冷却，使纤维分子稳定下来，定形后的坯布比原来的轻薄、滑爽，适宜制作夏令产品。

第三节　成品检验与评等

羊毛衫成品在出厂前，必须对其进行综合性检验，即成品检验，目的是为保证出厂产品的成品质量。成品检验通常由复测、整理、分等三道工序组成。根据羊毛衫成品质量检验结果，从内在质量和外观质量两方面进行成品检验综合评等。

一、羊毛衫成品质量检验

羊毛衫成品内在质量检验包括纤维含量、甲醛含量、pH、异味、可分解芳香胺染料、起球、水洗尺寸变化率、耐水洗色牢度、耐水色牢度、耐汗渍色牢度、耐摩擦色牢度、耐光色牢度等规定；外观质量检验包括表面疵点、缝迹伸长率、领圈拉开尺寸、规格尺寸偏差、本身尺寸差异等规定。

（一）内在质量检验

1. 纤维含量检验

成品纤维含量进行检验时，需在试样制备阶段将织物拆成纱线后，再进行纤维含量的检验。因此，可参照纱线纤维含量检验结果。

（1）纤维标签要求：每件羊毛衫产品应附着纤维含量标签，标明产品中所含各组分纤维的名称及其含量。产品或产品的某一部分完全由一种纤维组成时，用"100%""纯"或"全"表示纤维含量，纤维含量允许偏差为零。由于山羊绒纤维的形态变异，山羊绒会出现"疑似羊毛"的现象。山羊绒含量达95%及以上、"疑似羊毛"≤5%的产品可表示为"100%山羊绒""纯山羊绒"或"全山羊绒"。

（2）纯毛产品纤维含量的有关规定：不含技术性或装饰性非毛纤维的纯毛产品：羊毛纤维含量应为100%，其纤维含量可标为100%羊毛。

含技术性或装饰性非毛纤维的纯毛产品：

①精梳20.8tex及以下（48Nm及以上）成品允许含有5%及以下的加强性非毛纤维。

②粗梳成品允许含有7%及以下的加强性非毛纤维。

③精、粗梳成品允许含有5%及以下的特性非毛纤维。

④精、粗梳成品允许含有7%及以下的装饰性非毛纤维。

⑤技术性和装饰性非毛纤维总量不得超过7%。

⑥含技术性或装饰性非毛纤维的纯毛产品，其纤维含量只可标为"纯毛"。允许纯毛产品的领口、袖边、底边部位添加赋予产品弹性的非毛纤维。

注：技术性非毛纤维，指为了改进纺纱性能提高耐用程度而使用的加强性纤维（如涤纶、锦纶等），或为了增加某种特性而使用的特性纤维（如氨纶、抗静电纤维等）。装饰

性非毛纤维必须是可见的、有装饰作用的纤维。

2. **甲醛含量检验**

羊毛衫属于非直接接触皮肤产品，甲醛含量极限值为≤300mg/kg。

（1）原理：试样在40℃的水浴中萃取一定时间，萃取液用乙酰丙酮显色后，在412nm波长下，用分光光度计测定显色液中甲醛的吸光度，对照标准甲醛工作曲线，计算出样品中游离甲醛的含量。

（2）仪器与用具：容量瓶、碘量瓶或具塞三角烧瓶、单标移液管、刻度移液管、量筒、分光光度计、具塞试管及试管架、恒温水浴锅、天平等。

（3）试样：从样品上取两块试样剪碎，称取1g，精确至10mg。如果甲醛含量过低，增加试样量至25g，以获得满意的精度。

（4）计算甲醛含量：

$$F = \frac{c \times 100}{m} \qquad (8-36)$$

式中：F——从织物样品中萃取的甲醛含量，mg/kg；

c——读自工作曲线上的萃取液中的甲醛浓度，μg/mL；

M——试样的质量，g。

取两次检测结果的平均值作为试验结果，计算结果修至整数位。

3. **pH检验**

（1）原理：在室温下，用带有玻璃电极的pH计测定纺织品水萃取液的pH。

（2）仪器与用具：具塞三角烧瓶、机械振荡器、pH计、天平、烧杯、量筒等。

（3）试样：从样品中抽取足够数量的试样，剪成约0.5cm的小块，操作时注意不要用手直接触摸试样，将剪好的试样在规定的一级标准大气中调湿。

4. **异味检验**

异味的检测采用嗅觉法，操作者应是经过训练和考核的专业人员。样品开封后，立即进行该项目的检测。检测应在洁净的无异常气味的环境中进行。操作者洗净双手后戴手套，双手拿起样品靠近鼻孔，仔细嗅闻样品所带有的气味，如检测出有霉味、汽油味、煤油味、鱼腥味、芳香烃气味中的一种或几种，则判为"有异味"，并记录异味类别。否则判为"无异味""。应有两人独立检测，并以两人检测的结果一致为样品检测结果。如两人检测结果不一致，则增加一人检测，最终以两人检测的结果一致为样品检测结果。

5. **起球检验**

采用纺织品织物起球试验起球箱法检验羊毛衫起球性能。

（1）原理：安装在聚氨酯管上的试样，在具有恒定转速、衬有软木的木箱内任意翻转。经过规定的翻转次数后，对起毛和（或）起球性能进行视觉描述评定。

（2）仪器与用具：起球试验箱、聚氨酯载样管、评级箱、缝合线等。

（3）试样：试样在标准大气下调湿试样至少16h，并在同样的大气条件下进行试验。从样品上剪取4个试样，每个试样的尺寸为125mm×125mm。在每个试样上标记织物反面和织物纵向。当织物没有明显的正反面时，两面都要进行测试。另剪取1块尺寸为125mm×125mm的试样作为评级所需的对比样。

由于评定的主观因素，建议至少两人进行评定起球评级。

6. 水洗尺寸变化率检验

（1）测量部位：取身长与胸围作为纵向和横向的测量部位，身长（纵向）以前、后身左右四处的平均值作为计算依据，胸围（横向）以腋下5cm处作为测量部位。

（2）洗涤和干燥试验：洗涤和干燥试验按GB/T 8629—2001执行，洗涤采用模拟手洗程序，干燥采用方法C：摊平晾干。试验件数为3件。

（3）测量方法：将晾干后的试样，放置在温度为20℃±2℃、相对湿度为65%±3%条件下的平台上，停放4h后，轻轻拍平折痕，再进行测量。

（4）计算：纵向或横向的水洗尺寸变化率，负号（-）表示尺寸收缩，正号（+）表示尺寸伸长，最终结果精确到0.1。

$$A=\frac{L_1-L_0}{L_0}\times100 \tag{8-37}$$

式中：A——纵向或横向水洗尺寸变化率，%；

L_1——纵向或横向水洗后尺寸的平均值，cm；

L_0——纵向或横向水洗前尺寸的平均值，cm。

7. 耐水洗色牢度检验

（1）原理：试样与规定的标准贴衬织物或其他织物缝合在一起，经洗涤、清洗与干燥，试样在合适的温度、碱度、漂白和摩擦条件下进行洗涤，以使在较短时间内获得结果。摩擦作用是通过小浴比和适当数量的不锈钢珠的翻滚、移动、撞击来完成的。用灰色样卡评定试样的变色和标准贴衬织物的沾色。

（2）设备与试剂：机械装置、水浴锅、标准贴衬织物、一块标准的染不上色的织物（如聚丙烯类纤维）、评定变色用和沾色用灰色样卡、熨斗、标准贴衬织物；洗涤剂，不含荧光增白剂、无水碳酸钠（Na_2CO_3）、次氯酸钠、过硼酸钠四水合物（$NaBO_3\cdot4H_2O$），蒸馏水或去离子水、乙酸等。

8. 耐水色牢度检验

（1）原理：羊毛衫试样与一或两块规定的贴衬织物贴合在一起，浸入水中挤去水分，置于试验装置的两块平板中间，承受规定压力。干燥试样和贴衬织物，用灰色样卡评定试样的变色和贴衬织物的沾色。

（2）设备与试剂：机械装置、烘箱、三级水、一块不上色的织物（如聚丙烯类纤维）、评定变色用灰色样卡、贴衬织物等。

9. 耐汗渍色牢度检验

（1）原理：将羊毛衫与规定的贴衬织物贴合在一起，放在含有组氨酸的两种不同试液中，分别处理后，去除试液，放在试验装置内两块具有规定压力的平板之间，然后将试样和贴衬织物分别干燥。

（2）设备、材料与试剂：不锈钢架、重锤、玻璃板或丙烯酸树脂板、恒温箱、无通风装置、评定变色及沾色用灰色样卡、贴衬织物、试剂等。

使用试剂如下：

a. L-组氨酸盐酸盐水合物（$C_6H_9O_2N_3 \cdot HCl \cdot H_2O$）；

b. 氯化钠（NaCl），化学纯；

c. 磷酸氢二钠十二水合物（$Na_2HPO_4 \cdot 12H_2O$）或磷酸氢二钠二水合物（$Na_2HPO_4 \cdot 2H_2O$），化学纯；

d. 磷酸二氢钠二水合物（$NaH_2PO_4 \cdot 2H_2O$），化学纯；

e. 氢氧化钠（NaOH），化学纯。

10. 耐摩擦色牢度检验

（1）原理：将待检试样分别与一块干摩擦布和一块湿摩擦布摩擦，评定摩擦布沾色程度。

（2）仪器与材料：

①耐摩擦色牢度试验仪：选择摩擦头直径为16mm ± 0.1mm的圆柱体，施以向下的压力为9N ± 0.2N，直线往复动程为104mm ± 3mm。

②棉摩擦布：剪成（50mm ± 2mm）×（50mm ± 2mm）的正方形。

③耐水细砂纸，或不锈钢丝直径为1 mm、网孔宽约20mm的金属网。

④评定沾色用灰色样卡。

评定时，在每个被评摩擦布的背面放置三层摩擦布；在适宜的光源下，用评定沾色用灰色样卡评定摩擦布的沾色级数。

11. 耐光色牢度检验

（1）原理：试样与一组蓝色羊毛标样一起在人造光源下按照规定条件暴晒，然后将试样与蓝色羊毛标样进行变色对比，评定色牢度。

（2）设备与材料：

①设备：氙弧灯设备（空冷式或水冷式）、遮盖物、评级灯、温度传感器、评定变色用灰色样卡、辐照度计等。

②材料：两组蓝色羊毛标样均可使用。蓝色羊毛标样1 ~ 8和L2 ~ L9是类似的，将使用不同蓝色羊毛标样获得的测试结果进行比较时，要注意到两组蓝色羊毛标样的褪色性能可能不同，因此，两组标样所得的结果不可互换。

（3）试样：

①试样的尺寸可以变动，按试样数量和设备试样夹的形状、尺寸而定。

②在空冷式设备中，如在同一块试样上进行逐段分期暴晒，通常使用的试样面积不小于45mm×10mm。将待检纱线紧密卷绕于硬卡上，或平行排列固定于硬卡上，每一暴晒和未暴晒面积不应小于10mm×8mm。

③在水冷式设备中，试样夹放置约70mm×120mm的试样。需要时可选用与试样夹相匹配的不同尺寸的试样。蓝色羊毛标样应放在白纸卡背衬上进行暴晒，如需要试样也可安放在白纸卡上。遮盖物应与试样和蓝色羊毛标样的未暴晒面紧密接触，使暴晒和未暴晒部分之间界限分明，不可过分紧压。试样的尺寸和形状应与蓝色羊毛标样相同，以免对暴晒与未暴晒部分目测评级时，面积较大的试样对照面积较小的蓝色羊毛标样会出现评定偏高的误差。

试样的暴晒和未暴晒部分之间的色差等于在灰色样卡3级的基础上，作出耐光色牢度级数的最后评定。

12. 色牢度评级原理

（1）基本灰色样卡，即五档灰色样卡，由五对无光的灰色卡片（或灰色布片）组成。根据观感色差分为五个整级色牢度档次，即5、4、3、2、1。在每两个档次中再补充一个半级档次，即4-5、3-4、2-3、1-2，就扩编为九档卡。每对的第一组成均是中性灰色，第二组成只有色牢度是5级的与第一组成相一致。其他各对的第二组成依次变浅，色差逐级增大，各级观感色差均经色度确定。

（2）纸片或布片应是中性灰色，并应在含有镜面反射光的条件下使用分光光度测色仪加以测定。

（3）每对第一组成的三刺激值Y应为12 ± 1。

（4）每对第二组成与第一组成的色差应符合表8-14中的规定（表里的数值仅适用于九档灰色样卡）。

表8-14　色牢度评级

牢度等级	CIELAB色差	容差
5	0	0.2
4-5	0.8	±0.2
4	1.7	±0.3
3-4	2.5	±0.35
3	3.4	±0.4
2-3	4.8	±0.5
2	6.8	±0.6
1-2	9.6	±0.7
1	13.6	±1.0

13. 禁用偶氮染料检验

（1）原理：纺织样品在柠檬酸盐缓冲溶液介质中用连二亚硫酸钠还原分解以产生可能存在的致癌芳香胺，用适当的液—液分配柱提取溶液中的芳香胺，浓缩后，用合适的有机溶剂定容，用配有质量选择检测器的气相色谱仪（GC/MSD）进行测定。必要时，选用另外一种或多种方法对异构体进行确认。用配有二极管阵列检测器的高效液相色谱仪或气相色谱仪/质谱仪进行定量。

（2）试剂与材料：乙醚、甲醇、柠檬酸盐缓冲液、连二亚硫酸钠水溶液、标准溶液、硅藻土等。

（3）仪器：反应器、恒温水浴锅、提取柱、真空旋转蒸发器、高效液相色谱仪、气相色谱仪等。

（4）计算：

①外标法：试样中分解出芳香胺i的含量按下式计算：

$$X_i = \frac{A_i \times c_i \times V}{A_{is} \times m} \qquad (8-38)$$

式中：X_i——试样中分解出芳香胺i的含量，mg/kg；

$\quad A_i$——样液中芳香胺i的峰面积（或峰高）；

$\quad c_i$——标准工作溶液中芳香胺i的浓度，mg/L；

$\quad V$——样液最终体积，mL；

$\quad A_{is}$——标准工作溶液中芳香胺i的峰面积（或峰高）；

$\quad m$——试样量，g。

②内标法：试样中分解出芳香胺i的含量按下式计算：

$$X_i = \frac{A_i \times c_i \times V \times A_{isc}}{A_{is} \times m \times A_{isc}} \qquad (8-39)$$

式中：X_i——试样中分解出芳香胺i的含量，mg/kg；

$\quad A_i$——样液中芳香胺i的峰面积（或峰高）；

$\quad c_i$——标准工作溶液中芳香胺i的浓度，mg/L；

$\quad V$——样液最终体积，mL；

$\quad A_{isc}$——标准工作溶液中内标的峰面积（或峰高）；

$\quad A_{is}$——标准工作溶液中芳香胺i的峰面积（或峰高）；

$\quad m$——试样量，g；

$\quad A_{iss}$——样液中内标的峰面积。

（5）限定值为5mg/kg。

14. 二氯甲烷可溶性物质检验

（1）原理：试样在索氏萃取器内用二氯甲烷萃取，蒸发溶剂，称量残留物质量，从而求出二氯甲烷可溶物含量，即残留物质量占萃取后试样干燥质量的百分率。

（2）试剂：

①二氯甲烷：沸点39～41℃，分析纯或化学纯。

注：此试剂有毒，使用时应采取完善的保护措施。

②丙酮：分析纯。

（3）仪器与材料：索氏萃取器、恒温水浴锅、电热鼓风烘箱、分析天平、天平、干燥器、称量瓶、不含脂的滤纸等。

（4）试样：称取样品5～10g，至少两份，用不含脂的滤纸包好（不宜过紧）。

（5）计算：用二氯甲烷萃取物的质量对萃取后试样干燥质量的百分率表示。

$$二氯甲烷萃取物 = \frac{m_1}{m_2} \times 100\% \qquad (8-40)$$

式中：m_1——二氯甲烷萃取物质量，g；

m_2——萃取后试祥干燥质量，g。

试验结果以两个试样的平均值表示，若两个试样测得结果的绝对值大于0.5%时，应进行第三个试样的试验，试验结果以三次试验平均值表示。试验结果计算至小数点后两位，修至小数点后一位。

（6）限定值为20mg / kg。

（二）外观质量检验

1. 表面疵点情况说明

（1）条干不匀：因纱支条干短片段粗细不匀，致使成品呈现深浅不一的云斑。

（2）粗细节：纱线粗细不匀，在成品上形成针圈大而凸出的横条为粗节，形成针圈小而凹进的横条为细节。

（3）厚薄档：纱线长片段不匀，粗细差异过大，使成品出现明显的厚薄片段。

（4）色花：因原料染色时吸色不匀，使成品上呈现颜色深浅不一的差异。

（5）色档：在衣片上，由于颜色深浅不一，形成界限。

（6）草屑、毛粒、毛片：纱线上附有草屑、毛粒、毛片等杂质，影响羊毛衫外观。

（7）毛针：因针舌或针舌轴等损坏或有毛刺，在编织过程中使部分线圈起毛。

（8）单毛：编织中，一个针圈内部分纱线（少于1/2）脱钩。

（9）花针：因设备原因，成品上出现较大而稍凸出的线圈。

（10）三角针（蝴蝶针）：在一个针眼内，两个针圈重叠，在成品上形成三角形的小孔。

（11）瘪针：成品上花纹不突出，如胖花不胖、鱼鳞不起等。

（12）针圈不匀：因编织不良使成品出现针圈大小和松紧不一的线圈横档、紧针、稀路或密路状等。

（13）里纱露面：交织品种，里纱露出反映在面上。

（14）混色不匀：不同颜色纤维混合不均匀。

（15）花纹错乱：板花、拨花、提花等花型错误或花位不正。

（16）漏针（掉套）、脱散：编织过程中针圈没有套上，形成小洞，或多针脱散成较大的洞。

（17）破洞：编织中由于接头松开或纱线断开而形成的小洞。

（18）包缝及绣缝不良：针迹过稀、缝线松紧不一、漏缝、开缝针洞等，绣花走样、花位歪斜、颜色和花距不对等。

（19）锁眼钉扣不良：扣眼间距不一，明显歪斜，针迹不齐或扣眼错开；扣位与扣眼不符，缝结不牢等。

（20）修补痕：织物经修补后留下的痕迹。

（21）斑疵：织物表面局部沾有污渍，包括锈斑、水渍、油污渍等。

（22）色差：成品表面色泽有差异。

（23）染色不良：成衣染色造成的染色不匀、染色斑点、接缝处染料渗透不良等。

（24）烫焦痕：成品熨烫定型不当，使纤维损伤致变质、发黄、焦化。

（25）扭斜角：由于纱线原因或单纱编织，造成纹路扭斜，与底边垂直方向成一定的角度。

2. 缝迹伸长率检验

将待检羊毛衫摊平，在大身侧缝（或袖缝）中段量取10cm，做好标记，用力拉足并量取缝迹伸长尺寸，计算缝迹伸长率。

$$\text{缝迹伸长率} = \frac{\text{缝迹伸长尺寸} - 10}{10} \times 100\% \qquad (8-41)$$

3. 领圈拉开尺寸

领内口撑直拉足，测量两端距离，即为领圈拉开尺寸。

二、羊毛衫成品评等

羊毛衫内在质量按批（交货批）评等，外观质量按件评等，二者结合以最低等级定等。外观质量按品种、色别、规格尺寸计算不符品等率评定，凡不符品等率在5.0%及以内的，判定该批产品合格；不符品等率在5.0%以上的，则判定该批产品不合格。

（一）内在质量检验

内在质量要求见表8-15。

表8-15 内在质量要求

项目		优等品	一等品	合格品
纤维（净干含量）及偏差（%）		按FZ/T 01053—2007规定执行		
甲醛含量（mg/kg）≤		75		
pH		4.0～7.5		
异味		无		
可分解芳香胺染料		禁用		
起球（级）≥		4	3.5	3
水洗尺寸变化率（%）	纵向	-4.0～+2.0	-5.0～+2.0	-7.0～+2.0
	横向	-3.0～+2.0	-5.0～+4.0	-6.0～+5.0
耐水洗色牢度（级）≥	变色	4	3-4	3
	沾色	3-4	3	3
耐水色牢度（级）≥	变色	4	3-4	3
	沾色	3-4	3	3
耐酸、碱、汗渍色牢度（级）≥	变色	4	3-4	3
	沾色	3-4	3	3
耐摩擦色牢度（级）≥	干摩	4	3	3
	湿摩	3	2-3	2-3（深2）
耐光色牢度（级）		深色4 浅色3	深色4 浅色3	3

注：色别分档：>1/12标准深度为深色，≤1/12标准深度为浅色；根据客户要求考核耐光色牢度。

内在质量评等说明：

（1）提花及松结构产品、加入弹性纤维产品及罗纹结构产品不考核横向水洗尺寸变化率。

（2）花边、镶嵌、补花等起装饰作用的辅料的内在质量不考核。

（3）单、双面织物考核起球，其他不考核。

（4）内在质量各项指标以检验结果最低一项作为该批产品的评等依据。

（二）外观质量检验

外观质量按表面疵点、缝迹伸长率、领圈拉开尺寸、规格尺寸偏差、本身尺寸差异的评等来决定，在同一件产品上存在不同品等的外观疵点时，按最低品等疵点评等。

1. 表面疵点评等

表面疵点评等见表8-16。在同一件产品上只允许有两个同等级的极限表面疵点，超过者降一个等级。

表8-16 表面疵点评等规定

疵点分类	疵点名称	疵点程度	优等品	一等品	合格品	备注
原料疵点	条干不匀	粗细不明显云斑较浅	允许	允许	允许	
		粗细明显云斑较深	不允许	不允许	主要部位不允许	
	厚薄档	不明显	允许	允许	允许	
	色花	不明显	允许	允许	允许	
		明显	不允许	不允许	主要部位不允许	
	织线接头	正面不明显	主要部位不允许,次要部位允许1处	主要部位允许2处,次要部位允许3处	主要部位允许4处,次要部位允许5处	
	草屑、毛粒、毛片	稀疏不明显	允许	允许	允许	
		明显	不允许	主要部位不允许	允许	
编织疵点	毛针	轻微	允许	允许	允许	
		明显	不允许	不允许	主要部位不允许	
	单丝	不明显	不允许	允许1处	允许3处	单丝挂住1/2以上为不明显
	花针、瘪针、三角针	不明显	不允许	主要部位不允许	允许	
		分散明显	不允许	不允许	允许	
	针圈不匀	明显	不允许	不允许	允许	
	花纹错乱	不明显	不允许	主要部位不允许	允许	
		明显	不允许	不允许	主要部位不允许	
	纹路歪斜	—	不大于3%	不大于4%	不大于6%	
裁缝整理疵点	包缝及绣缝不良	—	不明显允许	不明显允许	允许	
	锁眼、钉扣不良	扣眼横竖颠倒	不允许	不明显者允许	较明显者允许	
	修补痕	扣距不一	不允许	不明显允许	较明显者允许	
		—	不允许	不明显允许	较明显允许	
	色差	同件主料之间	4-5级	4级	3-4级	两袖口、两下摆边、两口袋边要一致
	色档、串色、搭色	同件主、副料之间	4级	3-4级	3级	
		套装的内外件之间	4级	4级	3-4级	
		—	不允许	不允许	不允许	
	缝纫针洞	—	任何部位不允许			

注：次要部位为边缘处的1/6见图8-1；漏针、断纱、破洞、破边、漏缝、烫黄、焦化、修补痕等疵点，任何品等均不允许；一般产品反面疵点以不影响正面外观和实物质量为原则，两面穿的产品外观疵点检验两面。

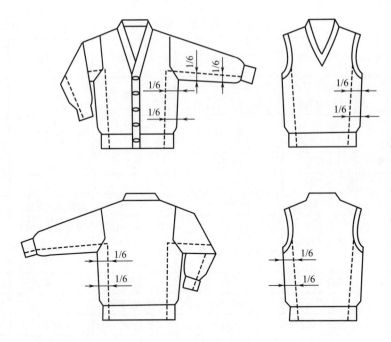

图8-1　次要部位示意图

2. 缝迹伸长率

袖缝、侧缝：平缝不小于10%，包缝不小于20%，链缝不小于30%（包括手缝）。

3. 领圈拉开尺寸

领圈拉开尺寸不小于30cm（只限圆领和樽领）。

4. 规格尺寸偏差

规格尺寸偏差见表8-17。

表8-17　规格尺寸偏差　　　　　　　　　　　单位：cm

部位		优等品、一等品	合格品
胸围（胸宽×2）		+1.5 ~ -1.0	+2.0 ~ -1.5
身长		+1.5 ~ -1.5	+2.5 ~ -2.0
袖长	长袖	+1.5 ~ -1.0	+2.0 ~ 1.5
	短袖	+1.0 ~ -1.0	+1.5 ~ -1.0
全肩宽		+1.0 ~ -1.0	+1.5 ~ -1.5
挂肩		+1.0 ~ -1.0	+1.0 ~ -1.0

注：胸围在腋下5cm处水平量，弹力衫主要考核长度方向的规格。

5. 本身尺寸差异

本身尺寸差异见表8-18。

表8-18 本身尺寸差异   单位：cm

部位		优等品、一等品≤	合格品≤
袖长不一	长袖、中袖	1.0	1.5
	短袖	0.8	1.0
左、右肩宽不一	—	0.5	0.8
挂肩不一	上衣	0.8	1.2
	背心	1.0	1.5
罗纹长短不一	下摆边	0.5	0.8
	袖口边	0.3	0.5
袖肥不一		0.5	1.0
门襟长短不一		0.3	0.5
口袋大小、高低不一		0.3	0.5

三、羊毛衫特殊整理的性能评定

（一）拒水、拒油和抗污性能的评定

羊毛衫的拒水性，指羊毛衫抵抗吸收喷淋水的能力。羊毛衫的拒油性，指羊毛衫耐油脂液体润湿的特性。羊毛衫的抗污性，指羊毛衫表面具有防酱油、食醋、牛奶等液体介质沾污的特性。羊毛衫拒水、拒油、抗污性要求见表8-19所示。

表8-19 拒水、拒油、抗污性要求

项目		考核指标
洗涤前	拒水性	≥4级
	拒油性	≥4级
	抗污性	5级
2×7A洗涤后	拒水性	≥3级
	拒油性	≥3级
	抗污性	≥4级

注：A代表A型洗衣机，7A表示A型洗衣机的洗涤程序，即羊毛衫加热洗涤和冲洗中的搅拌程序，可使用1kg的总负荷。

（二）抗静电性能的评定

羊毛衫的抗静电性的评定，主要是测定洗涤前后羊毛衫上的电荷量，抗静电性能要求

如表8-20所示。

表8-20 抗静电性能要求

项目	要求
洗涤前电荷量	≤0.6μC/件
连续洗涤20次后测定的电荷量	

注：μC代表电荷量的单位。

第四节 进出口羊毛衫的检验程序

进出口羊毛衫检验，分为法定检验和委托检验两种。法定检验，指根据《中华人民共和国进出口商品检验法》（简称《商检法》）规定，对列入《出入境检验检疫机构实施检验检疫的进出境商品目录》（简称《目录》）的进出口商品，以及法律、行政法规规定必须经过出入境检验检疫机构检验的出入境商品实施的检验。法定检验由出入境检验检疫机构实施。委托检验，指对外贸易关系人、国内外检测机构或其他有关单位委托第三方独立的公证检验鉴定机构（经国家质检总局和有关主管部门批准许可的）进行的检验。

上述两种检验的性质和目的各不相同。法定检验属于行政性质，是强制性检验，其目的是为了人类健康和安全、保护动物或者植物的生命和健康、保护环境、防止欺诈行为及维护国家安全。委托检验属于民事性质，是非强制性检验，其目的是为贸易各方提供居住证明。

一、进出口羊毛衫法定检验程序

进出口羊毛衫检验，指以羊毛衫为检验对象，由商品检验机构依照相关技术标准或合同规定，对羊毛衫的品质、数量、重量、包装和有关安全、卫生、环保等指标进行的检验和鉴别工作。进出口羊毛衫法定检验程序，指对进出口羊毛衫实施法定检验时所遵循的方式、方法、步骤和时限的总称，包括报检、抽样、检验检疫、签证和放行五个环节。

（一）报检

报检是实施进出口羊毛衫法定检验程序的第一个环节，指进出口羊毛衫的收货人或发货人依照法律、行政法规或进出口贸易的要求，向出入境检验检疫机构申请，接受出入境检验检疫机构对其进口或出口的羊毛衫实施检验的行为。

1. 办理报检手续的方式

办理报检手续的方式在《商检法实施条例》第十一条中有明确规定，进出口商品的收货或者发货人可以自行办理报检手续，也可以委托代理报检企业办理报检手续；采用快件方式出口商品的，收货人或者发货人应当委托出入境快件运营企业办理报检手续。即办理报检手续有两种方式：自理报检和代理报检。

（1）自理报检：指进口羊毛衫的收货人或出口羊毛衫的发货人自行向出入境检验检疫机构申请办理报检手续。申请自理报检的单位称为自理报检单位，即指外贸经营单位、外贸代理人、加工出口羊毛衫的企业、进口羊毛衫的收用货部门等。

（2）代理报检：指专门从事代理报检业务的企业或出入境快件运营企业接受进口羊毛衫的收货人或出口羊毛衫的发货人的委托，为其办理报检手续。

2. **对报检主体的管理**

根据《商检法》及《商检法实施条例》的规定，收货人、发货人及其代理人为报检主体。对报检主体的管理《商检法实施条例》第十二条明确规定：进出口羊毛衫的收货人或者发货人办理报检手续，应当依法向出入境检验检疫机构备案。代理报检企业、出入境快件运营企业从事报检业务，应当依法经入境检验检疫机构注册登记。

（1）自理报检单位的备案管理：自理报检单位的资格审查和备案管理由国家质检总局主管，各直属出入境检验检疫局及其分支机构负责辖区自理报检单位的备案管理工作。

首次报检时，需持报检单位营业执照，到所在地检验检疫机构办理自理报检单位备案登记手续，取得报检单位代码和《自理报检单位登记备案证明书》。报检单位根据需要可凭《自理报检单位登记备案证明书》在全国各地办理进出口货物报检手续。备案信息发生变更时，自理报检单位应及时向办理备案的部门提出变更申请，办理更改手续。

（2）代理报检企业的注册登记管理：代理报检企业的注册登记由国家质检总局主管并统一管理，各直属出入境检验检疫局负责辖区代理报检单位的初审和年度考核工作，以及各地出入境检验检疫机构负责对代理报检单位的日常监督工作。

申请代理报检资格的单位应具备国家质量监督检验检疫总局规定的条件，能够承担相应的法律义务。符合条件的企业方可准予注册登记，取得《代理报检单位注册登记证书》。代理报检单位在报检时，必须向出入境检验检疫机构提交《报检委托书》。

3. **报检时间、地点及凭证批文**

（1）法定检验的进口羊毛衫：

①进口羊毛衫报检时间和地点：在货物入境前或入境时，进口羊毛衫收货人应持必要的凭证和相关文件，向海关报关地的入境检验检疫机构办理报检手续，取得入境货物通关证明，海关凭证放行。海关放行后20天内，收货人须遵照《商检法实施条例》的有关规定，向出入境检验检疫机构申请检验。

②进口羊毛衫报检凭证和批文：报检时应提供以下凭证和批文：填制好的《入境货物报检单》；该批进口羊毛衫的外贸合同、国外发票、提单或运单、原始码单、装箱单、品质证明、重量或数量证明、到货通知单等单证。凭实物样交易的，应提供双方确认的成交羊毛衫样品。

（2）法定检验的出口羊毛衫：根据国家质检总局规定，发货人应持合同等必要的凭证和相关文件，最迟应于报关或货物装运前7天内向生产企业所在地的出入境检验检疫机构办理报检，如某种货物需要较长的检验周期，则应留有相对较长的检验时间。当货物产地与出境口岸不同时，发货人或代理人应持产地检验检疫机构出具的《出境货物换证凭单》和必要的单证向出境口岸的出入境检验检疫机构申请查验。

4. 报检的受理和审核

检验机构按规定对报检人或委托人提供的有关资料和单证进行审核，对符合要求的报检正式受理的过程称为受理报检。受理报检，分为受理入境报检和受理出境报检。受理报检时应对法定检验申请人的报检资格进行审核，对报检内容、各个环节是否符合相关法律、法规和规章的要求进行审核，同时审核单证是否齐全、真实，是否按规定的时间、地点进行报检等。

受理报检人员对报检人提供的报检凭证和相关批文进行审查核实的过程为报检审核。报检凭证等证单包括了施检商品的基本信息，合同、信用证中的部分条款包括了检验依据和检验技术要求等内容。因此，审核单证是实施检验前的一项重要工作，报检审核主要包括以下两个方面。

（1）审核报检单：审核入境或出境报检申请单是否按填制说明规范填写；报检单是否加盖报检单位公章或代理报检单位备案印章或随附报检单位介绍信；HS编码（协调制度，Harmonized System）归类是否准确；报检单填写是否完整、准确；进口货物的货值、数量/重量、合同号、提单号等是否与随附的发票、装箱单、合同和提单一致；出口货物的货值、数量/重量、合同、贸易地等是否与随附单据一致；代理委托书上是否填齐委托单位的地址、联系电话和联系人等信息。

（2）审核合同、信用证等凭证：对于进出口羊毛衫的合同、信用证等各种报检凭证的审核，要求受理报检的人员在熟悉相应的法律法规的同时，还要具备一定的纺织标准和检验专业知识。受理人员应从以下几个方面进行审核。

①审核报检人提供的单证是否真实、有效、齐全，单证填写的内容是否规范，证与证之间的内容是否相符，检测结果是否符合我国国家技术规范的强制性要求。

②审核单证中关于进口羊毛衫的安全、卫生、品质、数量、重量（净重、公量、回潮率）、装运等安全和技术质量条款，尤其要特别注意进口羊毛衫的索赔有效期和质量保证期。

③审核合同、信用证中关于出口羊毛衫的安全、卫生、品质、数量、重量（净重、公量、回潮率）、装运等安全和技术质量条款，尤其要特别注意出口羊毛衫的装船期和结汇时间。

④审核合同、信用证中关于检验依据、检验标准和方法的规定；对于规定凭实物样交易的，要审核实物样品。

⑤审核信用证中对出具检验证书的具体要求。

（二）抽样

抽样是实施进出口羊毛衫法定检验程序的第二个环节，也是一个重要环节。抽样是按照事先已确定的抽样方案，从被检批量产品中随机抽取部分单位产品组成样本，根据对这部分样本的检验结果推断批量产品的整体质量。

1. 抽样检验方案

抽样方案，指为决定样本量和判断批能否接受而规定的一组规则。具体而言，是在对批量的受检批产品进行抽样检验时，确定抽样的样本数量n、合格判定数Ac（Accept）、不合格判定数Re（Reject）以及根据样本的检验结果与合格判定数Ac和不合格判定数Re的比较来判定批量产品合格与否的判定规则。

完整的抽样检验方案至少包括以下基本内容。

（1）检验批的范围：应明确检验批的范围及性质，合理划分检验批，防止将质量特性不均匀的羊毛衫混入同一批内。

（2）抽样单位：根据羊毛衫特性合理划分单位产品。

（3）样本数量：检验批的范围和抽样单位确定以后，根据检验批的特性选择合适的抽样标准，确定抽样的样本数量。

（4）判定规则：抽样标准不仅规定了样本数量，还规定了接受检验批的判定规则。因此，将样本的检测结果与所选定的样本标准中规定的判定规则相比较，可决定该批是接受还是拒收。

2. 抽样的步骤

（1）抽样前的准备工作：根据样品特性，准备好抽样工具、盛样容器、封样袋等抽样用品，抽样用品应满足需要或符合检验标准要求。

抽样人员到达现场后，首先核查羊毛衫标记包括运输标记和批号与报检单是否一致；标记是否准确、清晰。核查待检羊毛衫数量是否符合规定数量，羊毛衫堆放现场条件是否满足要求，羊毛衫的外观质量特征是否均匀。

（2）实施抽样：经现场核查羊毛衫无误后，按已确定的抽样方案实施抽样。

抽样人员必须严格执行有关抽样标准的规定，特别注意对抽样环境及操作程序的要求。抽样过程中，应注意不要将杂质带入样品，以免影响检测结果。做好抽样记录，详细记录羊毛衫堆放状况、外观状况、包装状况、运输标记、抽样时间和地点、抽样时的天气情况、抽样工具、抽样方法、抽样数量、被抽羊毛衫的件数和件号等情况，以作为发生争议时的参考依据。

抽样后，抽样人员应给报检人出具"抽样收据"，作为核销或领回余样的凭证；同时，在已抽样样品的羊毛衫包件上加盖"抽过样品"的标记或封识等，以防运输中商品盗失。

（3）抽样注意事项：抽样人员必须亲自到达现场抽样或指导辅助人员抽样，不得委托他人抽样，更不允许报检人送样。抽样人员必须严格遵守"随机抽样"的原则，不得受各种外界因素的干扰。

（4）样品管理：抽取的样品应直接送到实验室，并组织验收、登记和保管。不同种类的羊毛衫应根据不同的保留期限分别登记造册。登记的内容包括：委托人、商品名称、样品数量、抽样日期、存样起止日期、最后处理、处理经手人等信息。出口羊毛衫检验合格的，其样品应保存到合同期满终止；涉及索赔的，其样品应保存到索赔案件终止；合同中未约定索赔期限的，其样品一般保存半年以上。

进口羊毛衫检验不合格的，需保留足够的样品，或收货人保留全部货物，直到索赔完毕；合同中未约定索赔期限的，其样品保存一年期限；与原发证书有较大差异（发错货或"调包"者）的，应在抽样检验后保留一份样品。处理样品要有批准手续，并做详细登记。

（三）检验检疫

检验检疫是进口羊毛衫法定检验程序的核心环节，指检验检疫机构受理报检后，按照检验方案，在规定的地点对报检货物实施检验，并对检测结果进行处理的行为。

1. 检验检疫前期准备

实施检验检疫首先要制订检验方案。检验方案是根据已确定的检验依据和方法标准及相关工作规程，综合考虑待检羊毛衫特点和实际检验条件而制订的具体检验工作计划。

检验依据是评定被检羊毛衫是否合格的根据。因此，明确检验依据是实施商品检验的前提。法定检验的依据是国家技术规范的强制性要求，国家强制性产品标准的各项品质指标要求是判定商品是否合格的依据。

2. 检验检疫内容和方法

《商检法实施条例》第九条规定，出入境检验检疫机构对进出口商品实施检验的内容，包括是否符合安全、卫生、健康、环境保护、防止欺诈等要求以及相关的品质、数量、重量等项目。按照条例，进出口羊毛衫法定检验从内容和检测项目分为以下几个方面。

（1）羊毛衫安全性能检测：纺织品安全性能检测，包括羊毛衫基本安全性能检测和其他纺织品安全性能检测。羊毛衫安全性能检测项目主要涉及安全、卫生、健康、环境保护、防止欺诈等项目。如果羊毛衫达不到安全技术要求，就会有潜在的危险，对人体和动植物的健康及生态环境造成危害。

因此，国家法律和行政法规明确规定安全性能检测不合格者，责令当事人销毁退货、不准进口或出口、不准生产和销售等。

目前，羊毛衫基本安全性能检测主要执行标准为GB 18401—2010国家纺织产品基本安全技术规范和SN/T 1649—2012进出口纺织品安全项目检验规范，检测项目包括甲醛含量、pH、耐水色牢度、耐汗渍色牢度、耐干摩擦色牢度、耐唾液色牢度、异味和可分解芳香胺染料。

除上述纺织品基本安全性能检测外，部分国家和地区还对纺织品其他安全性能进行检测，如对下列物质的禁用或限定包括：羊毛衫中致癌染料、致敏染料的禁止使用；羊毛衫中六价铬、砷、汞、镉、镍、铅、锑、钴、铜等可萃取重金属限量；羊毛衫中五氯苯酚、四氯苯酚及邻苯基苯酚、多氯联苯、氯化苯和氯化甲苯限量；PVC增塑剂限量；有机锡化合物（三丁基锡和二丁基锡）限量；含溴或含氯阻燃整理剂禁用；77种杀虫剂限量等。总之，羊毛衫在满足基本安全技术要求外，还必须满足输入国家或地区的法律、法规及强制性技术标准的要求。

（2）羊毛衫卫生检疫：出入境卫生检疫，指出入境检验检疫机构根据《中华人民共和国国境卫生检疫法》及其实施细则，对出入境的人员、交通工具、运输设备以及可能传播检疫传染病的行李、货物、邮包等物品实施国境卫生检疫，防止传染病由国外传入或由国内传出，保护人体健康和安全，保护动植物的生命和健康。

羊毛衫卫生检疫主要是对进出口废旧羊毛衫卫生检疫，按国务院卫生行政部门规定，必须实施卫生检疫。

（3）品质检验：指利用感官检验、理化检验等检测手段对进出口羊毛衫的品质进行检测。品质检验包括质量检验和规格检验。质量检验又分为内在质量检验和外观质量检验。规格检验指检查货物的实测规格与合同约定是否相符。

（4）数量和重量检验：指按合同规定计量单位对被检货物的件数、长度、面积或体积等进行清点和测量。

（5）包装检验：指对进出口羊毛衫的内、外包装的标志、包装材料、衬垫物进行检查，对运输包装和危险货物包装实施的性能鉴定和使用鉴定。

3. 检验检疫实施步骤

法定检验内容和检测项目要求，实施检验分为现场检验检疫和实验室检验检疫两类。

（1）进出口羊毛衫现场检验检疫项目：

①核对货物的品名、规格、批次、挂牌、包装唛头、产地标识等，以确认货证是否相符。

②包装检验，即检查货物内、外包装的标志、包装材料、衬垫物是否符合合同要求。

③数量检验。

④重量检验。

⑤大货查验，检验羊毛衫的外观质量是否符合报检的等级，是否有混等、混级、掺杂造假等问题。

（2）进出口羊毛衫实验室检验检疫项目：羊毛衫安全性能检测、羊毛衫卫生检疫和品质检验。

4. 检验检疫实施地点

《商检法实施条例》对进口和出口商品的检验检疫实施地点有不同的规定。

（1）进口羊毛衫法定检验地点：目的地检验、卸货口岸检验、装运前检验。

①目的地检验：指收货人向口岸检验检疫机构办理报检手续通关后，货物到达目的地，由目的地检验检疫机构实施检验、出证。法定检验的进口商品都应在目的地接受检验，法律法规规定的特殊商品除外。

②卸货口岸检验：指收货人向口岸检验检疫机构办理报检手续通关后，由口岸检验检疫机构实施检验、出证。对这些羊毛衫实行卸货口岸检验，可防止未经检验的废物流入，能有效保护环境，保障我国人民的健康和安全。

③装运前检验：实施装运前检验是国际贸易中的通常做法，与到货检验一样，都具有强制性，但两者不可相互替代，按照国家有关规定，由出入境检验检疫机构实施装运前检验。商品到货后，收货人仍依法报检，检验合格才可进口销售或使用。

（2）出口羊毛衫的检验检疫实施地点：根据《商检法实施条例》第二十四条规定，出口羊毛衫原则上应在羊毛衫的生产地检验，对于不宜在产地实施检验的部分商品，可根据便利对外贸易和进出口商品检验工作的需要，指定在其他地点检验。

出口羊毛衫法定检验地点包括：产地检验和口岸检验两类。

①产地检验：指出口的发货人向商品生产地的出入境检验检疫机构报检，由出口羊毛衫生产地的出入境检验检疫机构实施的检验。出口羊毛衫生产地和出口报关口岸是同一地点的，经检验合格的羊毛衫由生产地的出入境检验检疫机构直接出具《出境货物通关单》。出口羊毛衫生产地和出口报关口岸异地的，经检验合格的羊毛衫由生产地的出入境检验检疫机构出具《出境货物换证凭单》。

②口岸查验：指出口羊毛衫生产地和出口报关口岸异地时，出口羊毛衫的收货人凭生产地出入境检验检疫机构出具的《出境货物换证凭单》、外贸合同、信用证、发票、装箱单等凭证，在《出境货物换证凭单》的有效期内，向口岸出入境检验检疫机构申请查验。口岸出入境检验检疫机构受理后，实施验证放行或核查货证所进行的查验。查验合格，由口岸出入境检验检疫机构签发《出境货物通关单》。

5. 检验结果不合格的处理规定

（1）法定检验的进口羊毛衫经检验不合格的处理：根据《商检法实施条例》第十九条规定，除法律、行政法规另有规定外，法定检验的进口羊毛衫经检验，涉及人身财产安全、健康、环境保护项目不合格的，由出入境检验检疫机构责令当事人销毁或出具《退货处理通知单》，并书面告知海关，海关凭《退货处理通知单》办理退运手续。其他项目不合格的，可以在出入境检验检疫机构的监督下进行技术处理，经重新检验合格后，方可销售或使用。对检验不合格的进口羊毛衫，当事人若申请出入境检验检疫机构出证，出入境检验检疫机构应当及时出证，以供当事人对外索赔。

（2）法定检验的出口羊毛衫经检验不合格的处理：根据《商检法实施条例》第二十七条规定，法定检验的出口羊毛衫经出入境检验检疫机构检验或经口岸出入境检验检疫机构查验不合格的，可在出入境检验检疫机构的监督下进行技术处理。重新检验合格后，方准出口。不能进行技术处理或技术处理后重新检验仍不合格的，不准出口。

（四）签证与放行

签证，指检务部门签发检验检疫证单的过程。证单包括原产地证书和普惠制原产地证书。签证包括证稿审核与核签、制证单与校对、发证单等过程。

1. 证稿审核与核签

证稿审核是签证工作的重要环节。审核的证稿主要有：入境货物出具检验检疫证明的审核，入境货物出具检验检疫证书的审核，入境货物电子转单转出的审核，入境货物出具《入境货物通关单》的审核，入境货物电子通关的审核；出境货物出具检验检疫证书的审核，出境货物出具《出境货物换证凭单》的审核，出境货物电子转单转出的审核，出境货物电子转单的接受审核，出境货物出具《出境货物通关单》的审核，出境货物电子通关的审核。

出入境货物经检验检疫合格，证稿由施检人员拟制并签字，部门主管人员核签；经检验检疫不合格，证稿由施检部门负责人审核。

2. 制证单与校对

证稿经审核签字后方可制证。按规定出口证书应在2个工作日内出齐，进口证书在5个工作日内出齐。校对人员应审核证书与证稿内容是否一致。如发现问题，应重新审核或重新配、制证。

3. 证单有效期和发证

检验检疫证单一般签证日期为检讫日期。换证凭单以检验检疫有效期为准。一般出境货物的出运期限为60天；交通工具卫生证书用于船舶的有效期为12个月；用于飞机、列车的有效期为6个月。

发证人员接到制好的证书后，应加盖印章，核对领证人员的报检员证，待领证人签字后，再发放证书。

4. 出入境货物放行

放行，指出入境检验检疫机构为出入境货物签发检验检疫通关证明，海关据此验放的过程，目前有三类通关方式。

（1）入境货物放行：经审核入境报检手续符合要求的入境货物，签发《入境货物通关单》需要经过检验检疫合格才可放行的入境货物，应审核检验检疫记录与所放行的货物的单据是否一致及施检部门签署的放行意见，合格的签发《入境货物通关单》。

（2）出境货物放行：需要经过检验检疫合格才可放行的出境货物，应审核检验检疫记录与申请放行的货物的单据是否一致及施检部门签署的放行意见，合格的签发《出境货物通关单》。对于出境口岸凭换证凭单或电子转单查验放行的，应审查换证凭单的有效性及与所放行的货物的单据是否一致，合格的签发《出境货物通关单》。

（3）电子通关：指出入境检验检疫机构将通关的相关证明以电子数据的形式发送至海关，海关根据这些电子数据对出入境货物进行通关处理的过程。出入境检验检疫机构对电子通关企业报检的海关凭通关证明验放的货物签发《电子通关单》。

二、进出口羊毛衫委托检验程序

进出口羊毛衫委托检验程序与进出口羊毛衫法定检验程序不同。进出口羊毛衫法定检验的程序是规范、统一的，不能做随意的更改或变通；而进出口羊毛衫委托检验程序是灵活多变的，虽然委托、鉴定、签证及证书格式等步骤有一定的规范要求，但可根据委托人的要求或意愿进行调整或更改。

委托检验，指对外贸易关系人、国内外检测机构或其他有关单位委托第三方独立的公证检验鉴定机构（经国家质检总局和有关主管部门批准许可的），对进出口商品的品质、数量、包装、装运技术条件、残损、价值等进行的检验鉴定。进出口羊毛衫委托检验业务的范围非常广泛，包括进出口羊毛衫的品质、数量、重量及包装鉴定，进出口羊毛衫的残损鉴定，外商投资财产价值鉴定，抽取和签封各类样品、签发价值证明书等。

进出口羊毛衫委托检验涉及较多的品质、数量、重量及包装鉴定的检验程序与法定检验的相关程序相同，而其他委托检验项目因涉及较少，这里不一一赘述。

第五节 羊毛衫的保养

一、羊毛衫、羊绒衫的洗涤

羊毛衫、羊绒衫的洗涤保养应根据产品的特性区别对待。一般来说，含毛量较低的混纺羊毛衫、仿羊毛衫可选择机洗；纯羊毛衫和含毛量较高的混纺产品应选择手洗；羊绒衫基本选择手洗，如产品标注为"可机洗产品"，则可采用较温和的模式进行机洗。干洗则对上述产品一般都适用。

洗涤羊毛衫、羊绒衫时应注意：

（1）最好反面洗涤，以减少洗涤过程中对衣物表面的损伤。

（2）颜色差异明显的衣物应分开单独洗涤，避免相互染色。

（3）如衣物污渍严重，可进行短时间浸泡。浸泡水温不应超过40℃，时间不宜超过10min，否则可能引起衣物变形。

（4）洗涤时的水温应保持在30~40℃。为了保持羊毛衫、羊绒衫顺滑软糯的手感，在洗涤过程中可加入适量的柔顺剂，但切忌使用加酶或含漂染性的化学助剂的洗液，以防侵蚀掉色。洗涤过程中使用的洗液，应是中性的或是专门的羊毛洗涤剂。

（5）羊毛衫、羊绒衫洗涤完成后，应用清水漂洗，漂洗至无污水和无泡沫为止。

（6）通常羊毛衫、羊绒衫产品都应选择平摊干燥的方式，不可选用悬挂干燥的方式，尤其是羊绒衫，湿态下的悬垂变形十分严重。平摊干燥时将衣物置于弱光下或阴凉通风处晾干透即可，切勿在烈日下暴晒，以免造成羊毛强力的损失和褪、变色。

（7）经过洗涤、干燥后的羊毛衫、羊绒衫，一般还需要进行简单地熨烫整形。熨烫温度以120～140 ℃为宜，熨烫时羊毛衫上需盖一块浸湿的白布以给湿。羊绒衫一般采用中温（140℃左右）蒸汽熨斗整烫，且烫面应与羊绒衫保持0.5cm的距离。

二、羊毛衫、羊绒衫的保养

羊绒衫产品的日常保养也很重要。羊毛、羊绒制品穿着时要注意保持清洁，尤其是羊绒内衣，要经常轻轻拍打，除掉灰尘，沾染上污渍要及时处理，连续穿着时间不宜超过10天，否则纤维长期处于紧张状态，衣物的变形难以回复。羊毛衫、羊绒衫由于产品本身的特性，穿着一段时间后会产生起球现象，这时可用剪刀小心修剪或使用专门的剪毛器去除。平时穿着也应注意减少与硬物的接触摩擦，以减少起球。羊毛、羊绒制品要洗净干透后才可存放，并应注意遮光，以防褪色。存放处应干燥、通风、阴凉。羊毛衫、羊绒衫在存放时一定要进行防虫蛀和防潮、防霉变的处理。

本章小结

1. 羊毛衫原料检验与评等、半成品检验、成品质量检验与评等。羊毛衫检验内容中既包含了羊毛衫生产企业在生产过程中所需进行的质量检验内容，涵盖羊毛衫购货方和第三方在进行羊毛衫质量认定过程中所涉及的检验内容。

2. 进出口羊毛衫检验程序、羊毛衫的分类与保养及进出口羊毛衫的检验程序。

思考题

1. 毛纱质量检验的物理指标包括哪些内容？
2. 羊毛衫的毛纱品质检验如何进行品质评等？
3. 羊毛衫半成品检验时，衣片回缩的方法有哪些？
4. 羊毛衫成品评等的主要内容包括哪些方面？
5. 进出口羊毛衫检验包括哪两种检验方式？说明其区别。
6. 在羊毛衫的服用过程中如何正确洗涤及保养？

参考文献

［1］钱颜文，孙林岩．对经营模式的分类研究［J］．科学与科学技术管理，2003（9）：117-119.

［2］赵悦航，马洪侠．浅析服装品牌营销模式与应用［J］．吉林工程技术师范学院学报，2007（5）：17-18.

［3］廖云．羊毛衫产品的顾客评价标准和满意度分析［D］．杭州：浙江理工大学，2009.

［4］姚穆．纺织材料学［M］．北京：中国纺织出版社，2009.

［5］丁钟复．羊毛衫生产工艺［M］．北京：中国纺织出版社，2012.

［6］孟家光．羊毛衫设计与生产工艺［M］．北京：中国纺织出版社，2006.

［7］龙海如．针织学［M］．北京：中国纺织出版社，2008.

［8］许吕崧，龙海如．针织工艺与设备［M］．北京：中国纺织出版社，1999.

［9］陈明珍，周荣星．电脑横机的技术发展现状与展望［J］．武汉纺织工学院学报，2000，3（1）：90-94.

［10］陈国芬．针织产品与设计［M］．上海：东华大学出版社，2010.

［11］蒋高明．针织学［M］．北京：中国纺织出版社，2012.

［12］丁钟复．纬编针织设备与工艺［M］．北京：化学工业出版社，2009.

［13］许瑞超，张一平．针织设备与工艺［M］．上海：东华大学出版社，2009.

［14］孟家光．羊毛衫生产简明手册［M］．2版．北京：中国纺织出版社，2009.

［15］孟家光．羊毛衫款式、配色与工艺设计［M］．北京：中国纺织出版社，1999.

［16］期刊特约记者．都市风采［J］．羊毛衫纵横，2010（13）：80-91.

［17］宋晓霞．针织服装设计［M］．北京：中国纺织出版社，2006.

［18］石艳红．鄂尔多斯集团羊绒衫生产工艺和产品开发过程的分析与研究［D］．天津：天津工业大学，2005.

［19］马春艳．羊绒衫编织工艺设计要点［J］．针织工业，2009（6）：19-20.

［20］宋广礼．电脑横机实用手册［M］．北京：中国纺织出版社，2013.

［21］朱文俊．电脑横机编织技术［M］．北京：中国纺织出版社，2011.

［22］朱学良．电脑横机操作教程［M］．北京：中国纺织出版社，2013.

［23］江苏金龙科技股份有限公司．龙星电脑针织横机制板系统使用说明书［EB/OL］．

［24］郭凤芝．针织服装设计基础［M］．北京：化学工业出版社，2008.

［25］李津，毛莉莉．针织服装结构与工艺设计［M］．北京：中国纺织出版社，2005.

［26］徐瑞超，王琳．针织技术［M］．上海：华东大学出版社，2009.

［27］李佳泓.针织服装设计与制作800例［M］.北京：中国纺织出版社，2001.

［28］毛莉莉.针织服装结构与工艺设计［M］.北京：中国纺织出版社，2008.

［29］邓秀琴.羊毛衫加工原理与实践：下册［M］.北京：中国纺织出版社，2002.

［30］李津.针织服装设计与生产工艺［M］.北京：中国纺织出版社，2005.

［31］张佩华，沈为.针织产品设计［M］.北京：中国纺织出版社.2008.

［32］姚晓林.横机羊毛衫生产工艺与CAD［M］.北京：中国纺织出版社，1999.

［33］杨荣贤.横机羊毛衫生产工艺设计［M］.北京：中国纺织出版社，1997.

［34］中华人民共和国工业和信息化部. FZ/T 70001— 2015 针织和编结绒线试验方法 ［S］.北京：中国标准出版社，2015.

［35］中华人民共和国国家质量监督检验检疫总局. GB/T 2910. 4—2009/ISO 1833— 4:2006纺织品 定量化学分析 第4部分：某些蛋白质纤维与某些其他纤维的混合物（次氯酸盐法）［S］.北京：中国标准出版社，2009.

［36］国家技术监督局. GB/T 2911—1997纺织品 三组分纤维混纺产品定量化学分析方法［S］.北京：中国标准出版社，1997.

［37］国家技术监督局. GB/T 16988—2013 特种动物纤维与绵羊毛混合物含量的测定 ［S］.北京：中国标准出版社，2014.

［38］国家技术监督局. GB/T 2543. 2—2001 纺织品 纱线捻度的测定 第2部分：退捻加捻法［S］.北京：中国标准出版社，2001.

［39］中华人民共和国工业和信息化部. FZ/T 20002—2015毛纺织品含油脂率的测定 ［S］.北京：中国标准出版社，2015.

［40］中华人民共和国工业和信息化部. FZ/T 71001—2015精梳毛针织绒线 ［S］.北京：中国标准出版社，2015.

［41］中华人民共和国工业和信息化部. FZ/T 71002—2015粗梳毛针织绒线 ［S］.北京：中国标准出版社，2015.

［42］中华人民共和国工业和信息化部. FZ/T 71003—1991精梳毛型化纤针织绒线 ［S］.北京：中国标准出版社，1991.

［43］中华人民共和国工业和信息化部. FZ/T 71004—2015精梳编结绒线 ［S］.北京：中国标准出版社，2015.

［44］中华人民共和国工业和信息化部. FZ/T 71006—2009羊绒针织绒线 ［S］.北京：中国标准出版社，2009.

［45］郁崇文.纺纱学［M］.北京：中国纺织出版社，2009.

［46］中华人民共和国工业和信息化部. GB/T 29862—2013纺织品 纤维含量的标示 ［S］.北京：中国标准出版社，2014.

［47］国家技术监督局. GB/T 2912. 1—2009纺织品 甲醛的测定 第1部分：游离和水解的甲醛（水萃取法）［S］.北京：中国标准出版社，2009.

［48］国家技术监督局. GB/T 7573—2009纺织品 水萃取液pH值的测定 ［S］.北京：中国标准出版社，2009.

［49］国家技术监督局. GB/T 4802. 3—2008纺织品 织物起毛起球性能的测定 第3部分：起球箱法 ［S］.北京：中国标准出版社，2008.

［50］国家技术监督局. GB/T 12490—2014纺织品色牢度试验耐家庭和商业洗涤色牢度［S］.北京：中国标准出版社，2015.

［51］国家技术监督局. GB/T 5713—2013纺织品 色牢度试验 耐水色牢度［S］.北京：中国标准出版社，2014.

［52］国家技术监督局. GB/T 3922—2013纺织品 色牢度试验 耐汗渍色牢度［S］.北京：中国标准出版社，2014.

［53］国家技术监督局. GB/T 3920—2008纺织品 色牢度试验 耐摩擦色牢度［S］.北京：中国标准出版社，2008.

［54］国家技术监督局. GB/T 8427—2008纺织品 色牢度试验 耐人造光色牢度：氙弧［S］.北京：中国标准出版社，2008.

［55］国家技术监督局. GB/T 17592—2006纺织品 禁用偶氮染料的测定［S］.北京：中国标准出版社，2006.

［56］中华人民共和国工业和信息化部. GB/T 20018—2000毛纺织品中二氯甲烷可溶性物质的测定［S］.北京：中国标准出版社，2000.

［57］张毅.纺织品检验学［M］.上海：东华大学出版社，2009.